金 工 实 训

主　编　刘　浩　董文达
副主编　荀占超　李桂玲　彭军强
参　编　高悦怡　苏丽娜　徐　钊
　　　　常　亮　梁利军　赵　丹

机 械 工 业 出 版 社

本书是作者根据高职、高专、大学本科机械工程人才培养方案的指导思想，以及当前课程改革的要求，结合多年的教学实践经验编写的。全书主要由车削、铣削、刨磨、钳工、维修电工、焊接、铸造7个项目组成。每个项目按照由易到难、由简单到复杂的原则分为若干典型任务开展教学。每个项目包含任务和加工工艺，典型操作项目配有分析、操作、检查评估等完整的工作过程，以使教学过程与生产过程紧密结合。

本书的编写体现了工作过程导向的教学思路，适合项目化教学。本书可作为本科、三年制高职或五年制高职制造类专业和成人教育学校、开放大学等相关专业的教学用书，也可作为技术工人自学和培训用书。

图书在版编目（CIP）数据

金工实训/刘浩，董文达主编．—北京：机械工业出版社，2017.8
ISBN 978-7-111-57182-7

Ⅰ.①金… Ⅱ.①刘… ②董… Ⅲ.①金属加工-实习-高等学校-教材 Ⅳ.①TG-45

中国版本图书馆CIP数据核字（2017）第200823号

机械工业出版社（北京市百万庄大街22号 邮政编码100037）
策划编辑：王晓洁 责任编辑：王晓洁
责任校对：郑 婕 封面设计：马精明
责任印制：李 昂
三河市宏达印刷有限公司印刷
2017年9月第1版第1次印刷
184×260mm・10.5印张・256千字
0001—3000册
标准书号：ISBN 978-7-111-57182-7
定价：35.00元

凡购本书，如有缺页、倒页、脱页，由本社发行部调换

电话服务
服务咨询热线：010-88379833
读者购书热线：010-88379649

网络服务
机 工 官 网：www.cmpbook.com
机 工 官 博：weibo.com/cmp1952
教育服务网：www.cmpedu.com
金 书 网：www.golden-book.com

前　言

本书是作者根据高职、高专、大学本科机械工程人才培养方案的指导思想以及当前课程改革的要求，结合多年的教学实践经验编写的。其中包含了车削、铣削、刨磨、钳工、维修电工、焊接、铸造7个项目，每个项目中有任务和加工工艺，便于学生自学。

本书主要有以下特点：

1）采用工作过程导向的教学模式，每个工作任务教学过程都遵循计划、实施、检验、评价这一完整的教学过程，体现了教师在做中教、学生在做中学的人才培养理念。

2）在内容编排上根据实训条件和当前课程改革的要求，包括本专业和非本专业实训。

3）图文并茂、形象直观、通俗易懂、便于学习，同时遵循由浅到深、由易到难的原则，在实践操作中引发学生的好奇心，以学生的兴趣为出发点，促使学生掌握机械加工的操作技能，充分体现了以学生为本的教学思想，实现了专业理论与技术技能相融合的一体化教学过程。

4）着重突出了实践操作方式、方法的讲解，并有指导性的操作插图，指导性强。

本书由衡水学院刘浩、衡水职业技术学院董文达任主编，由衡水学院荀占超、衡水学院李桂玲、衡水职业技术学院彭军强任副主编，衡水学院高悦怡、苏丽娜、徐钊、常亮、梁利军、赵丹参加编写。本书具体编写分工为：高悦怡、刘浩、徐钊编写项目1；苏丽娜、常亮、梁利军、赵丹编写项目4；荀占超编写项目5；董文达、彭军强编写项目2、项目3、项目6；李桂玲编写项目7，刘浩编写概述。全书由荀占超负责统稿。

本书在编写过程中参考或引用了相关教材和资料，在此向相关作者表示诚挚的谢意。

尽管我们在教材建设的特色方面做出了许多努力，但由于编者水平有限，本书中仍可能存在一些疏漏和不妥之处，恳请各教学单位和读者在使用本书时多提宝贵意见，以便修订时改进。

编　者

目　录

概 述

一、金工实训的性质、目的及方式

1. 金工实训的性质

金工实训以车间实际加工为背景，以工艺技术为主线，着力提高学生的专业技能意识、素质和实践能力，培养造就一大批创新能力强、适应企业发展需要的多种类型的优秀人员，使其具有较强的社会适应能力、实践能力、组织协作能力以及创新创业能力，具备在生产一线从事设计制造、应用开发、生产与设备运行管理等方面工作的基本能力与素质。通过学生现场的实训与学习，结合机械产品的设计、制造、自动化、运用、管理等工程实际问题，完成创新实践作品。

“金工实训”是工科教学中实践性强、掌握技术技能的重要实训课。学生在学完部分基础课后，通过本课程的学习，可对机械制造的各种方法有进一步的了解，为“机械工程材料基础”“机械制造技术”等后续课程的学习做好准备。

2. 金工实训的目的

1）了解机械制造的一般过程及机械零件的常用加工方法，熟悉主要机械加工设备的工作原理与典型结构，学会使用常用工具与量具的基本技能。

2）对简单零件具有初步选择加工方法和进行工艺分析的能力，在某些主要工种上应具有独立完成简单零件加工制造的实践能力。

3）增强对生产工程的感性认识，培养理论联系实际的科学作风，树立正确的工程观念和劳动观点，以逐步获得工程技术人员应具备的基本素质和能力。

3. 金工实训的方式

金工实训的方式主要以实践教学为主、自学为辅，必须在实训现场进行某些主要工种的实际操作。在实训期间，应根据实训的具体内容，按要求写出实训报告。

二、金工实训的基本内容

了解、熟悉和掌握有关车、铣、刨、磨、钳、电、焊和铸造的工艺过程及部分相关操作。在机械制造工厂中一般都设有车工、铣工、刨磨工、钳工、维修电工、焊工、铸造工等工种。

（1）车削　在机械制造工业中，车削是应用得很广泛的金属切削加工方法之一。车削主要用于加工各种回转体表面，如车外圆、车端面、车锥面、车槽、切断、车内槽、钻中心孔、钻孔、车内孔、铰孔、车成形面、车内螺纹、车外螺纹、滚花等。

（2）铣削　在机械加工中，铣削加工是除了车削加工之外用得较多的一种加工方法，主要用于加工平面、斜面、垂直面、各种沟槽以及成形表面。

（3）刨、磨削　刨削是平面加工的主要方法之一。刨床主要有牛头刨床和龙门刨床，常用的是牛头刨床。磨削是机械制造中最常用的加工方法之一，它的应用范围很广，可以磨削难以切削的各种高硬、超硬材料，可以磨削各种表面，可以用于荒加工（磨削钢坯、割浇冒口等）、粗加工、精加工和超精加工。

（4）钳工　钳工是手持工具对金属表面进行切削加工的一种方法。钳工的工作特点是灵活、机动、不受进刀方面位置的限制。钳工主要用于生产前的准备，单件小批生产中的部分加工，生产工具的调整，设备的维修和产品的装配、修配等。钳工作业一般分为划线、锯削、錾削、锉削、刮削、钻孔、铰孔、攻螺纹、套螺纹、研磨、矫正、弯曲、铆接和装配，精度较高的样板及模具的制作，整机产品的装配和调试，机器设备（或产品）使用中的调试和维修等。

（5）维修电工　维修电工是指从事机械设备和电气系统线路及器件的安装、调试与维护、修理的人员。在机械加工行业中，维修电工的主要工作有常用机床电气线路的安装与维修，电子线路的安装与调试，电气控制线路设计，可编程序控制器及其应用等。

（6）焊接　焊接是一种以加热、高温或者高压的方式结合金属或其他热塑性材料（如塑料）的制造工艺及技术，几乎所有工业生产部门都离不开焊接技术。常用的焊接方法有焊条电弧焊、氩弧焊、CO_2气体保护焊、氧乙炔焊、激光焊、电渣焊等多种，塑料等非金属材料也可进行焊接。

（7）铸造　铸造是熔炼金属、制造铸型，并将熔融的金属浇入铸型，经冷却凝固后获得具有一定形状尺寸和性能的铸件的方法，是现代工业生产制取金属制品必不可少的重要方法。在一般机器中铸件占总质量的40%~80%。铸件一般作为毛坯用，只有经过切削加工后才能成为零件。铸件尺寸和质量不受限制，铸件形状可以非常复杂，特别是可以获得具有复杂内腔的铸件。适于铸造生产的金属材料范围广，生产批量不受限制。铸造生产使用的原材料来源广泛，价格便宜。

三、金工实训的考核方法

学生应按照金工实训的计划进行，认真记录实训内容，实训结束后整理写出实训报告。

考核方法应以学生在实训期间的综合表现、工件的质量、工量具使用、工量具损坏情况及出勤为依据进行评定。

金工实训成绩分配：工件60分，安全操作10分，文明生产10分，工量具使用及损坏情况10分，相关知识及职业能力10分。

项目 1

车削加工工艺与实训

一、实训目的

1. 熟悉车床的结构及操作方法，掌握车刀的刃磨及装夹方法。
2. 掌握车外圆、车端面、车成形面的加工方法，掌握切断、车槽的加工方法。
3. 掌握车削圆锥面、滚花的加工方法，熟悉工件的加工工艺设计内容。

二、学时及安排

学时及安排见表 1-1。

表 1-1　车削加工工艺与实训的学时及安排

课程名称：金工实训　　工种：车工　　学时：20 学时

序号	教学项目		时间	教学内容
一	现场讲解	安全操作常识	20min	车床加工安全技术
		车工基础知识	30min	1. 车床的型号、组成、用途、切削运动及传动系统 2. 刀具的种类和安装方法 3. 车床常用附件的结构和用途 4. 车削加工范围、常用方法，车削要素 5. 粗车和精车，量具的使用和测量方法
二	认识机床	机床日常保养	10min	导轨面润滑
		熟悉机床	1h	1. 不带电练习各操作手柄，达到熟练程度 2. 通电空转练习、调整主轴转速
三	多媒体课件		1h	1. 车床种类：立式车床、卧式车床 2. 车床附件：自定心卡盘、单动卡盘、中心架、跟刀架、顶尖
四	学生操作	车外圆、切断	3h	1. 装夹工件，钻中心孔，正确使用刻度盘 2. 先粗车、后精车，区别获得尺寸公差等级和表面粗糙度 *Ra* 值范围 3. 掌握车槽、切断的方法
五		车削成形面	2h	粗车外圆、台阶，双手控制法
六		车削锥面	1h	粗车外圆，小刀架转位法
七		车外螺纹	2h	1. 演示加工步骤，讲解螺纹种类 2. 实操
八	多媒体课件		40min	1. 车工工艺 2. 刀具角度的作用、对切削过程的影响
九	根据图样讲解加工工艺		20min	讲解零件的加工工艺
十	零件工艺设计及加工实训		8h	工艺设计、选择刀具、实际加工

◇◇◇ 任务1　安全知识与操作规程

一、安全生产

操作时，为确保安全，必须遵守有关规章制度，并严格遵守下列安全技术规定：

1）工作时应穿工作服，袖口要扎紧。女生应戴工作帽，把头发或辫子塞入帽内。在车床上工作时，不允许戴手套。夏天不许穿短裤、背心和拖鞋进入实训场地。

2）工作时，头不能离卡盘及工件太近，以防切屑飞入眼中，如有切屑飞溅必须戴护目镜。

3）手和身体不能靠近旋转机件，更不能在这些地方玩笑打闹。

4）工件和车刀必须夹牢固，否则会飞出伤人。

5）当工件和卡盘装上或取下太重时，不要一个人操作，应找其他人帮忙。

6）工件装夹好后，卡盘扳手必须随手取下。

7）车床转动时，不能测量工件，也不能用手摸工件表面。

8）应用专用钩子清除切屑，禁止直接用手清除切屑。

9）他人操作时，严禁触摸机床旋转部位。如主轴、光杠、丝杠、传动带、带轮等。严禁将异物伸入主轴孔内。

10）不要用手去制动转动的卡盘。

11）车床运转时，不得戴手套操作，防止手套丝线卷入车床。

12）电器有故障时，不要私自任意拆卸，以免扩大故障。

13）车削工件时，不可离开机床和前后走动。

14）刃磨车刀时，做到人离开时关掉驱动砂轮的电动机。

二、在开始工作前

1）操作开始前应检查机床周围有无障碍物，如有障碍物，应清除后方可起动机床。

2）操作过程中，在机床变速时一定要停机；当机床发出不正常声音或事故时应立即停机，并报告指导教师。离开机床或因故停电时，应及时切断机床电源开关。

3）机床上电前，应先观察有无他人正在卡盘上装卸工件或操作，确定无人后再合闸。

4）严禁多人操作一台机床，操作中注意力要集中。

5）未了解机床性能和操作要领之前，不得盲目起动机床，以免造成机床事故和人身事故。

6）检查车床设备机构外观处是否完好（如变速手柄、防护设备有无异常），用低速开机1~2min，看、听车床运转是否正常。如果车床有故障，则应通知指导教师和申请维修。

7）检查所有加油孔并进行润滑。

8）熟悉图样和工艺卡并把它们放在方便查看的位置上。不要弄脏图样和工艺卡，如发现图样和工艺有问题，可向有关人员报告，自己不要更改。

9）检查工具、夹具、量具是否齐全，有无异常。

10）检查毛坯加工和余量是否有缺陷。

三、在工作时间内

1）必须爱护机床，不许在机床表面上敲击物件和堆放工具，应经常保持机床的润滑和清洁。

2）节约用电。在机床工作时不要让机床空转。离开机床时随手关闭电源。

3）工作中变速时必须先停机，机床空转时，不许离开机床。

4）工具应放在指定位置，不可乱放或掉在地上。

5）车刀用钝后应及时刃磨，否则会增加车床负荷，损坏机床。

6）爱护量具，不使它受撞击。

四、在工作结束后

1）把当日加工好或未加工好的工件打号放好。

2）把工具、量具等用过的物件擦干净，放在原来的位置。

3）清理机床和环境卫生，清除切屑，擦干净机床并加润滑油。

五、机床的保养与润滑

车床的保养工作做得好坏，直接影响工件加工质量的好坏和生产效率的高低。

1）当车床运转500h后，需进行一级保养和更换齿轮箱润滑油。

2）保养时，必须先切断电源，然后进行保养工作。

3）车床的所有润滑部位都要油眼畅通、油窗清晰，并有足够的润滑油。

4）每班所有润滑油孔应加油两次。

◇◇◇ 任务2　了解车床的组成和操作方法

一、CA6140型卧式车床

CA6140型卧式车床主要由床身、主轴箱、交换齿轮箱、进给箱、溜板箱、床鞍、刀架、尾座、冷却装置及照明装置等部分组成，如图1-1所示。

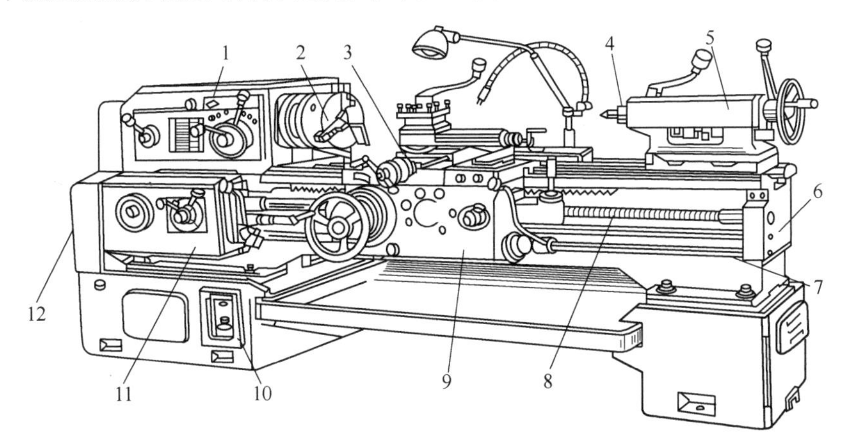

图1-1　卧式车床的组成

1—主轴箱　2—卡盘　3—刀架　4—后顶尖　5—尾座　6—床身　7—光杠　8—丝杠　9—床鞍　10—底座　11—进给箱　12—交换齿轮箱

1. 车床各部分的组成与功能

（1）主轴箱　主轴箱内有多组齿轮变速机构，变换箱外手柄位置可以使主轴得到不同的转速。

（2）交换齿轮箱　它的作用是把主轴的旋转运动传送给进给箱。变换箱内齿轮，并和进给箱及长丝杠配合，可以车削各种不同螺距的螺纹。

（3）进给箱　进给箱利用其内部的齿轮传动机构，可以把主轴传递的动力传给光杠或丝杠，从而得到不同的转速。

（4）丝杠　丝杠用来车削螺纹。

（5）光杠　光杠用来传动动力，带动床鞍、中滑板，使车刀做纵向或横向进给运动。

（6）溜板箱　变换溜板箱外的手柄位置，在光杠或丝杠的传动下，可使车刀按要求的方向做纵向或横向进给运动。

（7）滑板　滑板分床鞍、中滑板和小滑板三种。床鞍做纵向移动，中滑板做横向移动，小滑板通常做纵向移动。

（8）刀架　刀架用来装夹车刀，使其做纵向、横向（可自动）或斜向（手动）进给运动。

（9）尾座　尾座套筒用来安装顶尖、支顶较长工件，它还可以安装其他切削刀具，如钻头、铰刀等。车床的主轴孔、车床尾座锥孔、前后顶尖以及麻花钻锥柄等，都利用圆锥面配合。圆锥面配合得到了广泛应用，是由于它有以下特点：

1）当圆锥面的锥角较小时，圆锥面配合可传递很大的转矩，且自锁性好。

2）圆锥面配合装拆方便，虽经多次装拆，仍能保持精确的定心作用。

3）圆锥面配合有较高的同轴度和良好的密封性。

（10）床身　床身用来支持和安装车床的各个部件。床身上面有两条精确的导轨，床鞍和尾座可沿着导轨移动。

（11）附件

1）自定心卡盘。用自定心卡盘装夹工件是车床最通用的一种装夹方法。套盘类和正六边形截面的工件都适用此装夹方法，此方法装夹迅速且定心快。自定心卡盘的结构如图 1-2a 所示，当用卡盘扳手转动小锥齿轮时，大锥齿轮也随之转动，在大锥齿轮背面平面螺纹的作用下，使三个卡爪同时向中心移动或退出，以夹紧或松开工件。自定心卡盘的特点是自动定

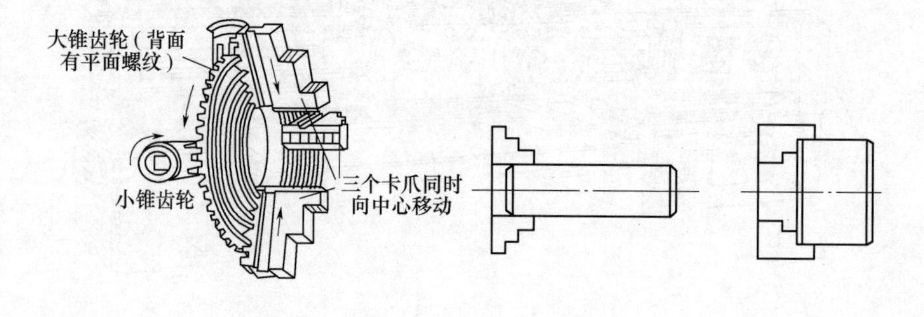

a) 结构　　b) 夹持小直径工件　　c) 夹持大直径工件

图 1-2　自定心卡盘的结构和工件安装

心好，精度可达0.05~0.15mm，可以装夹直径较小的工件，如图1-2b所示。当装夹直径较大的外圆工件时可用三个反爪进行，如图1-2c所示。但自定心卡盘由于夹紧力不大，所以一般只适宜于重量较轻的工件，当重量较重的工件进行装夹时，宜用单动卡盘或其他专用夹具装夹。

①卡爪的装卸操作：

a. 先确定三个卡爪的顺序编号。卡爪上一般都编有号码1、2、3（如果没有，判断方法是：将三个卡爪对齐，看卡爪上的平面螺纹第一牙离卡爪夹紧工件的那个面的距离，距离最短的是1号，最远的是3号，距离在两者之间的是2号。

b. 把卡盘扳手插入卡盘小锥齿轮的方孔中旋转，带动大锥齿轮的平面螺纹转动。当平面螺纹最外圈的末端显露在卡盘壳体的横槽时，将1号卡爪插入横槽内并用力向下推压，直至感觉到卡爪与平面螺纹相接触时，顺时针转动卡盘扳手并目测卡爪是否做向心移动，如卡爪未动应卸下重装。

c. 当1号卡爪装入开始移动时，就立即从2号槽观察平面螺纹外圈末端是否已露出，再用同样的方法装2号和3号卡爪。

d. 三个卡爪全部装入后，要继续转动扳手，如三个卡爪能同时到终点合在一起，则说明安装正确。反之就说明安装时平面螺纹多转了一圈，使其中一个卡爪超前或落后，应卸下重新安装。

②卡盘的装卸操作：

卡盘与主轴的连接方式有螺纹连接型和法兰连接型两种，操作前应先看清自用车床的卡盘连接方式，然后再采用相应的方法进行装卸。

a. 螺纹连接型卡盘的装卸：

卸下卡盘：将卡盘上的连接盘上的保险装置卸下，在导轨面上放一个硬木块，然后将主轴转速调到最低速度，用专用扳手反向转动即可卸下卡盘。

安装卡盘：首先将连接部分全部擦净，并加少量润滑油，然后将主轴转速调到最低；把卡盘旋入主轴螺纹，用专用扳手转动或用卡盘扳手转动卡盘至旋紧为止即可。

b. 法兰连接型卡盘的装卸：

卸下卡盘：用扳手依次松开各螺纹联接，将卡盘从主轴上卸下即可。

安装卡盘：把主轴外圆、端面和卡盘的定位孔、定位面均擦干净；双手将卡盘提起，并使卡盘上的螺栓对准主轴上的螺栓孔，当卡盘装上后再用扳手拧紧螺母即可。

2）单动卡盘。单动卡盘上的四个爪分别通过转动螺杆而实现单动。它可用来装夹方形、椭圆形或不规则形状的工件，根据加工要求利用划线找正，把工件调整至所需位置。单动卡盘装夹工件调整费时费工，但其夹紧力大。

3）花盘。花盘装夹是将不规则的工件，利用螺钉、压板、角铁等把工件压紧在所需的位置上。

4）顶尖。为了减少工件的变形和振动以及保证同轴度要求，可采用双顶尖装夹工件。

5）跟刀架和中心架。采用跟刀架或中心架作为辅助支承，可以增加工件的刚性。跟刀架跟着刀架移动，用于光轴外圆加工。当加工细长阶梯轴时，则使用中心架。中心架固定在床身导轨上，不随刀架移动。

2. 车床各部分的传动关系

电动机输出的动力，经传动带传给主轴箱带动主轴、卡盘和工件做旋转运动。此外，主轴的旋转还通过交换齿轮箱、进给箱、光杠或丝杠传到溜板箱，带动床鞍、刀架沿导轨做直线运动，如图 1-3 所示。

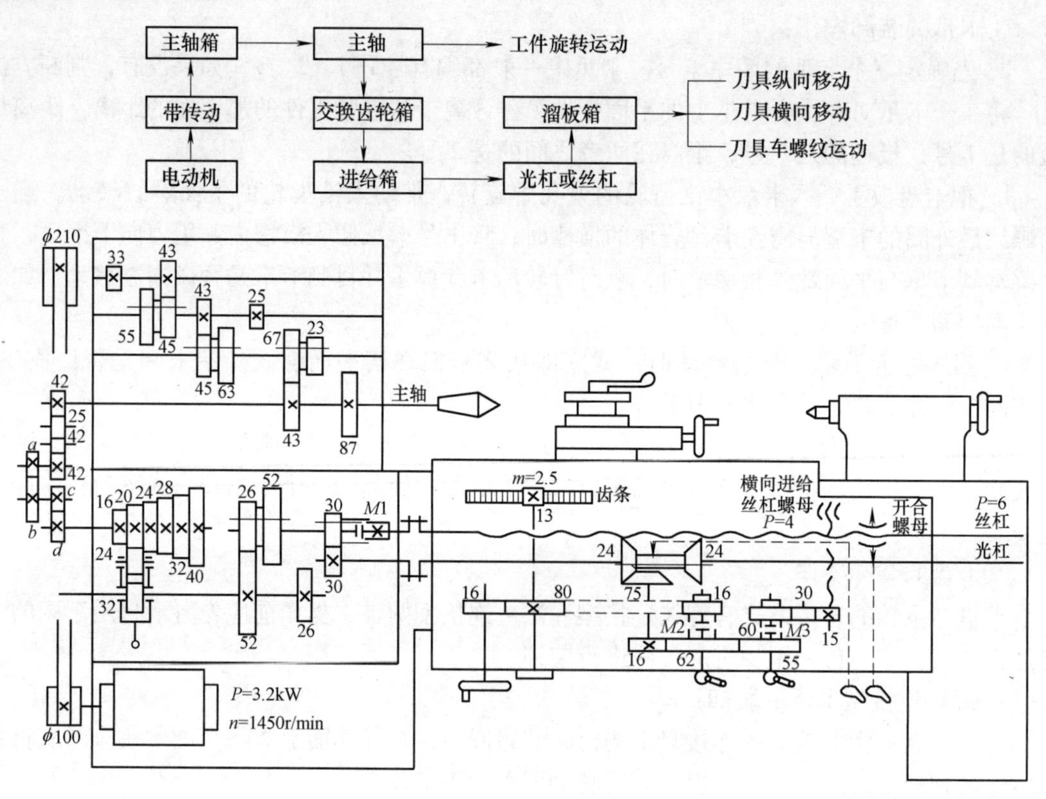

图 1-3 车床各部分的传动关系

3. 车床的型号

按照 GB/T 15375—2008 的规定，机床的型号是机床产品的代号，用来表示机床的类别、主要技术参数、性能和结构特点。机床型号采用汉语拼音字母和阿拉伯数字按一定规律组合表示。

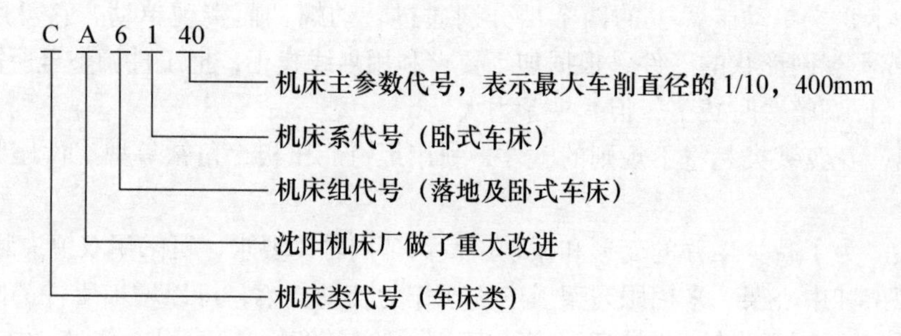

4. 车床的加工范围

车床主要用于加工各种回转体表面。卧式车床所能加工的典型表面如图 1-4 所示。

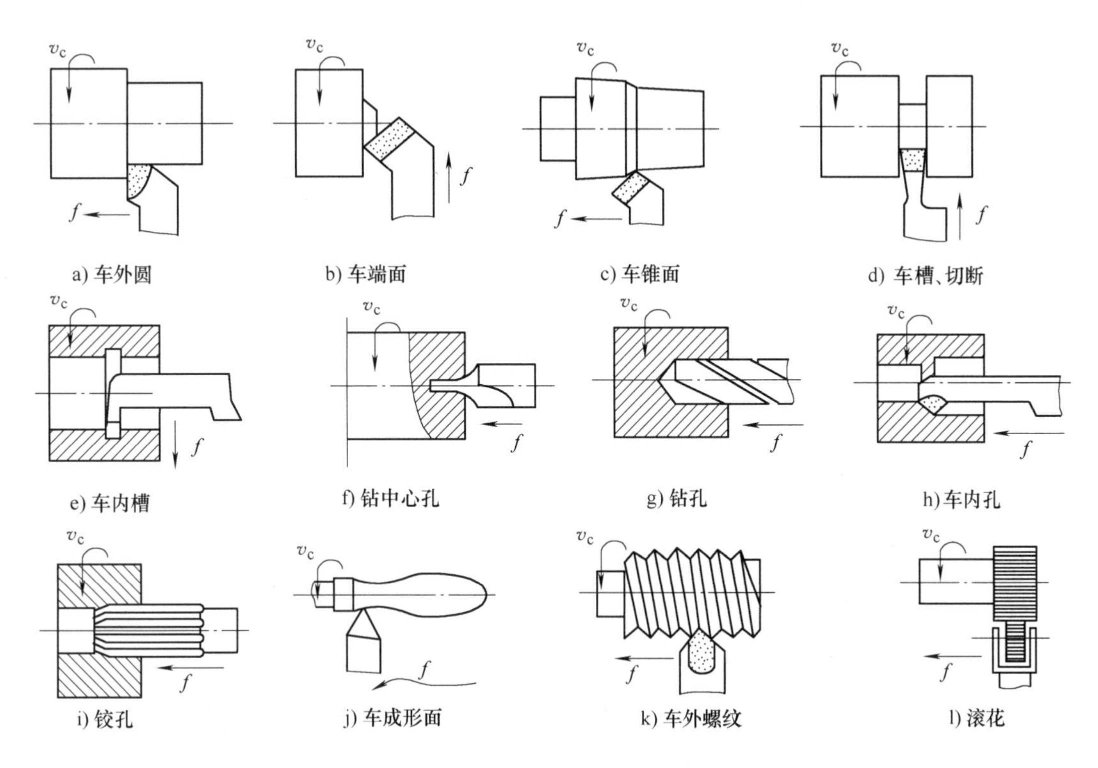

图 1-4　卧式车床所能加工的典型表面

二、CA6140 型卧式车床的各种手柄和基本操作方法

1. 手动操纵练习

在不起动机床的情况下，用手先后分别摇动床鞍、中滑板、小滑板各操作手柄进行轴向、横向正反方向移动操作练习。摇动手柄时要反应灵活，动作准确。

逆时针方向摇动床鞍手柄，正向进给，向主轴箱方向移动；顺时针方向摇动床鞍手柄反向进给，向尾座方向移动。

顺时针方向摇动中滑板手柄，向前进给，即向远离操作者方向移动；逆时针方向摇动中滑板手柄，反向进给，向靠近操作者方向移动。

顺时针方向摇动小滑板手柄，正向进给，向主轴箱方向移动；逆时针方向摇动小滑板手柄，反向进给，向尾座方向移动。

2. 主轴变速手柄的操作

主轴变速机构安装在主轴箱内，变速手柄在变速箱的前表面上。操作时通过扳动变速手柄，可以拨动主轴箱内的滑移齿轮，使主轴得到不同的转速。

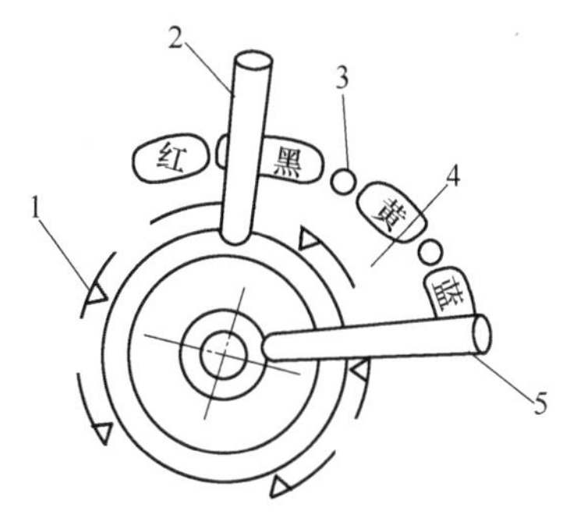

图 1-5　车床的变速手柄示意图

1—手柄甲对准处　2—手柄乙　3—空档　4—写有速度值　5—手柄甲

车床的变速手柄示意图如图 1-5 所示。手柄甲与速度值相对应，手柄乙与色块相对应。变速时，先找到所需要的转速，将手柄甲转到需要的转速处，对准箭头，根据转速数字的颜色，将手柄乙拨到

对应的颜色处。

3. 变速操作

1）初学者变速时先停车再变速。若车床转动时变速，容易将齿轮的轮齿打坏。熟练的操作工才可以在主轴即将停止运动前，以极低的转速进行变速。

2）变速时手柄要扳到位，否则会出现空档现象，或齿轮在齿宽范围内没有全部进入啮合状态，会降低齿轮强度，导致齿轮损坏。

3）变速时若齿轮啮合位置不正确，手柄就难以扳到位，此时可一边用手转动车床卡盘一边扳动手柄，直到手柄扳动为止。

4. 主轴的起动/停止操作

在起动车床前，必须检查车床变速手柄是否处于空档位置、离合器是否处于正确位置、操纵杆是否处于停滞状态，确认无误后，方可合上车床总电源，开始操作车床。如图 1-6 所示，手柄在中央位置是停止，手柄向上抬起为正转，手柄下按为反转。从正转变为反转时，要在主轴转动停止后再操作手柄。不能直接从正转变为反转，或从反转变为正转。

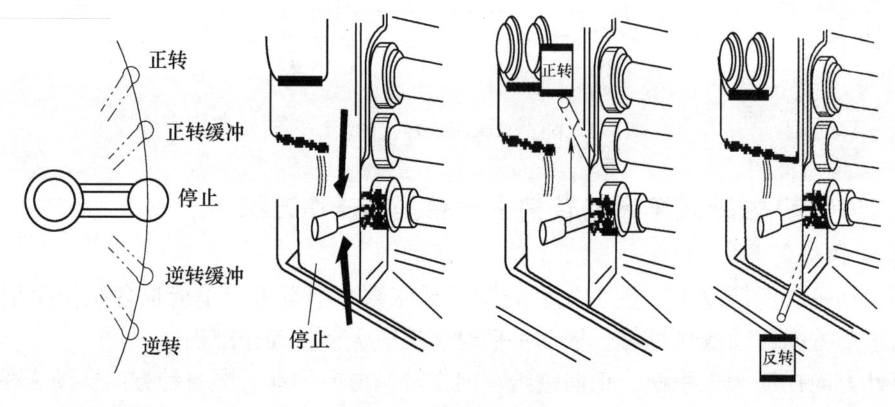

图 1-6　离合器位置

5. 进给箱手柄的操作

通过操作进给箱手柄来改变进给量或螺距。进给箱手柄在进给箱的前表面上，进给箱的上表面有一个标有进给量及螺距的表格。调节进给量时，先在表格中查到所需的数字，再根据表中的提示配换交换齿轮，并将手柄逐一扳到位。操作进给方向转换手柄可变换纵向、横向的进给方向，如图 1-7 所示。

6. 溜板箱手柄的操作

CA6140 型车床的纵向、横向自动进给手柄是合成在一起的，如图 1-8 所示。它安装在溜板箱的右侧。操作时，把手柄扳到相应的进给方向即可。

操作溜板箱手柄时，有时会出现手柄合不上的现象。此时可先检查开合螺母与自动进给手柄的位置，有时手柄的微小掉落，可能会导致手柄相互锁死，若还不能解决问题，纵向进给时转动一下溜板箱的手轮，横向进给时转动一下中滑板刻度盘手柄，改变内部齿轮的啮合位置即可。

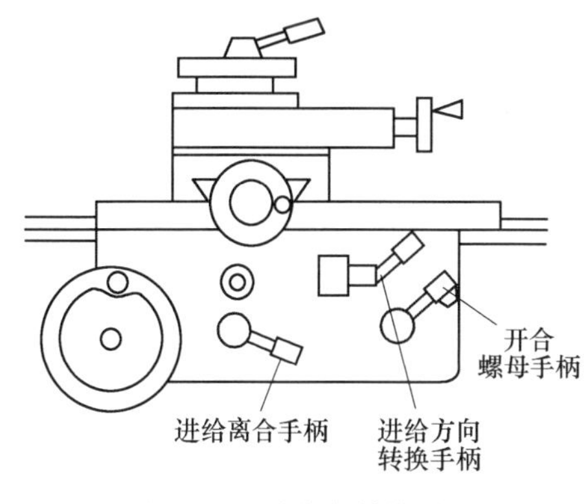

图 1-7　进给方向转换手柄

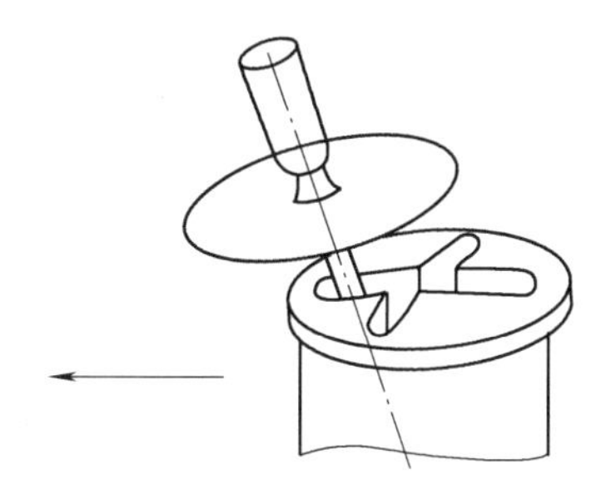

图 1-8　进给手柄

7. 刻度盘手柄的操作

在车床的中滑板、小滑板上有刻度盘手柄，刻度盘安装在进给丝杠的轴头上，转动刻度盘手柄可带动刀架移动。中滑板刻度盘手柄用来调整背吃刀量，小滑板刻度盘手柄用来调整轴向尺寸或车锥度。

中滑板刻度盘通常标有每格尺寸，如图 1-9 所示，刻度盘每转过一格，车刀移动的距离为 0.05mm。即每进一格，轴的半径减小 0.05mm。习惯上，轴和孔的尺寸以直径尺寸表示，所以中滑板刻度盘手柄进刀时，刻度盘每转过一格，轴的直径减小 0.1mm。直径尺寸改变量是刻度值的两倍。

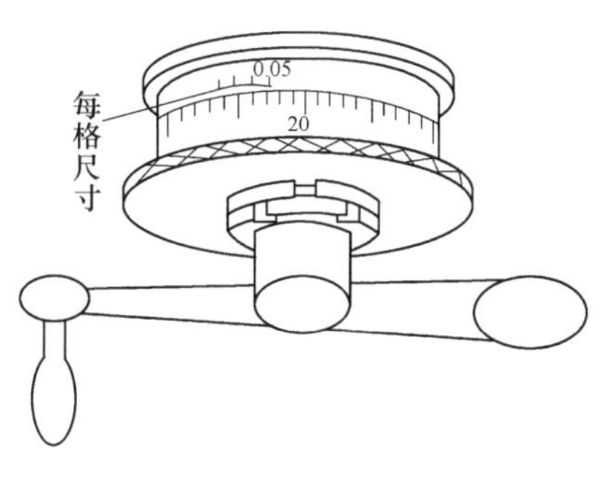

图 1-9　刻度盘

小滑板刻度盘上一般不标注每格尺寸，它每转一格，车刀移动量与中滑板相同。与中滑板不同的是，小滑板转过的刻度值就是轴向尺寸的实际改变量。

车削外圆时，手柄顺时针转动，车刀向中心移动，为进刀；手柄逆时针转动，车刀向远离中心方向移动，为退刀。内孔加工正好与外圆加工相反。

8. 刻度盘的原理和应用

车削工件时，为了正确迅速地控制背吃刀量，可以利用中滑板上的刻度盘。中滑板刻度盘安装在中滑板丝杠上。当摇动中滑板手柄带动刻度盘转一周时，中滑板丝杠也转了一周。这时，固定在中滑板上与丝杠配合的螺母沿丝杠轴线方向移动了一个螺距。因此，安装在中滑板上的刀架也移动了一个螺距。如果中滑板丝杠螺距为 5mm，当手柄转一周时，刀架就横向移动 5mm。若刻度盘圆周上等分 100 格，则当刻度盘转过一格时，刀架就移动了 0.05mm。使用中滑板刻度盘控制背吃刀量时的注意事项：

1）由于丝杠和螺母之间有间隙存在，因此会产生空行程（即刻度盘转动，而刀架并未移动）。使用时必须慢慢地把刻度盘转到所需要的位置（图 1-10a）。若不慎多转过几格，不能简单地退回几格（图 1-10b），必须向相反方向退回全部空行程，再转到所需位置（图 1-10c）。

2）由于工件是旋转的，使用中滑板刻度盘时，车刀横向进给后的切除量刚好是背吃刀

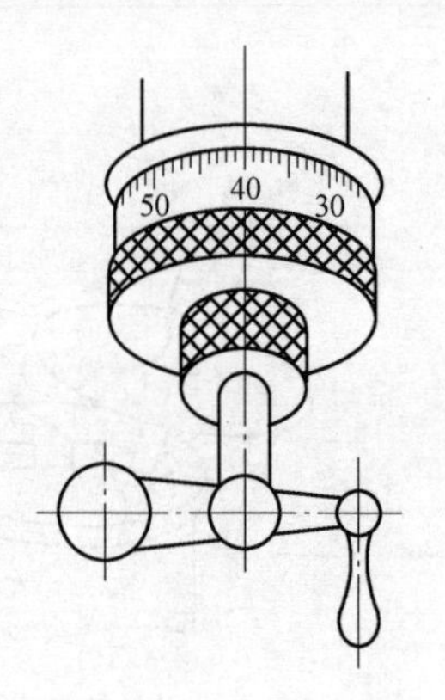

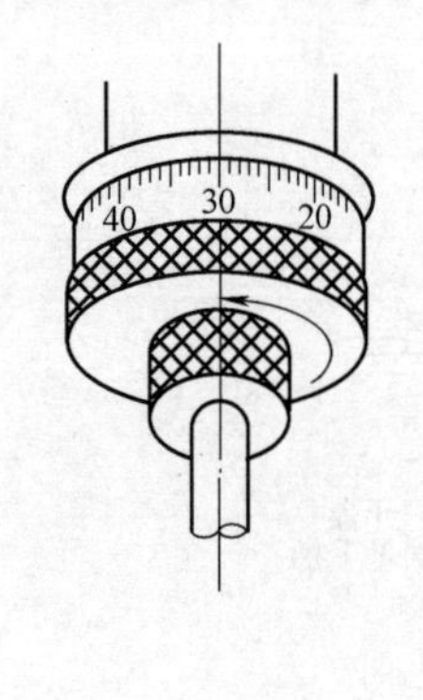

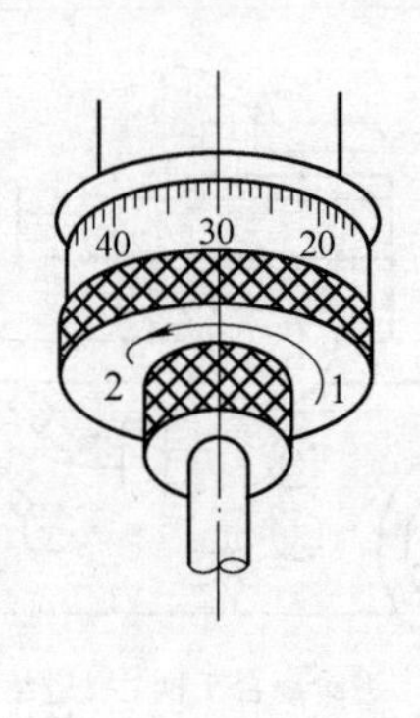

a) 要求手柄转至 30，但转过头成 40　　b) 错误，直接退至 30　　c) 正确，反转约一周后再转至所需位置 30

图 1-10　手柄摇过头后的纠正方法

量的两倍，因此要注意，当工件外圆余量测得后，中滑板刻度盘控制的背吃刀量是外圆余量的 1/2，而小滑板的刻度值，则直接表示工件长度方向的切除量。

3）纵向进给到所需长度时，关停自动进给手柄，退出车刀，然后停机、检验。

4）车外圆时的质量分析尺寸不正确：原因是车削时粗心大意，看错尺寸；刻度盘计算错误或操作失误；测量时不仔细、不准确而造成的。

9. 尾座的操作

移动尾座时，不可用力过猛，特别是尾座接近滑板时，应慢速移动，避免碰撞。当要安装顶尖、钻头等工具时，工具柄和尾座套筒的锥孔应擦拭干净。顺时针摇动手轮时，套筒向前伸出；逆时针摇动手轮时，尾座套筒向后缩进。如图 1-11 所示，扳紧尾座套筒的锁紧手柄，就能锁紧顶尖或钻头，扳紧尾座固定控制杆或锁紧固定螺钉，就能将尾座固定在床身导轨上。当尾座顶尖的轴线与主轴轴线不重合时，可用调节螺钉来调节尾座的偏移，使尾座顶尖的轴线与主轴轴线重合。尾座偏移的调整可按尾座横向调节法进行，如图 1-12 所示。

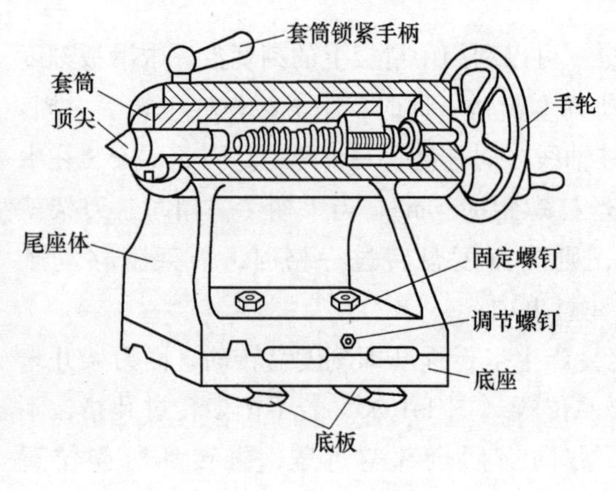

图 1-11　尾座

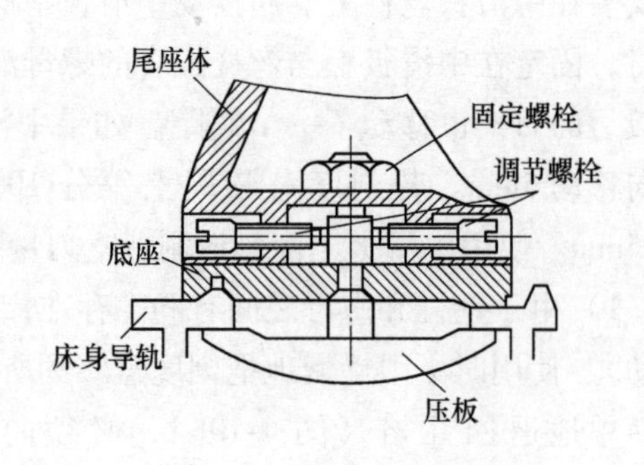

图 1-12　尾座体横向调节

◇◇◇ 任务3　掌握车刀的分类和常用刀具的刃磨方法

一、车刀的结构

车刀从结构上分为四种形式，即整体式、焊接式、机夹式、可转位式，其结构特点及适用场合见表1-2。

表1-2　车刀的结构特点及适用场合

名　称	特　　点	适 用 场 合
整体式车刀	用整体高速钢制造，刃口可磨得较锋利	小型车床或加工非铁金属
焊接式车刀	焊接硬质合金刀片，结构紧凑，使用灵活	各类车刀特别是小刀具
机夹式车刀	避免了焊接产生的应力、裂纹等缺陷，刀杆利用率高，刀片可通过刃磨获得所需参数；使用灵活方便	外圆车刀、端面车刀、内孔车刀、切断车刀、螺纹车刀等
可转位式车刀	避免了焊接式车刀的缺点，刀片可快换转位；生产率高；断屑稳定；可使用涂层刀片	大中型车床加工外圆、端面、镗孔，适用于自动线、数控机床

二、车刀的组成与车刀的角度

车刀是形状最简单的单刃刀具，其他各种复杂刀具都可以看作是车刀的组合和演变。有关车刀角度的定义，均适用于其他刀具。

1. 车刀的组成

车刀由刀头（切削部分）和刀体（夹持部分）组成。车刀的切削部分由三面、两刃、一尖组成。车刀的组成如图1-13所示。

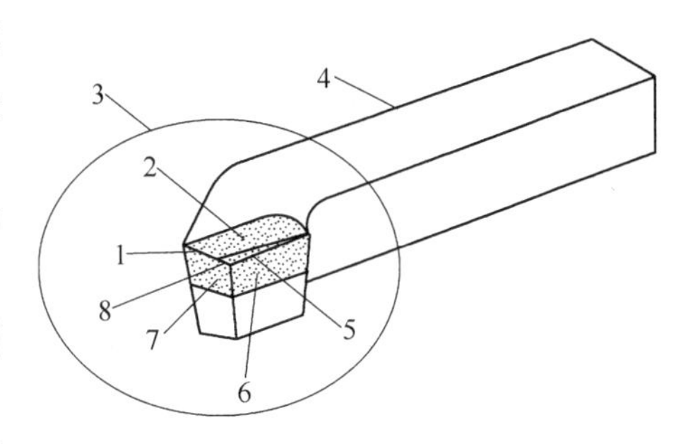

图1-13　车刀的组成
1—副切削刃　2—前刀面　3—刀头
4—刀体　5—主切削刃　6—主后刀面
7—副后刀面　8—刀尖

（1）前刀面　切削时，切屑流出所经过的表面。

（2）主后刀面　切削时，与工件加工表面相对的表面。

（3）副后刀面　切削时，与工件已加工表面相对的表面。

（4）主切削刃　前刀面与主后刀面的交线。它可以是直线或曲线，担负着主要的切削工作。

（5）副切削刃　前刀面与副后刀面的交线。它一般只担负少量的切削工作。

（6）刀尖　主切削刃与副切削刃的相交部分。为了强化刀尖，常磨成圆弧形或成一小段直线成过渡刃，如图1-14所示。

2. 车刀的角度

车刀的主要角度有前角γ_o、后角α_o、主偏角κ_r、副偏角κ'_r和刃倾角λ_s，如图1-15所示。车刀的角度对加工质量和生产率等起着重要作用。在切削时，刀头形成了三面两刃一刀尖，构成了实际起作用的车刀角度。车刀的基面呈水平面，并与车刀底面平行。切削平面、正交平面与基面是相互垂直的，如图1-16所示。

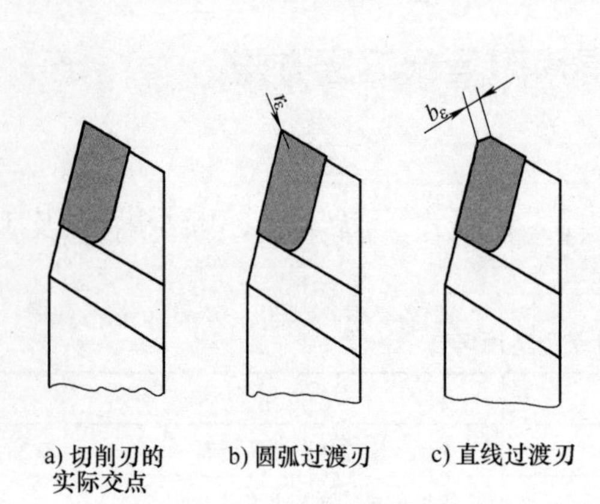

图 1-14 刀尖的形成

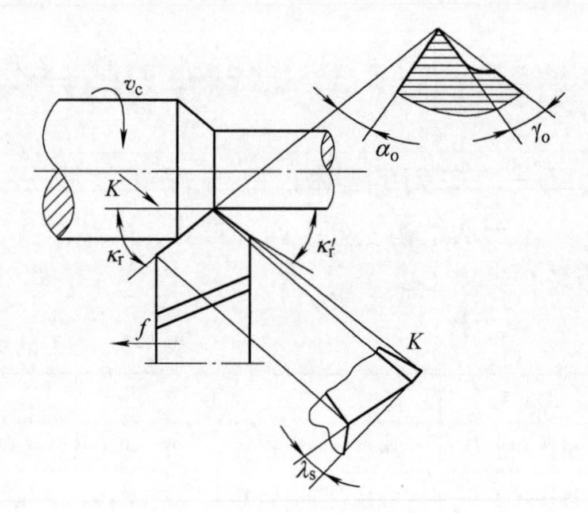

图 1-15 车刀的主要角度

（1）前角 γ_o 它是前刀面与基面之间的夹角，表示前刀面的倾斜程度。前角可为正值、负值和零。前刀面在基面之下则前角为正值，反之为负值，相重合为零。一般说的前角是指正前角。图 1-17 所示为前角与后角的剖视图。增大前角，可使切削刃锋利、切削力降低、切削温度低、刀具磨损小、表面加工质量高。过大的前角会使刃口强度降低，容易造成刃口损坏。

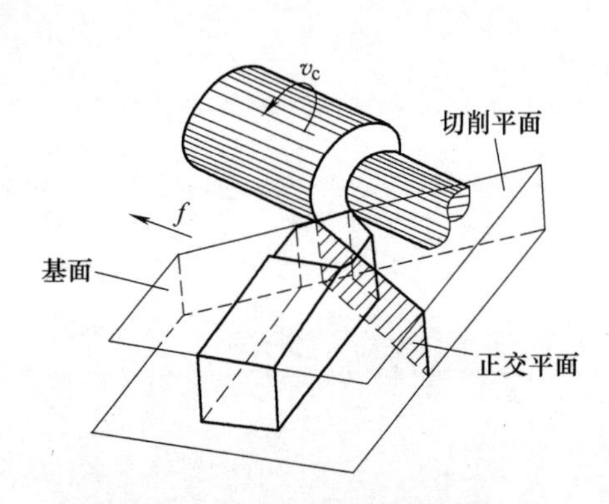

图 1-16 确定车刀角度的辅助平面

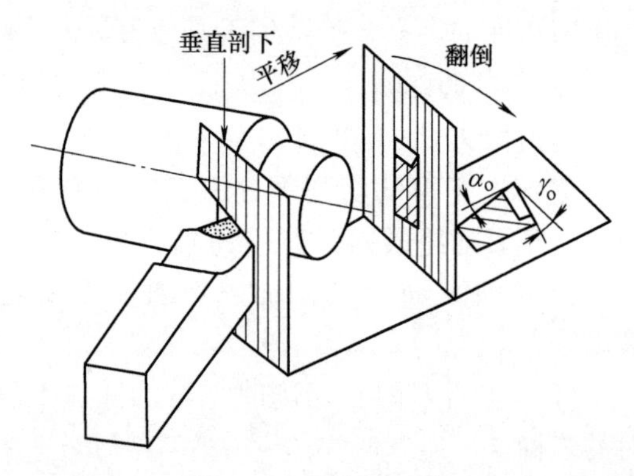

图 1-17 前角与后角

用硬质合金车刀加工钢件（塑性材料等）一般选取前角为 10°~20°，加工灰铸铁（脆性材料等）一般选取前角为 5°~15°。精加工时可取较大的前角，粗加工应取较小的前角。工件材料的强度和硬度大时，前角取较小值，有时甚至取负值。

（2）后角 α_o 它是主后刀面与切削平面之间的夹角，表示主后刀面的倾斜程度。后角的作用是减少主后刀面与工件之间的摩擦，并影响刃口的强度和锋利程度。一般后角 α_o 可取 5°~7°。

（3）主偏角 κ_r 它是主切削刃与进给方向在基面上投影间的夹角。主偏角的作用是影响切削刃的工作长度、背向力、刀尖强度和散热条件。主偏角越小，则切削刃工作长度越长，散热条件越好，但背向力越大。

车刀常用的主偏角有 45°、60°、75°、90°几种。工件刚性好时，可取较小值。车细长轴时，为了减少背向力而引起工件弯曲变形，宜选取较大值。车刀的主偏角如图 1-18 所示。

（4）副偏角 κ_r' 它是副切削刃与进给方向在基面上投影间的夹角。副偏角的作用是影响已加工表面的表面粗糙度，减小副偏角可减小已加工表面的粗糙度值。车刀的副偏角如图1-18所示。κ_r'一般选取5°~15°，精车时可取5°~10°，粗车时取10°~15°。

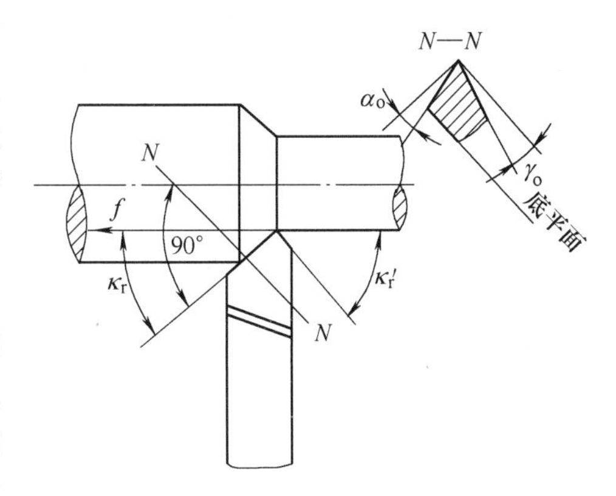

图1-18 车刀的主偏角与副偏角

（5）刃倾角 λ_s 它是主切削刃与基面间的夹角，刀尖为切削刃最高点时为正值，反之为负值。刃倾角的作用主要是影响主切削刃的强度和控制切屑流出的方向。以刀杆底面为基准，当刀尖为主切削刃最高点时，$\lambda_s>0°$，切屑流向待加工表面，如图1-19a所示；当主切削刃与刀杆底面平行时，$\lambda_s=0°$，切屑沿着垂直于主切削刃的方向流出，如图1-19b所示；当刀尖为主切削刃最低点时，$\lambda_s<0°$，切屑流向已加工表面，如图1-19c所示。

一般 λ_s 在−5°~+5°之间选择。粗加工时，λ_s 常取负值，虽切屑流向已加工表面，但保证了主切削刃的强度。精加工时，λ_s 常取正值，使切屑流向待加工表面，从而不会划伤已加工表面。

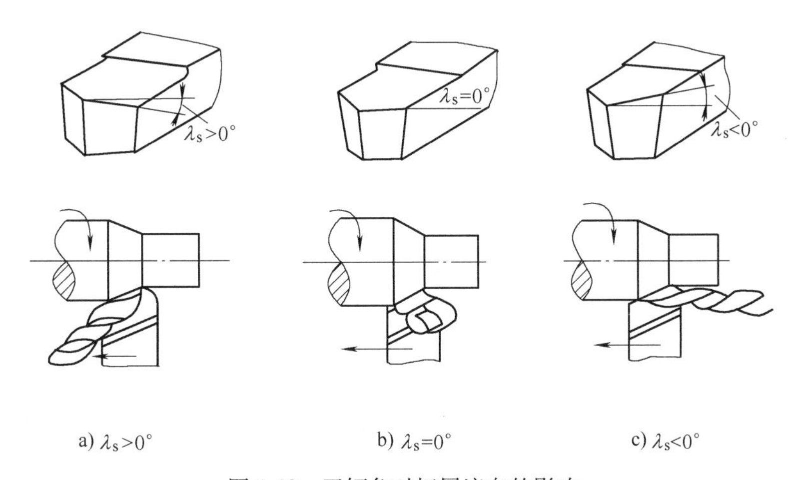

a) $\lambda_s>0°$　b) $\lambda_s=0°$　c) $\lambda_s<0°$

图1-19 刃倾角对切屑流向的影响

三、车刀的刃磨

车刀用钝后重新刃磨是在砂轮机上刃磨的。磨高速钢车刀用氧化铝砂轮（白色），磨硬质合金刀头用碳化硅砂轮（绿色）。

（1）车刀刃磨的步骤

1）磨主后刀面，同时磨出主偏角及主后角，如图1-20a所示。

2）磨副后刀面，同时磨出副偏角及副后角，如图1-20b所示。

3）磨前刀面，同时磨出前角，如图1-20c所示。

4）修磨各刀面及刀尖，如图1-20d所示。

（2）刃磨车刀的姿势及方法

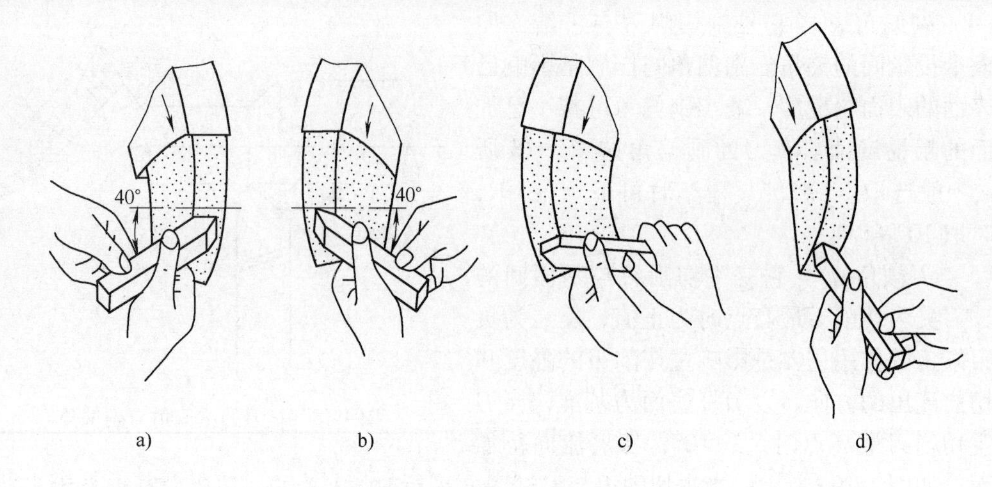

图 1-20　外圆车刀刃磨的步骤

1）人站立在砂轮机的侧面，以防砂轮碎裂时，碎片飞出伤人。

2）两手握刀时要保持一定的距离，两肘夹紧腰部，以减小磨刀时的振动。

3）磨刀时，车刀要放在砂轮的水平中心，刀尖略向上翘 3°~8°，车刀接触砂轮后应做左右方向的水平移动，当车刀离开砂轮时，车刀需向上抬起，以防磨好的切削刃被砂轮碰伤。

4）磨后刀面时，刀杆尾部向左偏过一个主偏角的角度；磨副后刀面时，刀杆尾部向右偏过一个副偏角的角度。

5）修磨刀尖圆弧时，通常以左手握车刀前端为支点，用右手转动车刀的尾部。

四、刃磨车刀的安全知识

1）刃磨刀具前，应首先检查砂轮有无裂纹，砂轮轴螺母是否拧紧，并经试转后使用，以免砂轮碎裂或飞出伤人。

2）刃磨刀具不能用力过大，否则会使手打滑而触及砂轮面，造成工伤事故。

3）磨刀时应戴防护眼镜，以免砂砾和切屑飞入眼中。

4）磨刀时不要正对砂轮的旋转方向站立，以防意外。

5）磨小刀头时，必须把小刀头装在刀杆上。

6）砂轮支架与砂轮的间隙不得大于 3mm，如发现过大，应调整适当。

五、车刀的安装

车刀必须正确牢固地安装在刀架上，如图 1-21 所示。车刀安装时，刀尖严格对准工件旋转中心，否则工件中心凸台难以切除；并尽量从中心向外进给，必要时锁住床鞍，安装车刀应注意以下几点：

1）刀头不宜伸出太长，否则切削时容易产生振动，影响工件的加工精度和表面粗糙度。一般刀头伸出长度不超过刀杆厚度的 1. 5~2 倍，能看见刀尖车削即可。

2）刀尖应与车床主轴中心线等高。车刀装得太高，后角减小，则车刀的主后刀面会与工件产生强烈的摩擦；如果装得太低，前角减小，切削不顺利，会使刀尖崩碎。刀尖的高低，可根据尾座顶尖高低来调整。车刀的安装如图 1-21a 所示。

3）车刀底面的垫片要平整，并尽可能用厚垫片，以减少垫片数量。调整好刀尖高低后，至少要用两个螺钉交替将车刀拧紧。

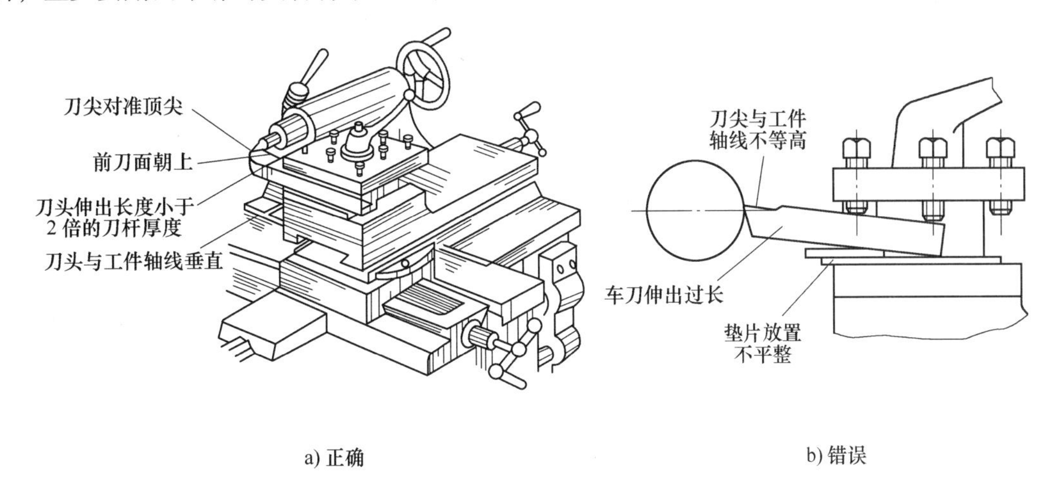

图1-21　车刀的安装

◇◇◇ 任务4　车削加工锤子手柄

一、工作任务

本任务主要是掌握锤子手柄的加工工艺和车削锤子手柄的加工方法。锤子手柄如图1-22所示。

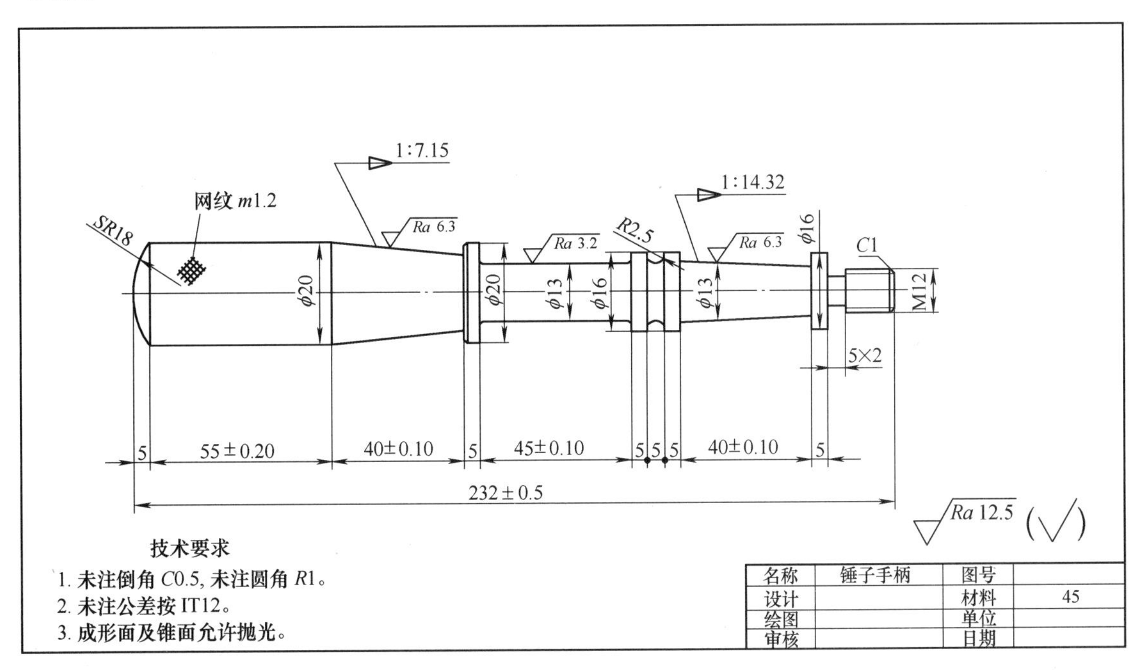

图1-22　锤子手柄

二、在车床上完成锤子手柄的加工

加工工艺包括以下内容：分析图样、划分工序、选择机床、确定加工方法、确定装夹方式、选择刀具、确定切削用量、选择量具。

（1）分析图样　根据图1-22，毛坯材料选择45钢，无特殊力学性能要求，单件生产，外圆尺寸相差不大，可选用 ϕ30mm×234mm 的棒料。锤子手柄由端面、中心孔、外圆柱面、台阶面、矩形槽、圆锥面、螺纹、圆弧面、滚花和倒角组成。

锤子手柄的主要技术要求如下：

1）尺寸精度：未注公差的尺寸 ϕ20mm、ϕ16mm、ϕ13mm、5mm（多处）等，其公差等级为IT12，其余尺寸的公差见图中所注。

2）表面粗糙度：两个圆锥表面的精度要求较高，表面粗糙度值为 Ra6.3μm，ϕ13mm 圆柱面的表面粗糙度值为 Ra3.2μm；其余表面粗糙度值为 Ra12.5μm。

3）位置精度：该零件没有特殊的位置精度要求。

（2）划分工序　采用工序分散原则确定工序。第一道工序：平端面→钻中心孔→车外圆→调头装夹→平端面→钻中心孔。第二道工序：重新装夹→粗车外圆→车台阶→精车外圆→滚花→车圆锥。第三道工序：调头装夹→车外圆→车圆锥→车螺纹→车圆弧。第四道工序：调头装夹→车圆弧→用锉刀、砂布修光→检验。

（3）选择机床　选择CA6140型卧式车床。

（4）确定加工方法　根据零件的尺寸精度和表面粗糙度要求，采用粗车→半精车→精车→抛光的方法可保证其加工要求。

（5）确定装夹方式　采用自定心卡盘和顶尖装夹工件，选择外圆、端面和中心孔作为定位基准。

综上所述，锤子手柄的加工工艺见表1-3。

表1-3　锤子手柄的加工工艺

单位名称			产品名称			零件名称	锤子手柄
材料		45钢	毛坯尺寸	ϕ30mm×234mm		图号	
夹具		自定心卡盘、顶尖		设备	CA6140	共　页	第　页
工序	工种	工步	工步内容	刀具名称规格	背吃刀量/mm	进给量/(mm/r)	主轴转速/(r/min)
1	锯工	1	下料 ϕ30mm×234mm				
	车工	2	平端面	45°外圆车刀	1	0.2	500
		3	钻中心孔	中心钻A型 ϕ2.5mm	1.5	0.1	700
		4	粗车外圆 ϕ27	90°外圆车刀	2	0.3	500
		5	调头装夹，伸出长度为35				
		6	平端面，保总长	45°外圆车刀	1	0.2	500
		7	钻中心孔	中心钻A型 ϕ2.5mm	1.5	0.1	700

（续）

工序	工种	工步	工步内容	刀具名称规格	背吃刀量 /mm	进给量 /(mm/r)	主轴转速 /(r/min)
2	车工	8	重新装夹，一夹一顶				
		9	粗车外圆 $\phi21$	90°外圆车刀	0.5	0.2	500
3		10	调头装夹				
		11	粗车外圆	90°外圆车刀	2	0.3	500
		12	精车外圆	90°外圆车刀	0.5	0.15	1000
		13	滚花	滚花刀		0.5	50
4		14	粗车圆锥	90°外圆车刀	2	0.3	500
		15	精车圆锥	90°外圆车刀	0.5	0.15	1000
5		16	调头装夹				
		17	粗车外圆	90°外圆车刀	2	0.3	500
		18	精车外圆	90°外圆车刀	0.5	0.15	1000
		19	粗车外圆	切断刀	1	0.3	200
		20	精车外圆	切断刀	0.5	0.1	400
		21	车圆锥	90°外圆车刀	2	0.3	500
		22	车外圆	90°外圆车刀	2	0.3	500
		23	倒角	45°外圆车刀	2	0.3	500
	车工、钳工均可	24	车螺纹	螺纹车刀		1.75	400
		25	粗、精车圆弧	$R2.5$ 圆头车刀	1	0.2	500
6		26	调头装夹				
		27	车圆弧 $SR18$	$R2.5$ 圆头车刀	1	0.2	500
7		28	检验工件是否符合图样技术要求，涂防锈油，入库				
8		29	清点工具、量具，保养机床，清扫环境卫生				
编制			审核		日期		

（6）选择刀具　根据零件的材料、图样轮廓、加工内容，选择90°外圆粗车刀、90°外圆精车刀、45°外圆车刀、高速钢圆头车刀、车槽刀、切断刀、60°外螺纹车刀、A型 $\phi2.5$mm 中心钻、网纹滚花刀等。刀具、量具、工具见表1-4。

表1-4　刀具、量具、工具

序号	名　称	规　　格	数　量	备　注
1	车刀	45°外圆车刀	1	
2	车刀	90°外圆粗车刀	1	
3	车刀	90°外圆精车刀	1	
4	车刀	60°外螺纹车刀	1	
5	中心钻	A2.5	1	
6	车刀	5mm 车槽刀	1	

（续）

序号	名称	规格	数量	备注
7	车刀	5mm 切断刀	1	
8	圆头车刀	$R2.5$	1	
9	钻夹头	ϕ3mm	1	
10	接杆	莫氏 5 号	1	
11	网纹滚花刀	模数 $m=1.2$mm	1	
12	回转顶尖	5 号锥柄	1	
13	钢直尺	150mm、300mm	各 1	
14	游标卡尺	150mm（分度值为 0.02mm）	1	
15	其他	标配		

（7）确定切削用量　车削用量三要素包括背吃刀量 a_p、进给量 f 和切削速度 v_c。在粗加工时应优先考虑用大的背吃刀量，其次考虑用大的进给量，最后选定合理的切削速度。

1）背吃刀量 a_p的选择。背吃刀量按零件的加工余量而定，在保留后续加工余量的前提下，尽可能一次走刀切完。当采用可转位刀具时，背吃刀量所形成的实际切削刃长度不宜超过总切削刃长度的2/3。对于切削外圆，背吃刀量是已加工表面和待加工表面之间的垂直距离。

粗车时背吃刀量可取 2~4mm，此处确定为 2mm。精车余量留 1mm。

半精车（表面粗糙度值为 Ra12.5~3.2μm）时，背吃刀量可取 0.5~2mm，此处确定为 1mm。

精车（表面粗糙度值为 Ra3.2~1.6μm）时，背吃刀量可取 0.2~0.5mm，此处确定为 0.5mm。

2）进给量 f 的选择。进给量根据工件的加工技术要求确定，粗加工选 0.3mm/r 以上，精加工时选 0.3mm/r 以下，在获得满意的表面粗糙度值的前提下选一个较大值。

粗车时，进给量一般取 0.3~1.5mm/r，此处确定为 0.3mm。

半精车时，进给量一般取 0.15~0.25mm/r，此处确定为 0.25mm。

精车时，进给量一般取 0.1~0.2mm/r，此处确定为 0.15mm。

3）切削速度 v_c的选择。在 a_p 和 f 已确定的基础上，再按选定的刀具寿命确定切削速度。切削速度 v_c计算时，通常按毛坯最大直径计算。

粗加工时，切削速度取 50~70m/min，此处确定为 50m/min。

精加工时，切削速度取 80~120m/min，此处确定为 100m/min。

4）主轴转速 n 的选择。粗车时约为 530r/min，精车时约为 1060r/min。

（8）选择量具　量具是保证产品质量的常用工具。正确使用量具是保证产品加工精度、提高产品质量的重要的手段。

根据该零件的加工精度，此处可选择钢直尺和游标卡尺，见表 1-4。钢直尺是简单的量具，其分度值一般为 1mm 左右。游标卡尺 0.02mm/150mm，游标卡尺的测量范围很广，可以测量工件的外径、孔径、长度、深度以及沟槽宽度等。

三、加工操作方法

1. 调整车床

车床的调整包括主轴转速和车刀的进给量。主轴转速是根据切削速度的计算选取的，而切削速度的选择则和工件材料、刀具材料以及工件加工精度有关。用高速钢车刀车削时，切削速度取 20~40m/min；用硬质合金车刀车削时，切削速度取 50~120m/min。车高硬度钢比车低硬度钢的转速低一些。根据选定的切削速度计算出车床主轴的转速，再对照车床主轴转速铭牌，选取车床上最近似计算值而偏小的一档转速。

2. 车削前要试刀

粗车的目的是尽快地切去多余的金属层，使工件接近于最后的形状和尺寸，粗车后应留 0.5~1mm 的加工余量。精车是切去余下少量的金属层以获得零件要求的精度和表面粗糙度，因此精车时背吃刀量较小，为 0.2~0.5mm。切削速度则可用较高速或较低速，初学者可用较低速。为了减小工件表面粗糙度值，用于精车的车刀的前、后刀面应采用磨石加机油磨光，刀尖磨成一个小圆弧。为了保证加工的尺寸精度，应采用试切法车削。试切法的步骤如图 1-23 所示。

1）开机对刀，使车刀和工件表面轻微接触，如图 1-23a 所示。

2）向右退出车刀，如图 1-23b 所示。

3）按要求横向进给 1mm，如图 1-23c 所示。

4）试切 1~3mm，如图 1-23d 所示。

5）向右退出，停机，测量，如图 1-23e 所示。

6）调整背吃刀量至 2mm 后，自动进给车外圆，如图 1-23f 所示。

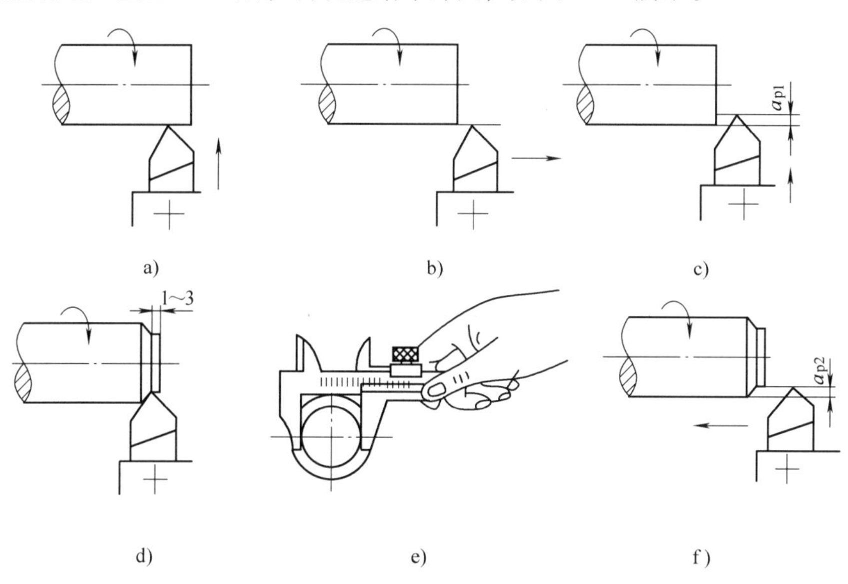

图 1-23　试切法的步骤

表面粗糙度不符合要求的原因：车刀刃磨角度不对；刀具安装不正确或刀具磨损；切削用量选择不当；车床各部分间隙过大而造成的。

外径有锥度的原因：背吃刀量过大；刀具磨损；刀具或滑板松动；用小滑板车削时转盘

下基准线没有对准“0”线；两顶尖车削时床尾“0”线不在轴线上；精车时加工余量不足。

3. 车端面

车端面时刀具做横向进给，向中心车削，当刀尖达到工件中心时，车削速度为零。车端面时，刀具的主切削刃要与端面有一定的夹角。工件伸出卡盘外部分应尽可能短些，车削时用中滑板横向进给，走刀次数根据加工余量而定，可采用自外向中心进给，也可以采用自圆中心向外进给的方法。车端面时的几种情况如图 1-24 所示。

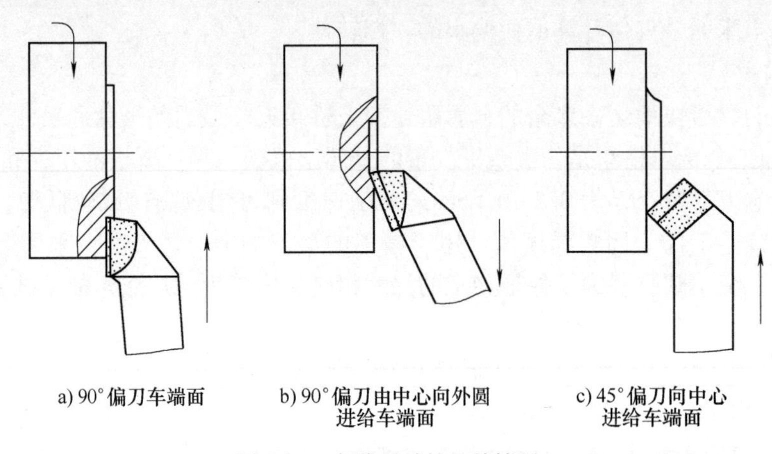

a) 90°偏刀车端面　　b) 90°偏刀由中心向外圆进给车端面　　c) 45°偏刀向中心进给车端面

图 1-24　车端面时的几种情况

车端面时应注意以下几点：

1）车刀的刀尖应对准工件中心，以免车出的端面中心留有凸台。

2）偏刀车端面，当背吃刀量较大时，容易扎刀。背吃刀量 a_p 的选择：粗车时取 0.2～1mm，精车时取 0.05 ～0.2mm。

3）端面的直径从外到中心是变化的，切削速度也在改变，在计算切削速度时必须按端面的最大直径计算。

4）车直径较大的端面，若出现凹心或凸台时，应检查车刀、方刀架以及床鞍是否锁紧。

5）车端面的质量分析：

①端面不平，产生凸凹现象或端面中心留“小头”的原因：车刀刃磨或安装不正确；刀尖没有对准工件中心；背吃刀量过大；车床有间隙；滑板移动造成。

②表面粗糙度值大的原因：车刀不锋利；手动进给时摇动不均匀或太快；自动进给时切削用量选择不当。

4. 车台阶

车台阶的方法与车外圆基本相同，但在车台阶时应兼顾外圆直径和台阶长度两个方向的尺寸要求，还必须保证台阶平面与工件轴线的垂直度要求。

车高度在 5mm 以下的外圆台阶时，可用主偏角为 90°的偏车刀在车外圆时同时车出；车高度在 5mm 以上的外圆台阶时，应分层进行切削，再对台阶面进行精车，如图 1-25 所示。

（1）台阶长度尺寸的控制方法

1）台阶长度尺寸精度要求较低时可直接用床鞍刻度盘控制。

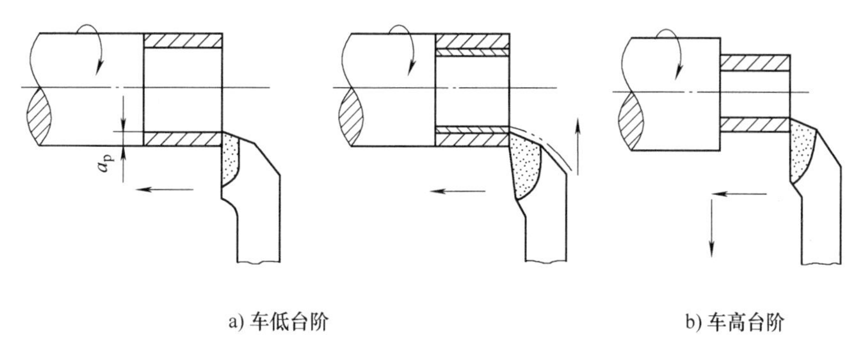

a) 车低台阶　　　　b) 车高台阶

图 1-25　台阶的车削

2）台阶长度可用钢直尺或样板确定位置，如图 1-26a、b 所示。

车削时先用刀尖车出比台阶长度略短的刻痕作为加工界线，台阶的准确长度可用游标卡尺或深度游标卡尺测量。

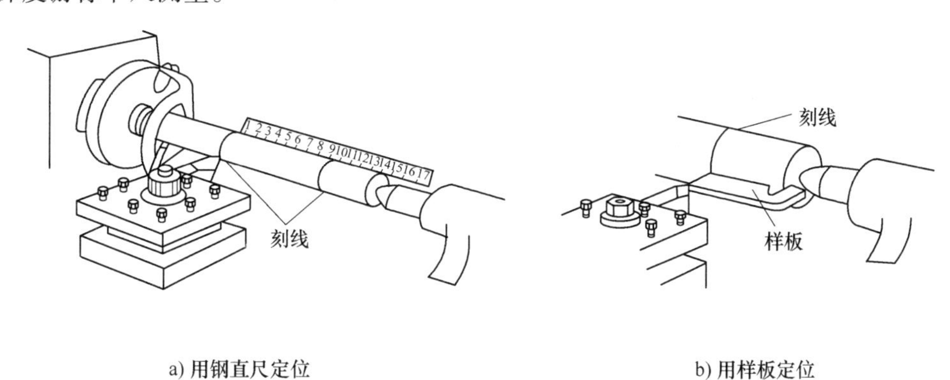

a) 用钢直尺定位　　　　b) 用样板定位

图 1-26　台阶长度尺寸的控制方法

3）台阶长度尺寸精度要求较高且长度较短时，可用小滑板刻度盘控制其长度。

（2）车台阶的质量分析

1）台阶长度不正确、不垂直、不清晰的原因：操作粗心；测量失误；自动进给控制不当；刀尖不锋利；车刀刃磨或安装不正确。

2）表面粗糙度值大的原因：车刀不锋利；手动进给不均匀或太快；自动进给切削用量选择不当。

5. 车槽和切断

（1）车槽　车槽可分为车外圆槽、车内孔槽和车端面槽，如图 1-27 所示。车宽度在 5mm 以下的槽，可以将主切削刃磨成与槽等宽，一次进给即可车出。若槽较宽，可用多次横车，最后一次精车槽底来完成。一根轴上有多个槽时，若各槽宽相同，用一把车槽刀即可完成，效率较高。

高速钢车槽刀的几何形状和角度如图 1-28 所示。

车削精度不高和宽度较窄的矩形沟槽，可以用刀宽等于槽宽的车槽刀，采用直进法一次车出。车削精度要求较高的槽，一般分两次完成。

车削较宽的沟槽，可用多次直进法切削，如图 1-29 所示，并在槽的两侧留一定的精车

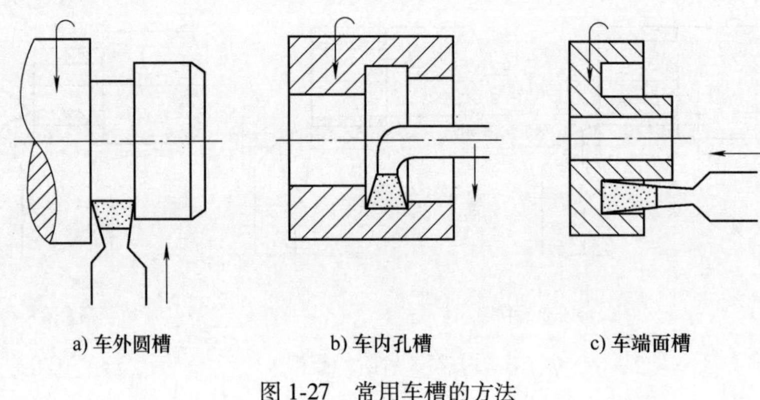
a) 车外圆槽　　b) 车内孔槽　　c) 车端面槽

图 1-27　常用车槽的方法

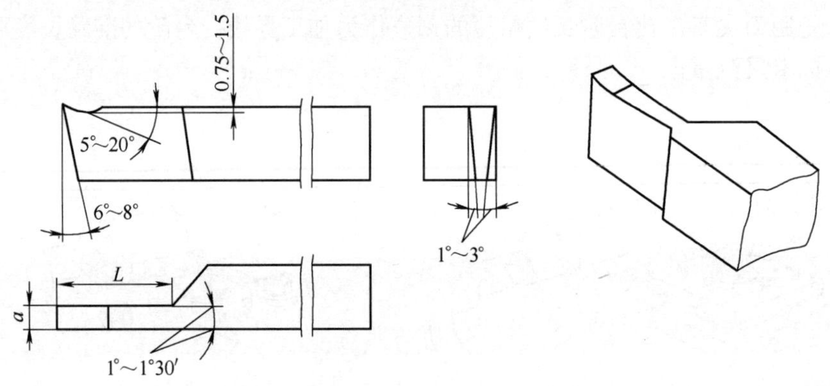

图 1-28　高速钢车槽刀的几何形状和角度

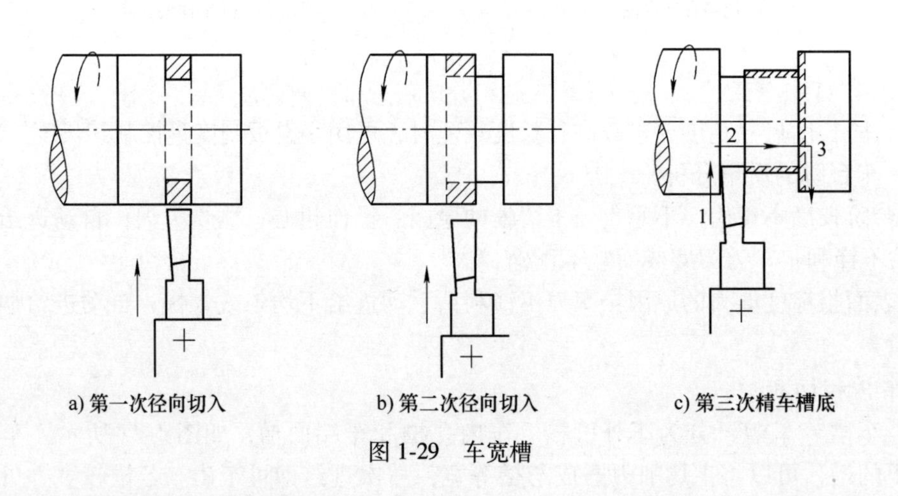

a) 第一次径向切入　　b) 第二次径向切入　　c) 第三次精车槽底

图 1-29　车宽槽

余量，然后根据槽深、槽宽精车至尺寸。

车削较小的圆弧形槽，一般用成形车刀车削。车削较大的圆弧槽，可用双手联动车削，用样板检查修整。

车削较小的梯形槽，一般用成形车刀完成。车削较大的梯形槽，通常先车直槽，然后用梯形刀采用直进法或左右切削法完成。

（2）切断　切断要用切断刀。切断刀的形状与车槽刀相似，但因刀头窄而长，很容易

折断。常用的切断方法有直进法和左右借刀法两种，如图1-30所示。直进法常用于切断铸铁等脆性材料，左右借刀法常用于切断钢等塑性材料。

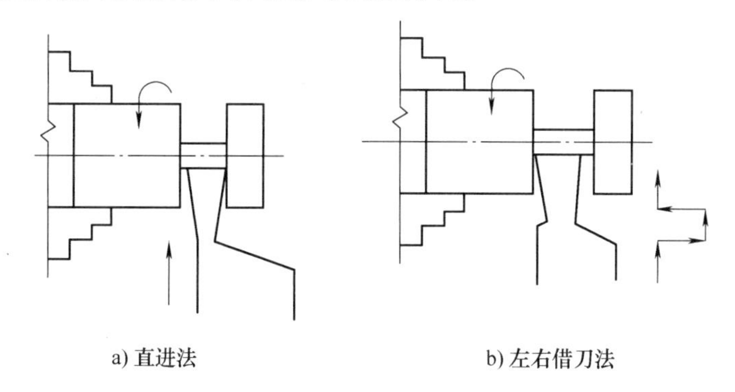

a) 直进法　　b) 左右借刀法

图1-30　切断方法

切断时应注意以下几点：

1）切断一般在卡盘上进行，如图1-31所示。工件的切断处应距卡盘近些，避免在顶尖安装的工件上切断。

2）切断刀刀尖必须与工件中心等高，否则切断处将留有凸台，且刀头也容易损坏，如图1-32所示。

3）切断刀伸出刀架的长度不要过长，进给要缓慢均匀。即将切断时，必须放慢进给速度，以免刀头折断。

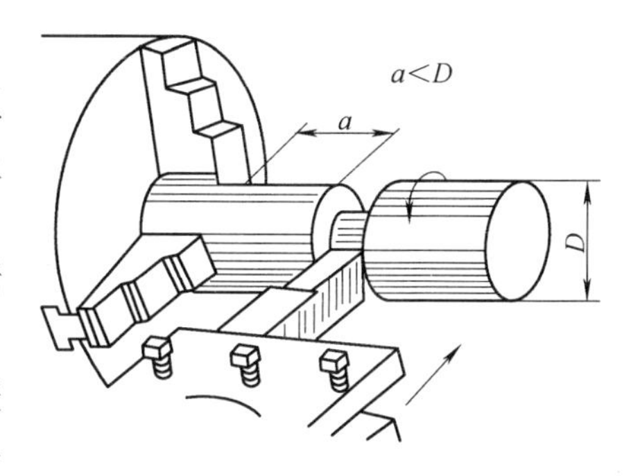

图1-31　在卡盘上切断

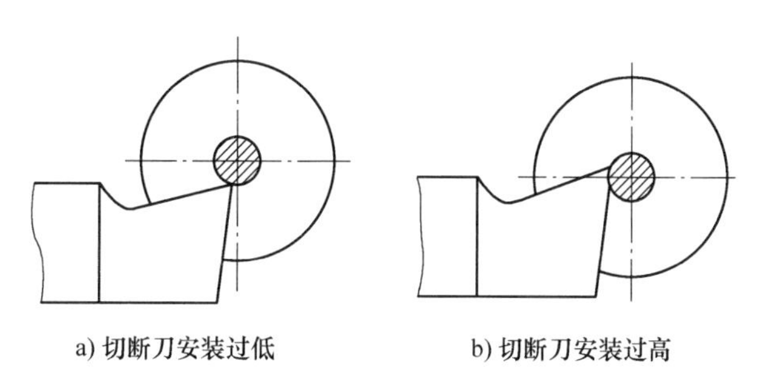

a) 切断刀安装过低　　b) 切断刀安装过高

图1-32　切断刀刀尖必须与工件中心等高

4）切断钢件时需要加切削液进行冷却润滑，切断铸铁件时一般不加切削液，但必要时可用煤油进行冷却润滑。

5）采用两顶尖装夹的工件切断时，不能直接切到中心，以防切断刀折断，工件飞出。

6. 车成形面

车成形面时，先用普通尖刀按成形面的大致形状粗车成许多台阶，然后用两手分别操纵做纵向和横向同时进给，用圆头车刀车去台阶峰部并使之基本成形，用样板检验后需再经过多次车削修整和检验，形状合格后还需用砂纸适当打磨修光。图1-33所示为车圆弧的成形车刀。用成形车刀车成形面的加工精度主要靠刀具保证。但要注意由于切削时接触面较大，进给力也大，易出现振动和工件移位。为此切削力要小些，工件必须夹紧。

这种方法生产效率高，但刀具刃磨较困难。故只用于车削刚性好、长度较短，且较简单的成形面。

图 1-33　车圆弧的成形车刀

7. 滚花

工具和机器零件的手握部分，为了美观和加大摩擦力，常在表面上滚出各种不同的花纹。花纹有直纹和网纹两种，滚花刀也分为直纹滚花刀（图 1-34b）和网纹滚花刀（图 1-34c、d）。花纹是在车床上用滚花刀滚压工件，使其表面产生塑性变形而形成的。如图 1-34a 所示，滚花时，工件低速旋转，滚花刀径向挤压后，再做纵向进给。滚花时需要充分供给切削液，以免研坏滚花刀和防止细屑滞塞在滚花刀内而产生乱纹。

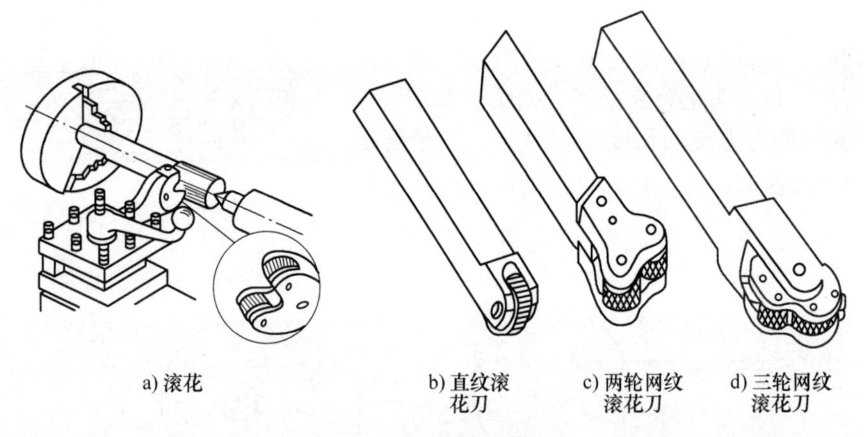

图 1-34　滚花及滚花刀

8. 车螺纹

普通三角形螺纹的牙型角为 60°，用螺距或导程来表示其主要规格。

（1）螺纹车刀及其安装　螺纹牙型角 α 要靠螺纹车刀的正确形状来保证，因此三角形螺纹车刀刀尖及切削刃的交角应为 60°，而且粗车时车刀的前角 γ_o 应等于 0°，刀具用样板安装，应保证刀尖分角线与工件轴线垂直。

（2）车床运动调整　为了得到正确的螺距 P，应保证工件转一转时，刀具准确地纵向移动一个螺距，即

$$n_{丝} P_{丝} = nP$$

通常在具体操作时可按车床进给箱铭牌上表示的数值，根据加工工件的螺距值，调整相应的进给调整手柄即可满足要求。

（3）螺纹车削注意事项　由于螺纹的牙型是经过多次走刀形成的，当车床丝杠螺距 $P_{丝}$ 是工件螺距 P 的整数倍时，就不会乱牙，不是整数倍时，会乱牙，为了保证每次走刀时刀

尖都正确落在前次车削好的螺纹槽内，不能在车削过程中提起开合螺母，而应采用反车退刀的方法。车削螺纹时严格禁止用手触摸工件和用棉纱揩擦转动的螺纹。

9. 钻中心孔

在车削过程中，需要多次装夹才能完成车削工作的轴类零件，一般先在工件两端钻中心孔，采用顶尖装夹，确保工件定心准确和便于装卸。

（1）中心钻和中心孔的种类　制造中心钻的材料一般为高速钢。中心钻按形状和作用可分为A型、B型、C型和R型四种，A型和B型为常用的中心钻，C型为特殊中心钻，R型为带圆弧形中心钻。图1-35所示为ϕ3. 15mm的A型中心孔和B型中心孔示意图，B型中心孔比A型中心孔的孔口多一个120°的保护锥面。

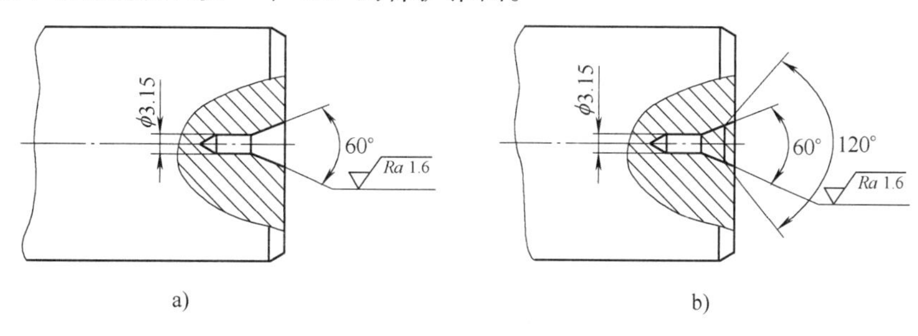

图1-35　中心孔

（2）钻中心孔的方法

1）将钻夹头锥柄插入尾座锥孔中。先擦净钻夹头柄部和尾座锥孔，然后用左手推钻夹头，沿尾座套筒轴线方向将钻夹头锥柄用力插入尾座锥孔，如钻夹头柄部与车床尾座锥孔大小不吻合，可增加一个合适的过渡锥套后再插入尾座套筒的锥孔内。

2）中心钻装在钻夹头上。如图1-36a所示，用钻夹头钥匙逆时针方向旋转钻夹头外套，使钻夹头的三个夹爪张开，然后将中心钻插入三个夹爪中间，再用钻夹头钥匙顺时针方向转动钻夹头外套，通过三个夹爪将中心钻夹紧，如图1-36b所示。

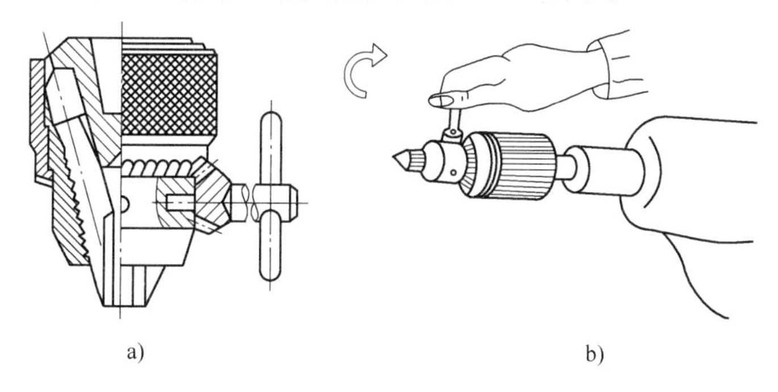

图1-36　中心钻的装夹方法

3）校正尾座中心。工件装夹在卡盘上，起动车床，移动尾座，使中心钻接近工件端面，观察中心钻钻头是否与工件的旋转中心一致，然后紧固尾座。

4）转速的选择与钻削。由于中心钻直径小，钻削时应取较高的转速，进给量应小而均匀，切勿用力过猛。当中心钻钻入工件后，应及时加注切削液冷却。当钻孔深度到达尺寸时，中心钻在孔中应稍作停留，然后退出，以修光中心孔，提高中心孔的形状精度和表面质量。

(3) 钻中心孔时的注意事项

1) 中心钻轴线必须与工件旋转中心一致。

2) 工件端面必须车平，不允许留凸台，以免钻孔时中心钻折断。

3) 及时注意中心钻的磨损情况，磨损后不能强行钻入工件，避免中心钻折断。

4) 及时进退，以便排除切屑，并浇注充分的切削液。

10. 车圆锥面

一个圆锥由四个基本参数 C、D、d、L 确定。只要给出其中任意三个参数，则其余的一个参数就可计算出来。

C 表示锥度，它是圆锥大、小端直径之差与长度之比，即

$$C=(D-d)/L$$

锥度 C 确定后就可以计算出圆锥半角 $\alpha/2$。

D 表示圆锥大端直径；d 表示圆锥小端直径；L 表示圆锥的实际长度。

锥度 C 与其他三个参数的关系。根据

$$C=(D-d)/L$$

可推导出 D、d、L 三个参数与 C 的关系为

$$D=d+CL,\quad d=D-CL,\quad L=(D-d)/C$$

圆锥半角 $\alpha/2$ 与锥度 C 的关系为

$$\tan\frac{\alpha}{2}=C/2 \text{ 或 } C=2\tan\frac{\alpha}{2}$$

由公式计算出数值后，查三角形函数表即可得出 $\alpha/2$ 值。

例 1 有一圆锥，已知 $D=36\text{mm}$，$d=32\text{mm}$，$L=40\text{mm}$，求圆锥半角 $\alpha/2$。

解 $\tan\frac{\alpha}{2}=\frac{D-d}{2L}=\frac{36-32}{2\times40}=0.05$

查三角函数表可得 $\alpha=2°50'$。

采用上述方法计算时，必须查三角函数表。如果用近似公式来计算则更方便，有以下两种近似计算方法。

方法一：当圆锥半角 $\alpha/2<8°$ 时，可用下式近似计算

$$\alpha/2\approx\frac{D-d}{L}\times28.7° \text{ 或 } \alpha/2\approx28.7°\times C$$

方法二：当圆锥半角 $\alpha<8°$ 时，可用下式近似计算

$$\alpha/2\approx\frac{D-d}{2L\times0.0175}$$

将工件车削成圆锥表面的方法称为车圆锥。车圆锥最常用的方法是转动小滑板法，如图 1-37 所示。

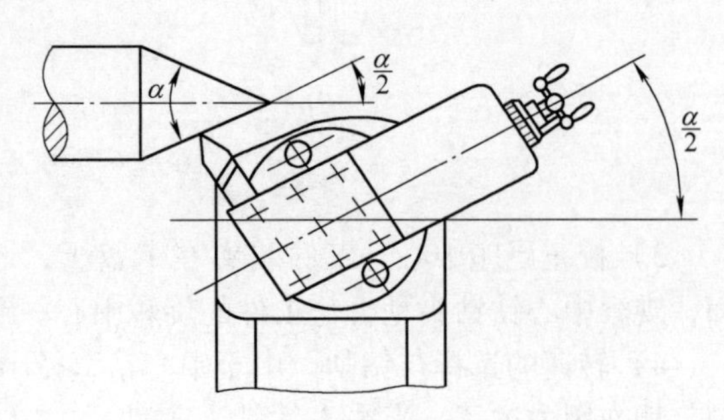

图 1-37 转动小滑板法车圆锥

车削时，将小滑板下面的转盘上的螺母松开，把转盘转至所需要的圆锥半角 $\alpha/2$ 的刻线上，与基准零线对齐，然后固定转盘上的螺母，如果锥角不是整数，可在锥角附近

估计一个值，试切后逐步找正，如图 1-37 所示。

1）车外圆锥时，利用端面中心对刀。

2）车内圆锥时，可利用尾座顶尖对刀或者在孔端面上涂上显示剂，用刀尖在端面上划一条直线，卡盘旋转 180°，再划一条直线，如果重合则车刀已对准中心，否则继续调整垫片厚度，以达到对准中心的目的。

3）指示表检验锥度法。尾座套筒伸出一定长度，涂上显示剂，在尾座套筒上取一定尺（一般应长于锥长），指示表装在小滑板上，根据锥度要求计算出指示表在定尺上的伸缩量，然后紧固小滑板螺钉。此种方法一般不需试切。

4）空对刀法。利用锥比关系先把锥度调整好，再车削。此方法是先车外圆，在外圆上涂色，取一个合适的长度并划线，然后调小滑板锥度，紧固小滑板螺钉，摇动中滑板使车刀轻微接触外圆，并摇动小滑板使其从线的一端到另一端后，摇动中滑板前进刀具并记住刻度盘刻度，并计算锥比关系，如果中滑板前进的刻度为计算值±0.1 格，则小滑板锥度合格。如果中滑板前进的刻度大了，则说明锥度大了，如果中滑板前进的刻度小了，则说明锥度小。

5）根据图样得出角度，将小滑板转盘上的两个螺母松开，转动一个圆锥半角后固定两个螺母。

6）进行试切削并控制尺寸，要求锥度在五次以内合格。

锥度不准确的原因：计算上的误差；小滑板转动角度和床尾偏移量偏移不精确；车刀、滑板、尾座没有固定好，在车削中有移动；工件的表面粗糙度值太大；量规或工件上有毛刺或没有擦干净。

锥度准确而尺寸不准确的原因：粗心大意；测量不及时、不仔细；进给量控制不好，尤其是最后一刀没有掌握好进给量。

圆锥母线不直是指锥面不是直线，锥面上产生凹凸现象或是中间低、两头高。其主要原因是车刀安装没有对准中心。

配合锥面一般精度要求较高，若表面粗糙度值太大，往往会造成废品，因此一定要注意。造成工件表面粗糙度值大的原因：切削用量选择不当；车刀磨损或刃磨角度不对；没有进行表面抛光或者抛光余量不够；用小滑板车削锥面时，手动进给不均匀。另外，机床的间隙大、工件刚性差也会影响工件的表面粗糙度。

四、锤子手柄的加工工艺过程

1）用自定心卡盘装夹工件，伸出长度约为 35mm。

2）用 45°弯头车刀车端面，车平即可。用 ϕ2.5mm A 型中心钻钻中心孔。

3）用 90°正偏车刀车外圆 ϕ27mm、长 30mm。

4）调头装夹，伸出长度约为 35mm。

5）车端面，保证总长（232±0.5）mm，钻中心孔。

6）重新装夹，一端夹住 ϕ27mm、长 30mm 的外圆，另一端用顶尖支顶。用一夹一顶的方法装夹工件车削外圆及台阶面（这是轴类零件粗加工时伸出部分较长时最常用的装夹方法）。用 90°右偏车刀粗车 ϕ20mm 外圆到 ϕ21mm（外圆留精车余量 1mm）、长 150mm。

7）调头装夹，夹住 ϕ21mm 外圆，伸出长度约为 120mm。

8）粗、精车 ϕ20mm 外圆到 ϕ19.7mm、长 105mm。

9）用滚花刀滚花至尺寸精度要求。

10）扳动小滑板 4°，粗、精车圆锥面至尺寸精度要求，长度为（40±0. 1）mm。

11）调头装夹，一端夹住滚花处（垫铜皮），另一端用顶尖支顶。

12）用 90°右偏车刀粗、精车 ϕ16mm、长 85mm 外圆至尺寸精度要求，用切断刀粗、精车 ϕ13mm 至尺寸精度要求。

13）扳动小滑板 2°，粗、精车圆锥面至尺寸精度要求，长度为（40±0. 1）mm。

14）用 90°右偏车刀粗、精车 ϕ12mm 外圆至 ϕ11. 75mm；倒角 *C*1，工件倒角 6 处。

15）用螺纹车刀粗、精车 M12 螺纹至尺寸。

16）用圆头车刀粗、精车 *R*2. 5，保证长度 5mm。

17）调头装夹，一端夹住滚花处（垫铜皮），另一端用顶尖支顶找正。伸出长度约为 35mm。

18）用圆头车刀粗、精车 *SR*18，保证长度 5mm。用锉刀、砂布修光。

19）检验合格后卸下工件。

锤子手柄的加工工艺过程见表 1-5。

表 1-5　锤子手柄的加工工艺过程

序号	工种	加工简图	加工内容	刀具或工具	安装方法
1	锯		下料 ϕ30mm×235mm		
2	车	40 30 ϕ27	夹持 ϕ30mm 外圆：车端面见平即可，钻 A 型 ϕ2. 5mm 中心孔，粗车外圆 ϕ27mm×30mm	90°偏车刀、45°弯头车刀、中心钻	自定心卡盘
3	车	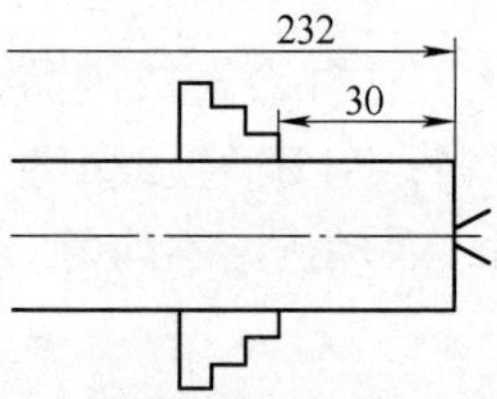 232 30	夹持 ϕ30mm 外圆：车另一端面，保证总长 232mm，钻 A 型 ϕ2. 5mm 中心孔，粗车	A 型中 2. 5mm 中心钻、45°弯头车刀	自定心卡盘
4	车	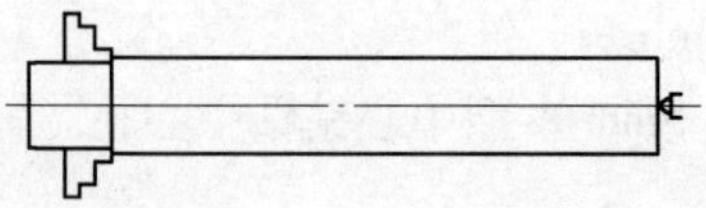	用一夹一顶方法装夹工件	顶尖	自定心卡盘、顶尖
5	车	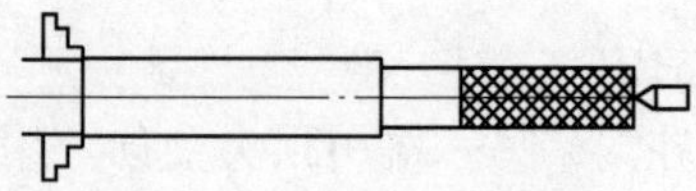	粗、精车 ϕ20mm 外圆到 ϕ19. 7mm、长 105mm，滚花长度 65mm	90°偏车刀、滚花刀	自定心卡盘、顶尖
6	车	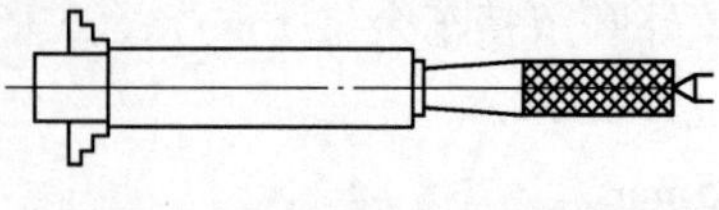	扳动小滑板 4°，粗、精车圆锥面	90°偏车刀	自定心卡盘、顶尖

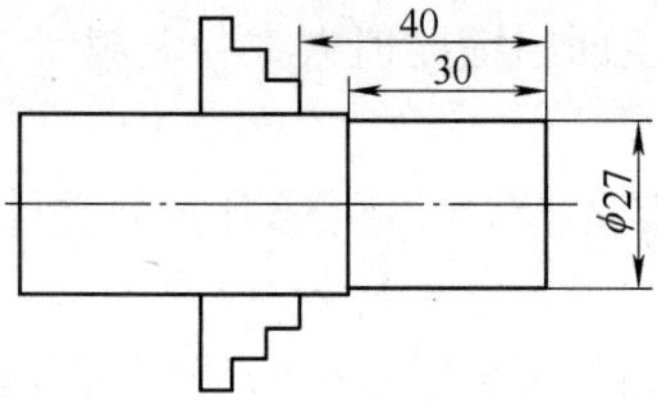

（续）

序号	工种	加工简图	加工内容	刀具或工具	安装方法
		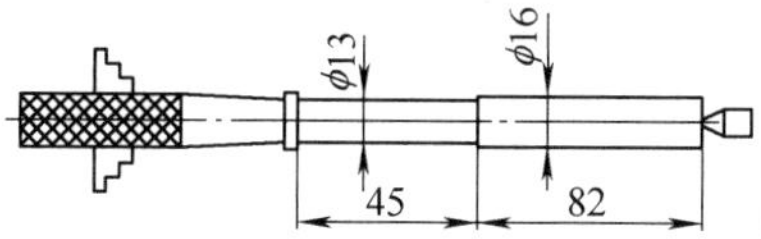	调头装夹；粗、精车 ϕ16mm、ϕ13mm 外圆至尺寸；		
		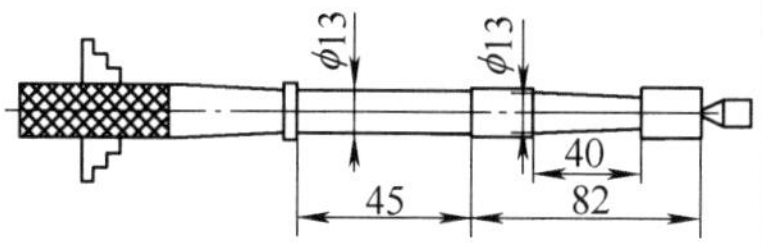	扳动小滑板 2°，粗、精车圆锥面； 粗、精车 ϕ12mm 外圆至尺寸		
7	车	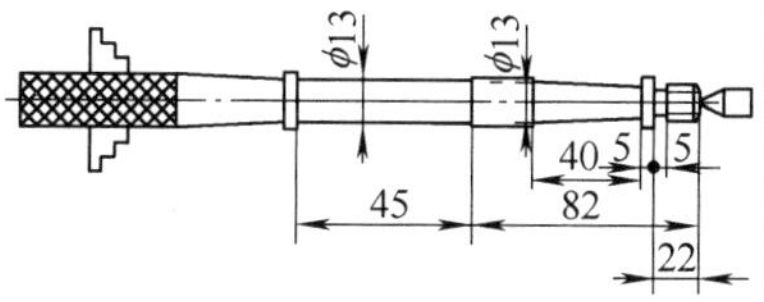	粗、精车 M12 螺纹至尺寸	90°偏车刀、螺纹车刀、车槽刀、圆头车刀	自定心卡盘、顶尖
		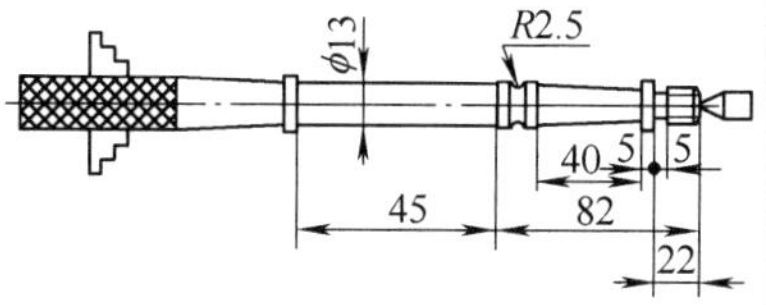	车槽，保证尺寸 5mm×2mm；倒角 5 处；用圆头车刀粗、精车 *R*2.5，保证长度 5mm		
		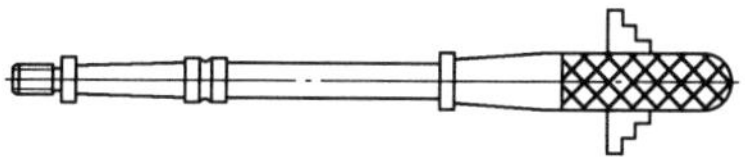	调头装夹，用圆头车刀粗、精车 *SR*18，保证长度 5mm。用锉刀、砂布修光		

五、检验评价

锤子手柄检测评分表见表 1-6。

表 1-6 锤子手柄检测评分表

项目	序号	技术要求	配分	评分标准	得分
工艺（15%）	1	正确完整	5	不规范每处扣 1 分	
	2	切削用量选择合理	5	不合理每处扣 1 分	
	3	工艺过程规范合理	5	不合理每处扣 1 分	
机床操作（20%）	4	刀具选择、安装正确	5	不正确每处扣 1 分	
	5	对刀正确	5	不正确每处扣 1 分	
	6	机床操作规范	5	不规范每处扣 1 分	
	7	工件加工不出错	5	出错全扣	
工件质量（35%）	8	尺寸精度符合要求	25	不合格每处扣 1 分	
	9	表面粗糙度和几何公差符合要求	10	不合格每处扣 1 分	

（续）

项目	序号	技术要求	配分	评分标准	得分
文明生产（15%）	10	安全操作	5	出错全扣	
	11	工作场所6S	5	不合格全扣	
	12	机床维护和保养	5	不合格全扣	
相关知识及职业能力（15%）	13	加工基础知识	5	教师抽查	
	14	自学能力	10	教师与学生交流，酌情扣分	
		沟通能力			
		团队精神			
		创新能力			

◇◇◇ 任务5　车削加工千斤顶

一、工作任务

本任务主要是掌握千斤顶的加工工艺内容和车削千斤顶的加工方法。千斤顶是钳工划线、铣工用于工件支承的定位元件，如图1-38所示。

二、在车床上完成千斤顶的加工

加工工艺包括以下内容：分析图样、划分工序、选择机床、确定加工方法、确定装夹方式、选择刀具、确定切削用量、选择量具等。

（1）分析图样　根据图1-38，千斤顶的毛坯有两种规格底座用ϕ55mm的45钢棒料，锁紧螺母和千斤顶杆用ϕ40mm的45钢棒料。为了节省原材料，降低生产成本，提高经济效益，下料时ϕ55mm的4个工件为一段料，即ϕ55mm×230mm。ϕ40mm下料时，考虑锁紧螺母和千斤顶杆是同样规格的材料，可下成一根料，即ϕ40mm×155mm，包括4个锁紧螺母，以及ϕ40mm×90mm的三根。主要轮廓有外圆、圆弧、内孔、M16内/外螺纹、圆锥、倒角、滚花等。

一般有内孔的零件加工时，应先内孔、后外圆，对孔、外圆、端面都有几何精度要求的零件，加工方法大多采用一次装夹下加工，俗称一刀落。

1）尺寸精度：未注公差的尺寸ϕ50mm、ϕ30mm、ϕ40mm、ϕ36mm、ϕ32mm、86mm、50mm、20mm、10mm、26mm等，其公差等级按IT12。

2）表面粗糙度：全部表面精度要求较高，表面粗糙度值为Ra3.2μm。

3）位置精度：该零件没有特殊的位置精度要求。

（2）划分工序　采用工序分散原则确定工序。第一道工序，加工千斤顶底座：平端面→钻中心孔→钻孔→粗、精车外圆→粗、精车圆弧→倒角。第二道工序：调头装夹→平端面→扩孔→台阶孔→倒角→钳工攻螺纹。第三道工序，加工锁紧螺母：平端面→钻孔→粗、

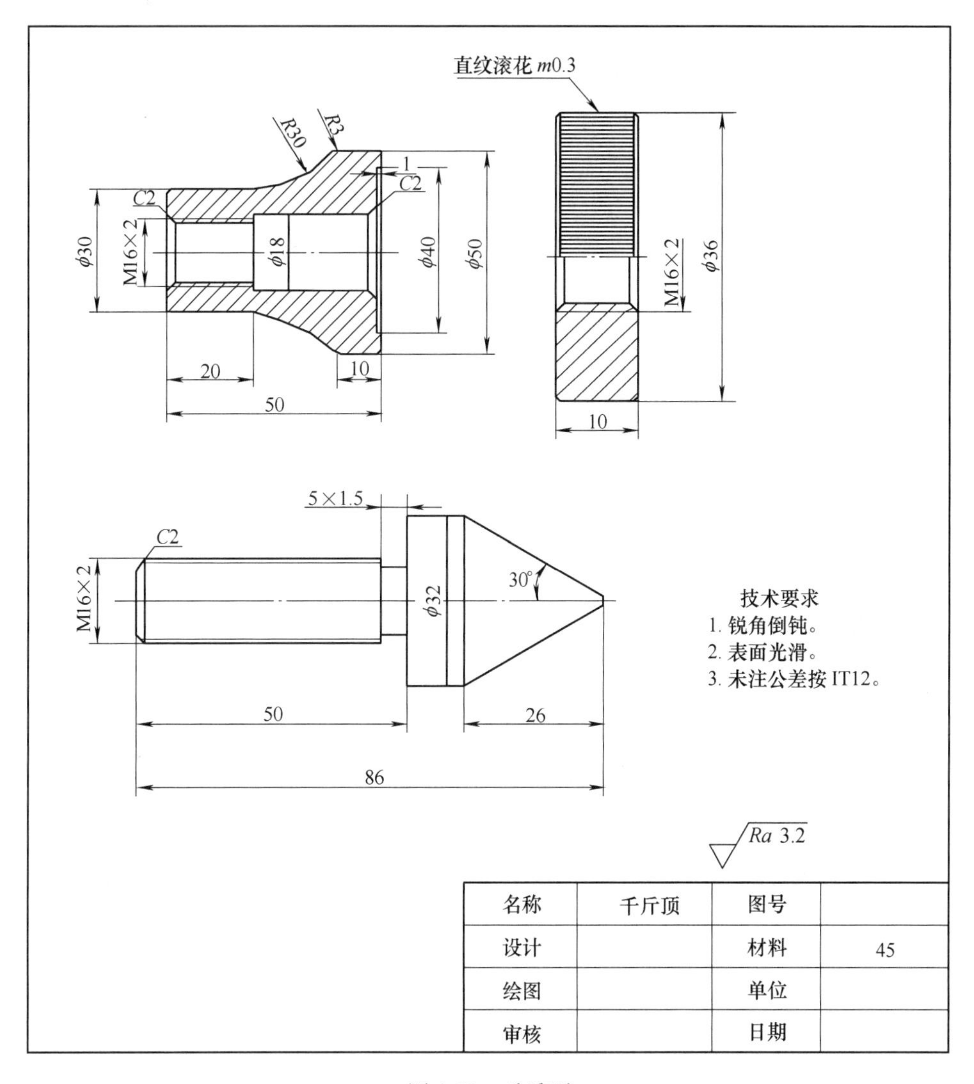

图 1-38　千斤顶

精车外圆→倒角→滚花→切断→钳工攻螺纹。第四道工序，加工千斤顶杆：粗、精车外圆→车槽→倒角→车螺纹。第五道工序：调头装夹、垫铜皮→平端面→粗、精车外圆→车圆锥→检验。

（3）选择机床　选择 CA6140 型卧式车床。

（4）确定加工方法　采用粗车→半精车→精车→抛光的方法可保证其技术要求。

（5）装夹定位　采用自定心卡盘和顶尖装夹工件。

综上所述，千斤顶的加工工艺见表 1-7。

（6）选择刀具　根据零件的材料、图样轮廓、加工内容，选择 90°外圆粗车刀、90°外圆精车刀、45°外圆车刀、车槽刀、切断刀、60°螺纹车刀、A 型 ϕ5mm 中心钻、直纹滚花刀、圆头车刀、ϕ14mm 钻头、ϕ18mm 钻头、M16×2 丝锥、丝锥架等。刀具、量具、工具见表 1-8。

表 1-7　千斤顶的加工工艺

单位名称			产品名称			零件名称	千斤顶
材料		45 钢	毛坯尺寸	ϕ55mm×230mm、ϕ40mm×155mm		图号	
夹具		自定心卡盘、顶尖		设备	CA6140	共　页	第　页
工序	工种	工步	工步内容	刀具名称规格	背吃刀量/mm	进给量/(mm/r)	主轴转速/(r/min)
1	锯床	1	下料 ϕ55mm×230mm				
		2	下料 ϕ40mm×155mm				
		3	下料 ϕ40mm×90mm				
2	车工	4	平端面	45°外圆车刀	1	0.2	450
		5	钻中心孔	中心钻 A 型中 5mm	2.5	0.2	700
		6	一夹一顶装夹方式，伸出长度为 200				
		7	粗车外圆 ϕ52mm	90°外圆车刀	2	0.3	400
		8	重新装夹，伸出长度为 65				
		9	钻孔	ϕ14mm 钻头	7	0.3	400
		10	粗车外圆	90°外圆车刀	3	0.3	400
		11	精车外圆	90°外圆车刀	0.5	0.15	600
		12	粗车外圆弧 $R30$	圆头刀	2	0.3	400
		13	精车外圆弧 $R30$	圆头车刀	0.5	0.15	600
		14	倒角	45°外圆车刀	2	0.15	400
		15	切断	切断刀	5	0.2	400
3		16	调头装夹				
		17	平端面	45°外圆车刀	0.5	0.3	400
		18	扩孔	ϕ18mm 钻头	9	0.3	280
		19	粗车内台阶	90°外圆车刀	1	0.3	450
		20	精车内台阶	90°外圆车刀	1	0.15	600
		21	倒角	45°外圆车刀	2	0.15	450
4	钳工	22	攻螺纹	M16 丝锥			
5	车工	23	装夹 ϕ40 的棒料，车锁紧螺母				
		24	平端面	45°外圆车刀	0.5	0.15	400
		25	钻孔	ϕ14mm 钻头	7	0.3	350
		26	倒角	45°外圆车刀	2	0.15	450
		27	滚花	直纹滚花刀		0.5	50
		28	切断	切断刀	5	0.2	350
		29	倒角	45°外圆车刀	2	0.15	350

（续）

工序	工种	工步	工步内容	刀具名称规格	背吃刀量/mm	进给量/(mm/r)	主轴转速/(r/min)
6	钳工	30	攻螺纹 M16	M16 丝锥			
7	车工	31	车千斤顶杆				
		32	平端面	45°外圆车刀	0.5	0.15	450
		33	粗车外圆	90°外圆车刀	3	0.3	550
		34	精车外圆	90°外圆车刀	0.5	0.15	800
		35	车槽	车槽刀	5	0.2	450
		36	倒角	45°外圆车刀	2	0.15	450
		37	车螺纹	60°螺纹车刀		2	280
8		38	调头装夹，垫铜皮找正				
		39	平端面	45°外圆车刀	0.5	0.15	550
		40	粗车外圆	90°外圆车刀	3	0.3	550
		41	精车外圆	90°外圆车刀	0.5	0.15	800
		42	粗车圆锥	90°外圆车刀	2	0.25	550
		43	精车圆车锥	90°外圆车刀	1	0.15	800
9		44	检验工件是否符合图样技术要求，涂防锈油，入库				
10		45	清点工具、量具，保养机床，清扫环境卫生				
编制			审核		日期		

表1-8　刀具、量具、工具

序号	名　称	规　格	数量	备注
1	车刀	45°外圆车刀	1	
2	车刀	90°外圆粗车刀	1	
3	车刀	90°外圆精车刀	1	
4	车刀	60°外螺纹车刀	1	
5	中心钻	A 型 ϕ5mm	1	
6	车刀	5mm 车槽刀	1	
7	车刀	5mm 切断刀	1	
8	圆头车刀		1	
9	钻夹头	ϕ13mm	1	
10	接杆	莫氏 5 号	1	
11	直纹滚花刀	模数 m=0.3mm	1	
12	钻头	ϕ14mm	1	
13	钻头	ϕ18mm	1	
14	钻套	2~5 号	各1	
15	丝锥	M16	1	

（续）

序号	名　称	规　格	数量	备注
16	丝锥架	M16	1	
17	回转顶尖	5号锥柄	1	
18	钢直尺	150mm、300mm	各1	
19	游标卡尺	分度值为0.02mm/150mm	1	
20	其他	标配		

（7）确定切削用量

1）背吃刀量（a_p）的选择：粗车为3mm，精车为0.5mm。精车余量留1mm。

2）进给量（f）的选择：粗车为0.3mm/r，精车为0.15mm/r。

3）切削速度（v_c）的选择：粗车为70m/min，精车为100m/min。

4）主轴转速（n）的选择：粗车约为405r/min，精车约为579r/min，车螺纹时为280r/min。

（8）选择量具　根据该零件的加工精度选择钢直尺和游标卡尺，见表1-8。

三、千斤顶的加工工艺过程

1. 加工千斤顶底座

1）用自定心卡盘装夹工件，伸出长度约为35mm。

2）用45°外圆车刀平端面，用A型ϕ5mm中心钻钻中心孔。

3）重新装夹，伸出长度约为200mm，用一夹一顶的方法装夹工件，用90°外圆车刀车外圆至ϕ52mm，长度约为200mm。

4）调头装夹，伸出长度约为65mm。

5）平端面，钻中心孔。

6）用ϕ14mm的钻头钻孔，钻深为55mm。

7）用90°外圆车刀粗车外圆至ϕ52mm、长55mm，粗车外圆台阶至ϕ31mm、长20mm，外圆留精车余量1mm。

8）精车ϕ30mm、ϕ50mm外圆。

9）用圆头车刀粗车外圆弧$R30$，用双手控制大、中滑板手轮方法。

10）用圆头车刀精车外圆弧$R30$，用双手控制大、中滑板手轮方法。

11）用45°外圆车刀内、外倒角。

12）用5mm切断刀切断，长度为50.2mm。

13）调头装夹，垫铜皮找正。

14）夹住外圆ϕ30mm，长度约为20mm。

15）用45°外圆车刀平端面。

16）用ϕ18mm的钻头扩孔，钻深为30mm。

17）粗、精车内台阶孔ϕ40mm、深1mm。

18）用45°外圆车刀倒角$C2$。

19）用 M16×2 丝锥攻螺纹。

2. 加工锁紧螺母

1）平端面，用 ϕ14mm 的钻头钻孔，钻深为 15mm。

2）用 90°外圆车刀粗、精车外圆 ϕ36mm、长 15mm。

3）用 45°外圆车刀倒角 $C2$。

4）用直纹滚花刀滚花。

5）切断、倒角，用 5mm 切断刀，长度为 50. 2mm。

6）用 M16×2 丝锥攻螺纹。

3. 加工千斤顶杆

1）用 45°外圆车刀平端面。

2）用 90°外圆车刀粗车外圆至 ϕ17mm、长 50mm。

3）用 90°外圆车刀精车外圆至 ϕ16mm、长 50mm。

4）用 5mm 车槽刀车槽，深度为 1. 5mm。

5）用 45°外圆车刀倒角 $C2$。

6）车螺纹 M16×2。连接丝杠，调整进给箱交换齿轮，用开合手柄，计算牙型高度为 0. 5413×2mm = 1. 0826mm。从理论上讲，对于外螺纹基本尺寸可以比理论数值小一些，以保证内、外螺纹配合，故牙型高度确定为 1. 2mm，用 60°外螺纹车刀对刀，第一次背吃刀量为 0. 5mm，第二次背吃刀量为 0. 4mm，第三次背吃刀量为 0. 2mm，第四次背吃刀量为 0. 1mm。

7）调头装夹，垫铜皮找正。

8）用 45°外圆车刀平端面。

9）转动小滑板 30°，粗、精车圆锥面至尺寸精度要求，长度为 ϕ26mm。

10）检验合格后卸下工件。

四、检验评价

千斤顶的检测评分表见表 1-9。

表 1-9　千斤顶检测评分表

项目	序号	技术要求	配分	评分标准	得分
工艺（15%）	1	正确完整	5	不规范每处扣 1 分	
	2	切削用量选择合理	5	不合理每处扣 1 分	
	3	工艺过程规范合理	5	不合理每处扣 1 分	
机床操作（20%）	4	刀具选择、安装正确	5	不正确每处扣 1 分	
	5	对刀正确	5	不正确每处扣 1 分	
	6	机床操作规范	5	不规范每处扣 1 分	
	7	工件加工不出错	5	出错全扣	
工件质量（35%）	8	尺寸精度符合要求	25	不合格每处扣 1 分	
	9	表面粗糙度和几何公差符合要求	10	不合格每处扣 1 分	

（续）

项目	序号	技术要求	配分	评分标准	得分
文明生产（15%）	10	安全操作	5	出错全扣	
	11	工作场所6S	5	不合格全扣	
	12	机床维护和保养	5	不合格全扣	
相关知识及职业能力（15%）	13	加工基础知识	5	教师抽查	
	14	自学能力	10	教师与学生交流，酌情扣分	
		沟通能力			
		团队精神			
		创新能力			

项目 2

铣削加工工艺与实训

一、实训目的

1. 了解铣削加工的工艺特点及加工范围。
2. 了解机床及常用附件分度头、万能铣头、平口钳、回转工作台的功用。
3. 了解常用铣床的操作方法。
4. 认识常用铣刀及安装方法。
5. 掌握铣矩形六面体的加工方法。
6. 掌握铣平面、燕尾槽的操作方法。

二、学时及安排

学时及安排见表 2-1。

表 2-1　铣削加工工艺与实训的学时及安排

课程名称：金工实训　　工种：铣工　　学时：20 学时

序号	教学项目		时间	教学内容
一	多媒体课件		40min	1. 铣床基础知识 2. 铣床附件
二	现场讲解	安全操作常识	20min	铣床加工安全技术
		机床和刀具	1h	1. 立式铣床、卧式铣床，铣床型号、组成部分、各部件运动的操作方法 2. 铣刀的种类和安装：带柄铣刀、带孔铣刀
		工件装夹	30min	1. 装夹方法 2. 装夹附件：平口钳、立铣头、分度头
三	演示加工		30min	演示工件的操作步骤
四	学生操作	1. 铣矩形六面体 2. 铣燕尾槽	14h	1. 铣矩形六面体 2. 铣燕尾槽
五	工艺设计及制作		3h	1. 工艺设计 2. 确定可行性 3. 实际加工 4. 机床卫生清理与保养

◇◇◇ 任务 1　安全知识与操作规程

一、铣床安全知识

1）工作前，必须穿好工作服，女生须戴好工作帽，发辫不得外露，在执行铣削操作时，必须戴防护眼镜。

2）工作前认真查看机床有无异常，在规定部位加注润滑油和切削液。

3）开始加工前先安装好刀具，再装夹好工件。装夹必须牢固可靠，严禁用开动机床的动力装夹刀杆、拉杆。

4）主轴变速时必须停机，变速时先打开变速操作手柄，再选择转速，最后以适当的速度将操作手柄复位。复位时速度过快，冲动开关难动作；速度太慢易达起动状态，容易损坏啮合中的齿轮。

5）开始铣削加工前，刀具必须离开工件，并应查看铣刀旋转方向与工件相对位置是顺铣还是逆铣，通常不采用顺铣，而采用逆铣。若有必要采用顺铣，则应事先调整工作台的丝杠螺母间隙到合适程度方可铣削加工，否则将引起“扎刀”或打刀现象。

6）在加工中，若采用自动进给，必须注意行程的极限位置；密切注意铣刀与工件夹具间的相对位置。以防发生过铣、碰撞夹具而损坏刀具和夹具。

7）加工中，严禁将多余的工件、夹具、刀具、量具等摆在工作台上，以防碰撞、掉落，发生人身、设备事故。

8）机床在运行中不得擅离岗位或委托他人看管，不准闲谈、打闹和开玩笑。

9）两人或多人共同操作一台机床时，必须严格分工，分段操作，严禁同时操作一台机床。

10）中途停机测量工件，不得用手强行制动惯性转动着的铣刀主轴。

11）铣后的工件取出后，应及时去毛刺，以防止拉伤手指或划伤堆放的其他工件。

12）发生事故时，应立即切断电源，保护现场，参加事故分析，承担事故责任。

13）工作结束应认真清扫机床、加油，并将工作台移向立柱附近。

14）打扫工作场地，将切屑倒入规定地点。

15）收拾好所用的工具、夹具、量具，摆放于工具箱中，工件交检。

二、铣床操作规程

1）由于工件表面存在硬皮和杂质，顺铣时易损坏刀具甚至伤人，所以不允许选用顺铣方式进行操作。

2）严禁快速对刀，避免发生碰撞。慢速对刀中，当铣刀接近工件时，必须改用手动进给。

3）铣刀在切削工件时，不准停机或改用快速切削。

4）严禁用手或棉纱擦拭运动中的刀具和机床的传动部件，防止发生事故。

◇◇◇ 任务2　了解铣削加工的基本知识

在机械加工中，铣削加工是除了车削加工之外用得较多的一种加工方法，主要用于加工平面、斜面、垂直面、各种沟槽以及成形表面。

一、铣削的应用

铣床的加工范围很广，可以加工平面、斜面、垂直面、各种沟槽和成形面（如齿形），如图2-1所示。铣床还可以进行分度工作。有时孔的钻、镗加工，也可在铣床上进行，如图2-2所示。铣床加工的尺寸公差等级一般为IT8~IT9，表面粗糙度一般为$Ra1.6\sim6.3\mu m$。

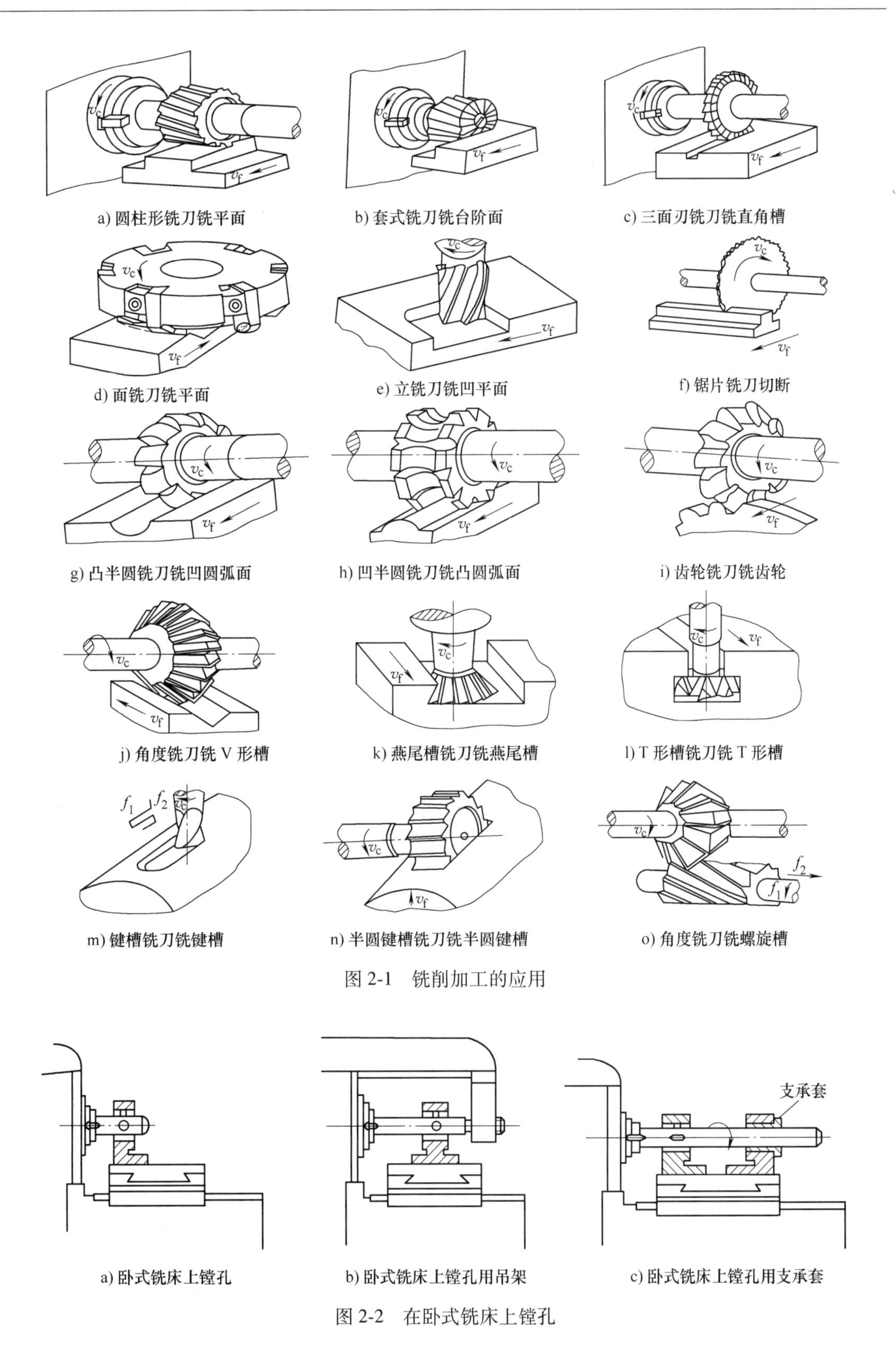

a) 圆柱形铣刀铣平面　b) 套式铣刀铣台阶面　c) 三面刃铣刀铣直角槽

d) 面铣刀铣平面　e) 立铣刀铣凹平面　f) 锯片铣刀切断

g) 凸半圆铣刀铣凹圆弧面　h) 凹半圆铣刀铣凸圆弧面　i) 齿轮铣刀铣齿轮

j) 角度铣刀铣 V 形槽　k) 燕尾槽铣刀铣燕尾槽　l) T 形槽铣刀铣 T 形槽

m) 键槽铣刀铣键槽　n) 半圆键槽铣刀铣半圆键槽　o) 角度铣刀铣螺旋槽

图 2-1　铣削加工的应用

a) 卧式铣床上镗孔　b) 卧式铣床上镗孔用吊架　c) 卧式铣床上镗孔用支承套

图 2-2　在卧式铣床上镗孔

二、铣床的种类

铣床的种类很多，常用的有卧式铣床、立式铣床、万能工具铣床、龙门铣床和数控铣床及铣镗加工中心等。在一般工厂，卧式铣床和立式铣床应用最广，其中万能卧式升降台铣床（简称万能卧式铣床）应用最多。

1. 卧式铣床

卧式铣床又分为平铣床和万能卧式铣床，它们的共同特点是主轴都是水平的。万能卧式铣床与平铣床的主要区别是，其工作台能在水平面内做 ±45° 范围内的旋转调整，以便铣削螺旋槽类工作，而平铣床的工作台不能做旋转调整。万能卧式铣床如图 2-3所示，是铣床中应用最广的一种。其主轴是水平的，与工作台面平行。下面以实训中所使用的 X6132 铣床为例，介绍万能卧式铣床的型号以及组成部分和作用。

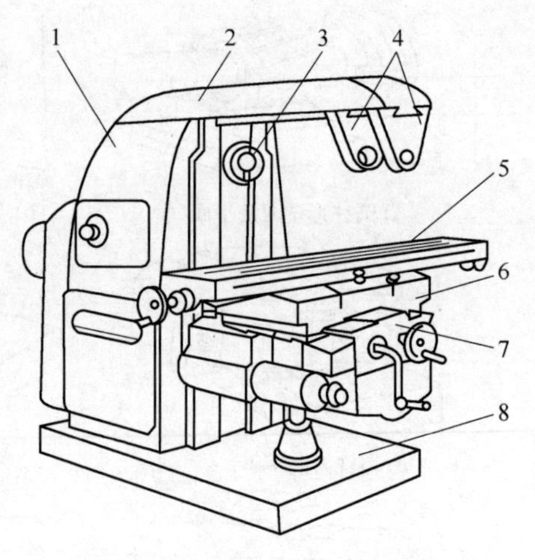

图 2-3　X6132 卧式万能铣床

1—床身　2—横梁　3—主轴　4—刀杆支架　5—纵向工作台　6—转台　7—升降台　8—底座

（1）万能卧式铣床的型号

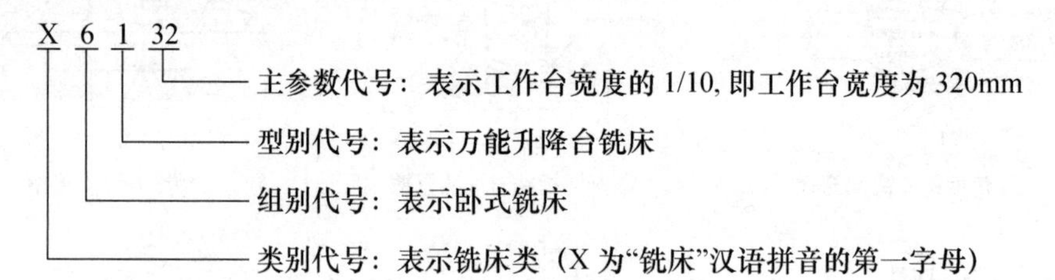

（2）X6132 万能卧式铣床的主要组成部分及作用

1）床身。床身用来固定和支承铣床上所有的部件。电动机、主轴及主轴变速机构等安装在其内部。

2）横梁。它的上面安装刀杆支架，用来支承刀杆外伸的一端，以加强刀杆的刚性。横梁可沿床身的水平导轨移动，以调整其伸出的长度。

3）主轴。主轴是空心轴，前端有 7 : 24 的精密锥孔，其用途是安装铣刀刀杆并带动铣刀旋转。

4）刀杆支架。刀杆支架安装在横梁上，其用途是支承刀杆的悬伸端，以提高刀杆的刚度。

5）纵向工作台。纵向工作台在转台的导轨上做纵向移动，带动台面上的工件做纵向进给。

6）转台。其作用是能将纵向工作台在水平面内扳转一定的角度，以便铣削螺旋槽。

7）升降台。它可以使整个工作台沿床身的垂直导轨上下移动，以调整工作台面到铣刀的距离，并做垂直进给。带有转台的卧式铣床，由于其工作台除了能做纵向、横向和垂直方向的移动外，还能在水平面内左右扳转 45°，因此称为卧式万能铣床。

8）底座。底座是铣床的支承部件，底座的内部存放切削液。

2. 立式铣床

立式铣床又称立式升降台式铣床，如图 2-4 所示。其主轴与工作台面垂直。有时根据加工的需要，可以将立铣头（主轴）偏转一定的角度。

3. 万能工具铣床

万能工具铣床用得比较多，在模具制造车间需要加工具有各种角度的表面以及一些比较复杂的型面。万能工具铣床有两个主轴，垂直方向的主轴用以完成立铣工作，水平方向的主轴用以完成卧铣工作。当装上万向工作台后，工作台还能在三个相互垂直的平面内旋转一定的角度。

4. 龙门铣床

龙门铣床属大型机床之一。图 2-5 所示为四轴龙门铣床的外形。它一般用来加工卧式铣床和立式铣床不能加工的大型工件。龙门铣床在龙门式的框架两侧各有垂直导轨，其上安装有横梁及两个侧铣头，在横梁上又安装有两个铣头。这样，铣床上有四个独立的主轴都可以安装一把刀具。加工时，工作台带动工件做纵向移动，几把刀具同时对几个表面进行粗铣或半精铣，生产效率较高。

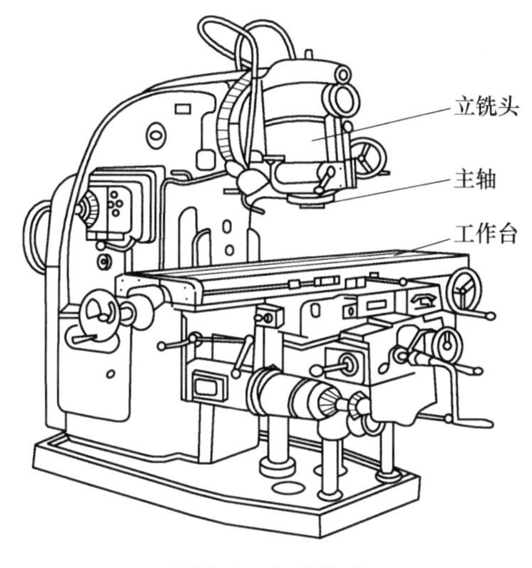

图 2-4　立式铣床

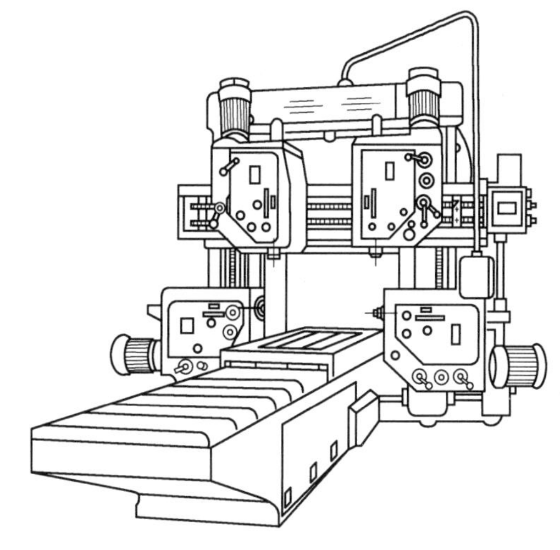

图 2-5　四轴龙门铣床的外形

三、铣刀及其安装

铣刀的分类方法很多，根据铣刀安装方法的不同可分为两大类，即带孔铣刀和带柄铣刀。

1. 带孔铣刀

带孔铣刀有圆柱形铣刀、三面刃铣刀、锯片铣刀、角度铣刀、成形铣刀、齿轮铣刀等，多用于卧式铣床上。带孔铣刀安装在刀杆的适当部位。刀杆一端为锥体，装入机床主轴锥孔中，由拉杆拉紧，使刀杆轴线与工作台平行。为了提高刀杆的刚度，刀杆另一端由机床横梁上的刀杆支架支承。刀具则套在刀杆上，它的轴向位置由套筒来定位。刀杆旋转中通过键带动铣刀旋转进行铣削加工。

常用的带孔铣刀有如下几种：

（1）圆柱形铣刀　其刀齿分布在圆柱表面上，通常分为直齿和斜齿两种，主要用于铣削平面。由于斜齿圆柱形铣刀的每个刀齿是逐渐切入和切离工件的，故工作较平稳，加工表面粗糙度值小，但有轴向切削力产生。

（2）圆盘铣刀　圆盘铣刀有三面刃铣刀、锯片铣刀等。三面刃铣刀主要用于加工不同宽度的直角沟槽及小平面、台阶面等。锯片铣刀用于铣窄槽和切断。

（3）角度铣刀　角度铣刀具有各种不同的角度，用于加工各种角度的沟槽及斜面等。

（4）成形铣刀　成形铣刀的切削刃呈凸圆弧、凹圆弧、齿槽形等，用于加工与切削刃形状对应的成形面。

2. 带柄铣刀

带柄铣刀有面铣刀、立铣刀、键槽铣刀、T 形槽铣刀、燕尾槽铣刀等，多用在立式铣床上，按刀柄形状不同可分为直柄和锥柄两种。锥柄铣刀安装时先选用过渡锥套，再用拉杆将铣刀及过渡锥套一起拉紧在立轴端部的锥孔内；直柄铣刀一般直径不大，多用弹簧夹头进行安装。常用的带柄铣刀有如下几种：

（1）立铣刀　立铣刀有直柄和锥柄两种，多用于加工沟槽、小平面、台阶面等。

（2）键槽铣刀　键槽铣刀专门用于加工封闭式键槽。

（3）T 形槽铣刀　T 形槽铣刀专门用于加工 T 形槽。

（4）镶齿面铣刀　镶齿面铣刀一般在其刀盘上装有硬质合金刀片，加工平面时可以进行高速铣削，以提高工作效率。

3. 铣刀的安装

（1）带孔铣刀的安装

1）带孔铣刀中的圆柱形铣刀、圆盘铣刀多用长刀杆安装。圆盘铣刀的安装如图 2-6 所示。长刀杆一端有 7∶24 的锥度与铣床主轴孔配合，安装刀具的刀杆部分，根据刀孔的大小分几种型号，常用的有 ϕ16mm、ϕ22mm、ϕ27mm、ϕ32mm 等。

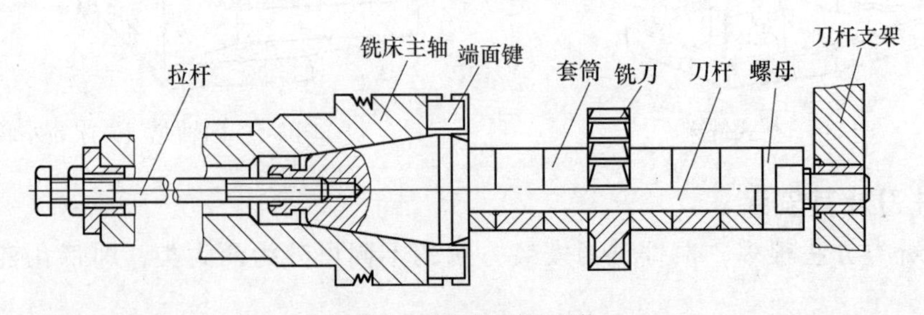

图 2-6　圆盘铣刀的安装

2）用长刀杆安装带孔铣刀时要注意：

①铣刀应尽可能地靠近主轴或刀杆支架，以保证铣刀有足够的刚性；套筒的端面与铣刀的端面必须擦干净，以减小铣刀的轴向圆跳动；拧紧刀杆的压紧螺母时，必须先装上刀杆支架，以防刀杆受力弯曲。

②斜齿圆柱形铣刀所产生的轴向切削力应指向主轴轴承，主轴转向与铣刀旋向的选择见表 2-2。

表 2-2　主轴转向与斜齿圆柱形铣刀旋向的选择

情况	铣刀安装简图	螺旋线方向	主旋转方向	轴向力的方向	说明
1	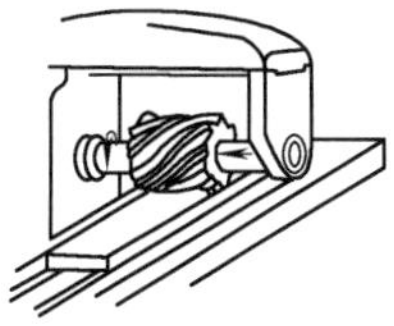	左旋	逆时针方向旋转	向着主轴轴承	正确
2		右旋	顺时针方向旋转	离开主轴轴承	不正确

3）带孔铣刀中的面铣刀多用短刀杆安装，如图 2-7 所示。

（2）带柄铣刀的安装

1）锥柄铣刀的安装如图 2-8a 所示。根据铣刀锥柄的大小，选择合适的过渡锥套，将各配合表面擦净，然后用拉杆把铣刀及过渡锥套一起拉紧在主轴上。

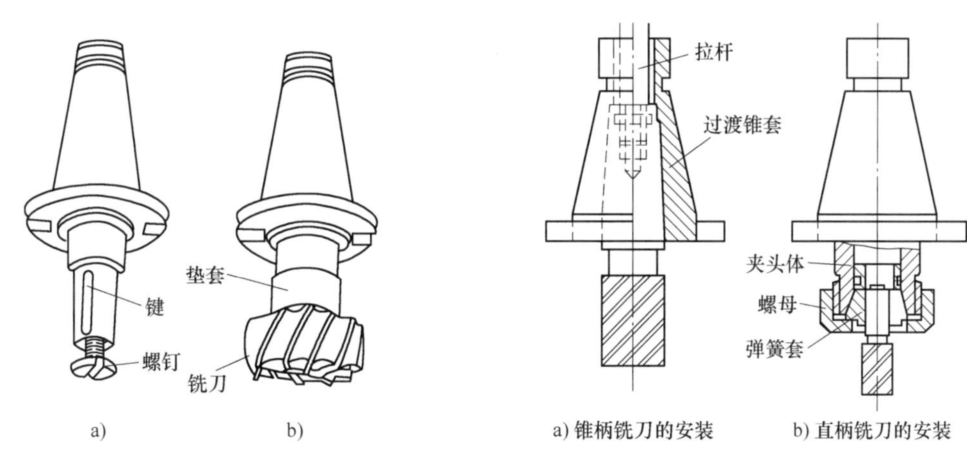

图 2-7　面铣刀的安装

图 2-8　带柄铣刀的安装

2）直柄铣刀的安装如图 2-8b 所示。这类铣刀多为小直径铣刀，其直径一般不超过 ϕ20mm，多用弹簧夹头进行安装。铣刀的柱柄插入弹簧套的孔中，用螺母压在弹簧套的端面，使弹簧套的外锥面受压而孔径缩小，即可将铣刀抱紧。弹簧套上有三个开口，故受力时能收缩。弹簧套有多种孔径，以适应各种尺寸的铣刀。

四、铣床的常用附件及工件安装

铣床的常用附件有分度头、平口钳、万能铣头和回转工作台，如图 2-9 所示。

1. 分度头

分度头由于具有广泛的用途，在单件小批量生产中应用较多。在铣削加工中，常会遇到铣六方、铣齿轮、铣花键和刻线等工作，这时，就需要利用分度头分度。因此，分度头是万能铣床上的重要附件。

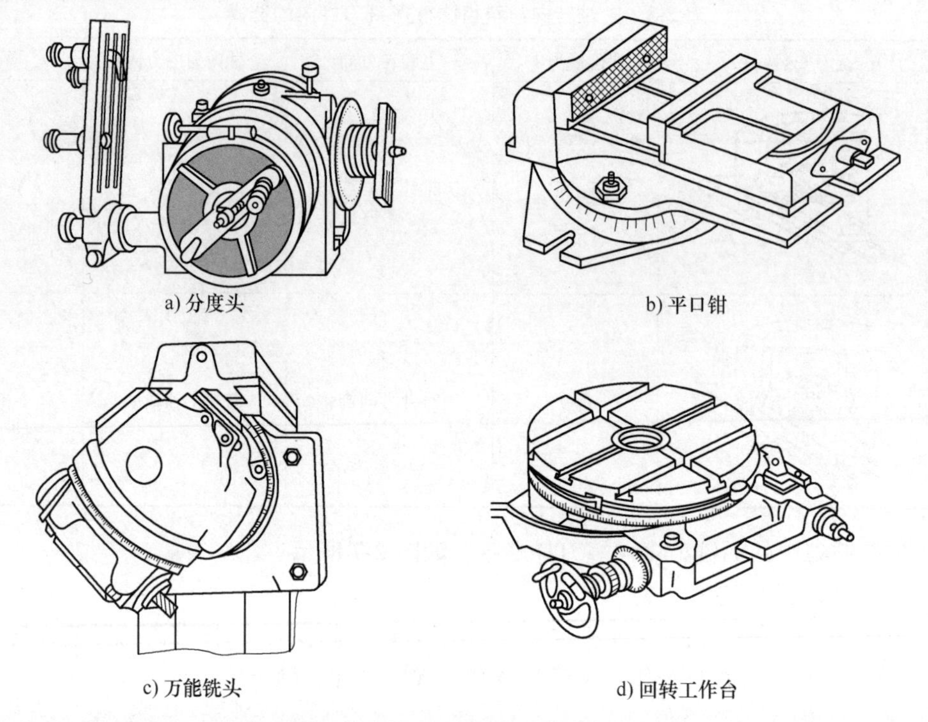

图 2-9　铣床的常用附件

（1）分度头的组成及作用

1）分度头的组成。分度头是一种分度装置。它由底座、转动体、分度盘、主轴、自定心卡盘及顶尖等组成。主轴装在转动体内，并可随转动体在垂直平面内扳成水平、垂直或倾斜位置。分度时摇动手柄，通过蜗轮蜗杆带动分度头主轴，再通过主轴带动安装在主轴上的工件旋转。

2）分度头的作用。分度头能使工件实现绕自身的轴线周期性地转动一定的角度（即进行分度）；利用分度头主轴上的卡盘夹持工件，使被加工工件的轴线相对于铣床工作台在向上 90°和向下 10°的范围内倾斜成需要的角度，以加工各种位置的沟槽、平面等（如铣锥齿轮）；与工作台纵向进给运动配合，通过配换交换齿轮，能使工件连续转动，以加工螺旋沟槽、斜齿轮等。

（2）分度头的结构　分度头的主轴是空心的，两端均为锥孔，前锥孔可装入顶尖（莫氏 4 号），后锥孔可装入心轴，以便在差动分度时配换交换齿轮，把主轴的运动传给侧轴可带动分度盘旋转。主轴前端外部有螺纹，用来安装自定心卡盘，如图 2-10 所示。

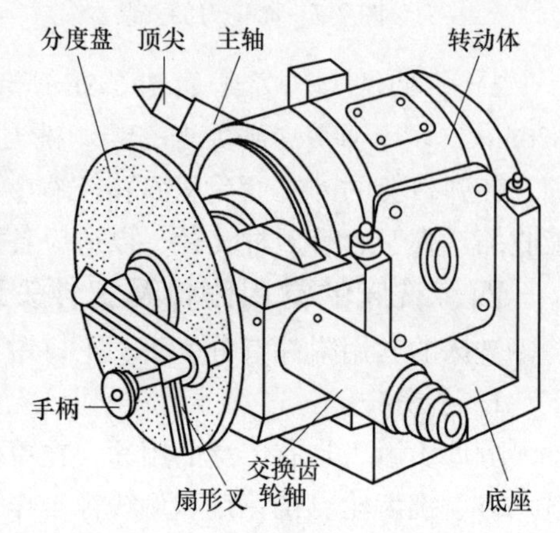

图 2-10　分度头的结构

松开壳体上部的两个螺钉，主轴可以随回转体在壳体的环形导轨内转动，因此主轴除安装成水平外，还能扳成倾斜位置。当主轴调整到所需的位置后，应拧紧螺钉。主轴倾斜的角度可以从刻度上看出。在壳体下面固定有两个定位块，以便与铣床工台面的 T 形槽相配合，用来保证主轴轴线准确地平行于工作台的纵向进给方向。图 2-10 中所示分度头的手柄用于紧固或松开主轴，分度时松开，分度后紧固，以防在铣削时主轴松动。分度头中的另一手柄是控制蜗杆的手柄，它可以使蜗杆和蜗轮连接或脱开（即分度头内部的传动切断或接合），在切断传动时，可用手转动分度的主轴。蜗轮与蜗杆之间的间隙可用螺母调整。

（3）分度方法　分度头分度的方法有直接分度法、简单分度法、角度分度法和差动分度法等。分度头内部的传动系统如图 2-11a 所示，可转动手柄，通过传动机构（传动比为 1∶1的一对斜齿轮和 1∶40 的蜗轮、蜗杆），使分度头主轴带动工件转动一定角度。手柄转

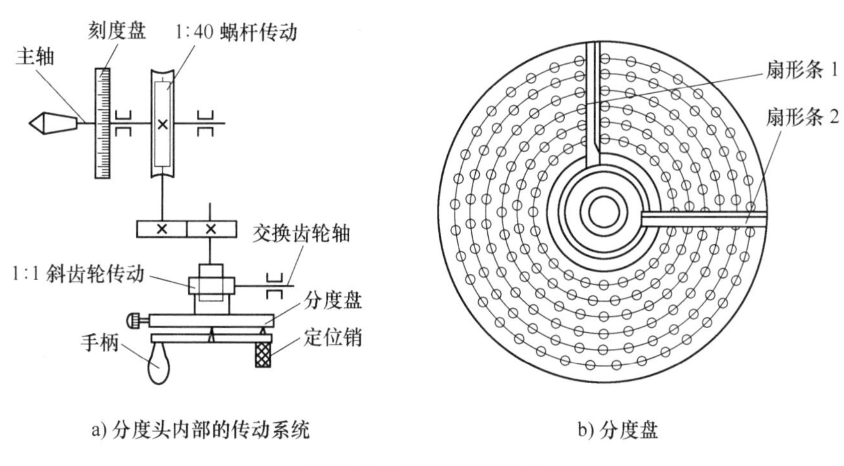

a) 分度头内部的传动系统　　b) 分度盘

图 2-11　分度头的传动

一圈，主轴带动工件转 1/40 圈。如果要将工件的圆周等分为 Z 等份，则每次分度工件应转过 $1/Z$ 圈。设每次手柄的转数为 n，则手柄转数 n 与工件等分数 Z 之间有如下关系

$$1:40=\frac{1}{Z}:n$$

$$n=\frac{40}{Z}$$

分度头蜗杆传动的传动比为 1∶40，即当与蜗杆同轴的手柄转过一圈时，单头蜗杆前进一个齿距，并带动与它相啮合的蜗轮转动一个轮齿；这样当手柄连续转动 40 圈后蜗轮正好转过一整转。由于主轴与蜗轮相连，故主轴带动工件也转过一整转。如使工件 Z 等分分度，每分度一次，工件（主轴）应转动 $1/Z$ 圈，则分度头手柄转数 n 与 Z 的关系为

$$n\times\frac{1}{40}=\frac{1}{Z}$$

$$n=40/Z$$

这种分度方法称为简单分度法。

例如，铣一六面体，每铣完一面后工件应转过 1/6 圈，按上述公式手柄转动转数应为

$$n=\frac{40}{6}=6\frac{4}{6}$$

即手柄要转动 6 整圈再加上 2/3 圈；此处 2/3 圈一般是通过分度盘来控制的。分度头一般备有两块分度盘，分度盘两面上有许多数目不同的等分孔，它们的孔距是相等的，只要在上面

找到3的倍数孔，例如30、33、36…任选一个即可进行2/3圈的分度。当然，这是最普通的分度法；此外还有直接分度法、差动分度法和角度分度法等。如铣齿数 $z=35$ 的齿轮，需对齿轮毛坯的圆周做35等分，每一次分度时，手柄转数为

$$n=\frac{40}{Z}=\frac{40}{35}=1\frac{1}{7}$$

$$n=1\frac{1}{7}=1\frac{4}{28}$$

分度时，如果求出的手柄转数不是整数，可利用分度盘上的等分孔距来确定。分度盘如图2-11b所示，一般备有两块分度盘。分度盘的两面各钻有不通的许多圈孔，各圈孔数均不相等，然而同一孔圈上的孔距是相等的。

分度头第一块分度盘正面各圈孔数依次为24、25、28、30、34、37，反面各圈孔数依次为38、39、41、42、43。第二块分度盘正面各圈孔数依次为46、47、49、51、53、54，反面各圈孔数依次为57、58、59、62、66。

按上例计算结果，即每分一齿，手柄需转过1整圈再加上1/7圈，其中1/7圈需通过分度盘（图2-11b）来控制。用简单分度法需先将分度盘固定。再将分度手柄上的定位销调整到孔数为7的倍数（如28、42、49）的孔圈上，如在孔数为28的孔圈上。此时分度手柄转过1整圈后，再沿孔数为28的孔圈转过4个孔距。

为了确保手柄转过的孔距数可靠，可调整分度盘上的扇形条1、2间的夹角（图2-11b），使之正好等于分子的孔距数，这样依次进行分度时就可准确无误。

（4）利用分度头铣螺旋槽　铣削中经常会遇到铣螺旋槽的工作，如铣斜齿轮的齿槽、麻花钻的螺旋槽、立铣刀和螺旋圆柱形铣刀的沟槽等，在万能卧式铣床上利用分度头就能完成此项工作。

铣削时工件一边随工作台做纵向直线移动，同时又被分度头带动做旋转运动，其运动关系：当工件纵向移动一个欲加工螺旋槽的导程 L 时，被加工工件刚好转一转，其运动是通过工作台的纵向丝杆与分度头之间的交换齿轮搭配来完成的，其运动关系式可写成

$$1_{工件}\times 40\times\frac{z_4}{z_3}\frac{z_2}{z_1}P=L$$

交换齿轮的传动比 i 为

$$i=\frac{z_1}{z_2}\frac{z_3}{z_4}=\frac{40P}{L}$$

式中　P——工件台丝杆的螺距（mm）；

L——欲加工工件螺旋槽的导程（mm）；

z_1、z_2、z_3、z_4——交换齿轮齿数。

用成形圆盘铣刀在万能卧式铣床上铣螺旋槽时，槽的法向截面形状必须和铣刀断面形状一致，为此在加工螺旋槽时应将工作台旋转一个工件的螺旋角。加工左螺旋时，工作台应顺时针转；加工右螺旋时，工作台应逆时针转。在立式铣床上铣螺旋槽时，工作台不必转角度。

2. 平口钳

平口钳是一种通用夹具，适宜装夹小型的六面体零件，也可以装夹轴类零件铣键槽等。

3. 万能铣头

万能铣头是一种扩大卧式铣床加工范围的附件，利用它可以在卧式铣床上进行立铣工作。使用时卸下卧式铣床的横梁、刀杆，装上万能铣头，根据加工需要，其主轴在空间可以转至任意方向。

图 2-9c 所示是在卧式铣床上装上万能铣头，不仅能完成各种立铣的工作，而且还可以根据铣削的需要，把铣头主轴扳成任意角度。万能铣头的底座用螺栓固定在铣床的垂直导轨上。铣床主轴的运动通过铣头内的两对锥齿轮传到铣头主轴上。铣头的壳体可绕铣床主轴轴线偏转任意角度。铣头主轴的壳体还能在铣头壳体上偏转任意角度。因此，铣头主轴就能在空间偏转成所需要的任意角度。

4. 回转工作台

回转工作台简称转台，其内部为蜗杆传动，转台安装在蜗轮上。转动装在蜗杆上的手轮时，转台带动工件做缓慢的圆周进给。它一般用于较大零件的分度工作和非整周圆弧的铣削加工。

图 2-9d 所示的回转工作台又称为转盘、平分盘、圆形工作台等。其内部有一套蜗轮蜗杆。摇动手轮，通过蜗杆轴，就能直接带动与转台相连接的蜗轮转动。转台周围有刻度，可以用来观察和确定转台位置。拧紧固定螺钉，转台就固定不动。转台中央有一孔，利用它可以方便地确定工件的回转中心。当底座上的槽和铣床工作台的 T 形槽对齐后，即可用螺栓把回转工作台固定在铣床工作台上。铣圆弧槽时，工件安装在回转工作台上，铣刀旋转，用手均匀缓慢地摇动回转工作台而使工件铣出圆弧槽。

5. 铣削加工时工件的安装

铣削加工最主要的工作是铣削平面及沟槽，加工时除了采用专用附件和夹具外，常用的装夹方法有平口钳装夹、压板和螺栓装夹、分度头装夹、专用夹具或组合夹具装夹等。

（1）平口钳安装工件　在铣削加工时，常使用平口钳夹紧工件，如图 2-12 所示。它具有结构简单、夹紧牢靠等特点，所以使用广泛。平口钳的尺寸规格是以其钳口宽度来区分的。X6132 型铣床配用的平口钳钳口宽度为 160mm。

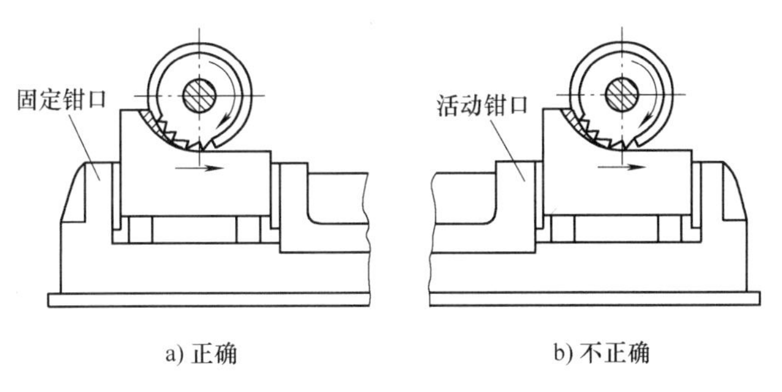

图 2-12　平口钳安装工件

平口钳分为固定式和回转式两种。回转式平口钳可以绕底座旋转 360°，固定在水平面的任意位置上，因而扩大了其工作范围，是目前平口钳应用的主要类型。平口钳用两个 T 形螺栓固定在铣床上，底座上还有一个定位键，它与工作台上中间的 T 形槽相配合，以提高平口钳安装时的定位精度。

（2）压极、螺栓安装工件　对于大型工件或平口钳难以安装的工件，可用压板、螺栓和垫铁将工件直接固定在工作台上，如图 2-13a 所示。

用压板、螺栓安装工件的注意事项如下：

1）压板的位置要安排得当，压点要靠近切削面，压力大小要适合。粗加工时，压紧力要大，以防止切削中工件移动；精加工时，压紧力要合适，注意防止工件发生变形。

2）工件如果放在垫铁上，要检查工件与垫铁是否贴紧，若没有贴紧，必须垫上铜皮或纸，直到贴紧为止。

3）压板必须压在垫铁处，以免工件因受压紧力而变形。

4）安装薄壁工件，在其空心位置处，可用活动支承（千斤顶等）增加刚度。

5）工件压紧后，要用划针盘复查加工线是否仍然与工作台平行，避免工件在压紧过程中变形或移走。

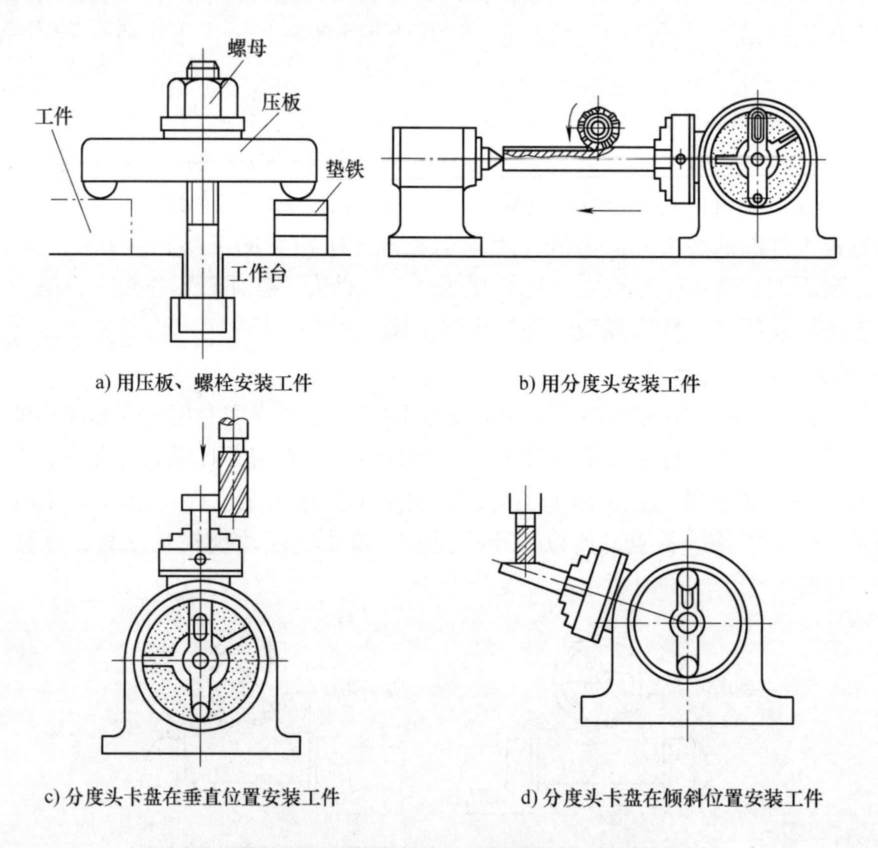

a) 用压板、螺栓安装工件　b) 用分度头安装工件

c) 分度头卡盘在垂直位置安装工件　d) 分度头卡盘在倾斜位置安装工件

图 2-13　工件在铣床上常用的安装方法

（3）用分度头安装工件　分度头安装工件一般用在等分工作中。它即可以用分度头卡盘（或顶尖）与尾座顶尖一起使用安装轴类零件（图 2-13b），也可以只使用分度头卡盘安装工件。又由于分度头的主轴可以在垂直平面内转动，因此可以利用分度头在水平、垂直及倾斜位置安装工件，如图 2-13c、d 所示。

（4）用专用夹具或组合夹具安装工件　当零件的生产批量较大时，可采用专用夹具或组合夹具装夹工件，这样既能提高生产效率，又能保证产品质量。

五、铣削加工

在铣床上用铣刀加工工件的工艺过程叫作铣削加工，简称铣削。铣削是金属切削加工中常用的方法之一。铣削时，铣刀做旋转的主运动，工件做缓慢直线的进给运动。

1. 铣削的特点

1）铣刀是一种多齿刀具，在铣削时，铣刀的每个刀齿不像车刀和钻头那样连续地进行切削，而是间歇性地进行切削，刀具的散热和冷却条件好，铣刀的寿命长，切削速度可以提高。

2）铣削时经常是多个刀齿同时参加切削，可采用较大的切削用量，与刨削相比，铣削有较高的生产率，在成批及大量生产中，铣削几乎已全部代替了刨削。

3）由于铣刀刀齿的不断切入、切出，铣削力不断地变化，故而铣削容易产生振动，切削不平稳。

4）铣削与刨削的加工质量大致相当，经粗、精加工后都可达到中等精度。但在加工大平面时，刨削后无明显的接刀痕，而用直径小于工件宽度的面铣刀铣削时，各次走刀间有明显的接刀痕，影响表面质量。铣削加工的尺寸公差等级一般为 IT8 ~ IT9，表面粗糙度值为 $Ra1.6 \sim 6.3\mu m$。

5）铣削加工范围很广，可加工刨削无法加工或难加工的表面。可铣削周围封闭的内凹平面、圆弧形沟槽、具有分度要求的小平面或沟槽等。

2. 铣削运动及铣削用量

（1）铣削运动

1）铣刀的旋转——主运动（v_c）。

2）工件随工作台缓慢的直线移动——进给运动（v_f）。

（2）铣削用量　铣削时的铣削用量由铣削速度 v_c、进给量 f、背吃刀量（又称铣削深度）a_p 和侧吃刀量（又称铣削宽度）a_e 四要素组成。铣削运动及铣削用量如图 2-14 所示。

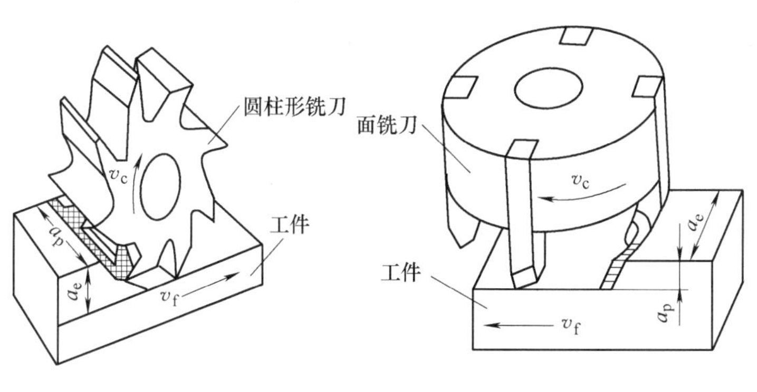

图 2-14　铣削运动及铣削用量

1）铣削速度 v_c。铣削速度即铣刀最大直径处的线速度，可由下式计算

$$v_c = \pi d_0 n / 1000$$

式中　v_c——切削速度（m/min）；

d_0——铣刀直径（mm）；

n——铣刀转速（r/min）。

2）进给量f。铣削时，工件在进给运动方向上相对刀具的移动量即为铣削时的进给量。由于铣刀为多刃刀具，计算时按单位不同，有以下三种度量方法。

①每齿进给量f_z，指铣刀每转过一个刀齿时，工件对铣刀的进给量（即铣刀每转过一个刀齿，工件沿进给方向移动的距离），其单位为mm/z。

②每转进给量f，指铣刀每一转，工件对铣刀的进给量（即铣刀每转一转，工件沿进给方向移动的距离），其单位为mm/r。

③每分钟进给量v_f，又称进给速度，指工件对铣刀每分钟进给量（即每分钟工件沿进给方向移动的距离），其单位为mm/min。

上述三者的关系为

$$v_f = fn = f_z zn$$

式中　z——铣刀齿数；

n——铣刀转速（r/min）。

3）背吃刀量（又称铣削深度）a_p。铣削深度为平行于铣刀轴线方向测量的切削层尺寸（切削层是指工件上正被切削刃切削着的那层金属），单位为mm。因周铣与端铣时相对于工件的方位不同，故铣削深度的表示也有所不同。

4）侧吃刀量（又称铣削宽度）a_e，铣削宽度是垂直于铣刀轴线方向测量的切削层尺寸，单位为mm。

5）铣削用量选择的原则：通常粗加工时为了保证必要的刀具寿命，应优先采用较大的侧吃刀量或背吃刀量，其次是加大进给量，最后才是根据刀具寿命的要求选择适宜的切削速度，这样选择是因为切削速度对刀具寿命影响最大，对进给量影响次之，对侧吃刀量或背吃刀量影响最小；精加工时为减小工艺系统的弹性变形，必须采用较小的进给量，同时为了抑制积屑瘤的产生。对于硬质合金铣刀应采用较高的切削速度，对高速钢铣刀应采用较低的切削速度，如铣削过程中不产生积屑瘤时，也应采用较大的切削速度。

3. 铣削方式

（1）周铣和端铣　用刀齿分布在圆周表面的铣刀进行铣削的方式叫作周铣（图2-1a）；用刀齿分布在圆柱端面上的铣刀进行铣削的方式叫作端铣（图2-1d）。与周铣相比，端铣铣平面时较为有利，因为：

1）面铣刀的副切削刃对已加工表面有修光作用，能使表面粗糙度值减小。周铣的工件表面则有波纹状残留面积。

2）同时参加切削的面铣刀齿数较多，切削力的变化程度较小，因此工作时振动比周铣小。

3）面铣刀的主切削刃刚接触工件时，切屑厚度不等于零，使切削刃不易磨损。

4）面铣刀的刀杆伸出较短，刚性好，刀杆不易变形，可用较大的切削用量。

由此可见，端铣法的加工质量较好，生产率较高。所以铣削平面大多采用端铣。但是，周铣对加工各种形面的适应性较广，而有些形面（如成形面等）则不能用端铣。

（2）逆铣和顺铣　周铣有逆铣和顺铣之分，如图2-15所示。逆铣是铣刀的切削速度方向与工件的进给方向相反时的铣削方式，逆铣方式不易损坏刀具，对毛坯表面无高要求；顺铣是铣刀的切削速度方向与工件的进给方向相同时的铣削方式，即铣刀的旋转方向与工件的进给方向相同，适合铣削不易夹紧的细长和薄板形工件，铣削后工件表面质量较高。逆铣时，切屑的厚度从零开始渐增，实际上，铣刀的切削刃开始接触工件后，将在表面滑行一段距离才真正切入金属。这就使得切削刃容易磨损，并增加了加工表面的表面粗糙度值。逆铣时，铣刀对工件有上抬的切削分力，影响工件安装在工作台上的稳固性。

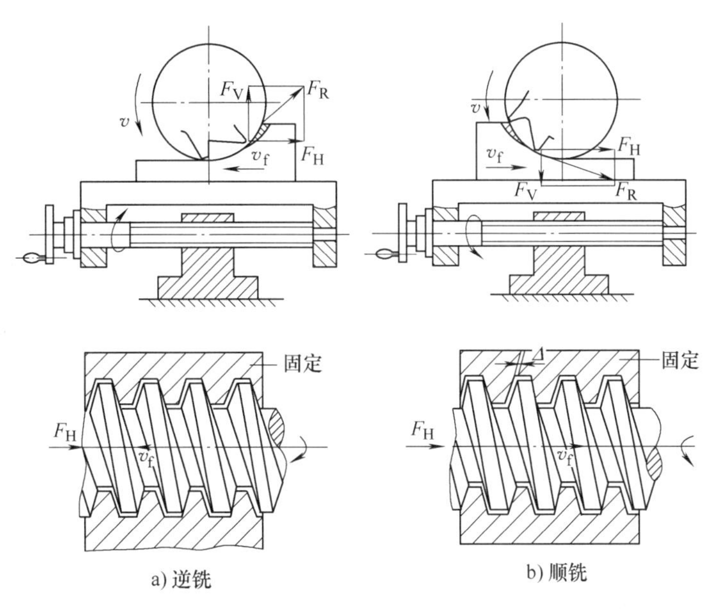

图 2-15　逆铣和顺铣

顺铣则没有上述缺点。但是，顺铣时工件的进给会受工作台传动丝杠与螺母之间间隙的影响。因为铣削的水平分力与工件的进给方向相同，铣削力忽大忽小，就会使工作台窜动和进给量不均匀，甚至引起打刀或损坏机床。因此，必须在纵向进给丝杠处有消除间隙的装置才能采用顺铣。但一般铣床上没有消除丝杠螺母间隙的装置，只能采用逆铣法。另外，对铸锻件表面的粗加工，顺铣因刀齿首先接触黑皮，将加剧刀具的磨损，此时，也应以逆铣为妥。

六、铣削的基本操作

1. 铣平面

铣平面可以用圆柱形铣刀、面铣刀或三面刃铣刀在卧式铣床或立式铣床上进行铣削。在铣床上铣削平面时采用带孔铣刀进行铣削，称为周铣；用带柄铣刀上的端面刃进行铣削，称为端铣。周铣时，铣刀轴线与加工平面平行；端铣时，铣刀轴线与加工平面垂直。

（1）用圆柱形铣刀铣平面　圆柱形铣刀一般用于卧式铣床铣平面。铣平面用的圆柱形铣刀一般为螺旋齿圆柱形铣刀。铣刀的宽度必须大于所铣平面的宽度，螺旋线的方向应使铣削时所产生的轴向力将铣刀推向主轴轴承方向。

圆柱形铣刀通过长刀杆安装在卧式铣床的主轴上，刀杆上的锥柄与主轴上的锥孔相配，并用一拉杆拉紧。刀杆上的键槽与主轴上的方键相配，用来传递动力。安装铣刀时，先在刀杆上装几个垫圈，然后装上铣刀，如图 2-16a 所示。应使铣刀切削刃的切削方向与主轴旋转方向一致，同时铣刀还应尽量装在靠近床身的地方。再在铣刀的另一侧套上垫圈，然后用手轻轻旋上压紧螺母，如图 2-16b 所示。再安装刀杆支架，使刀杆前端进入刀杆支架轴承内，拧紧刀杆支架的紧固螺钉，如图 2-16c 所示。初步拧紧刀杆螺母，开动机床观察铣刀是否装正，然后用力拧紧螺母，如图 2-16d 所示。

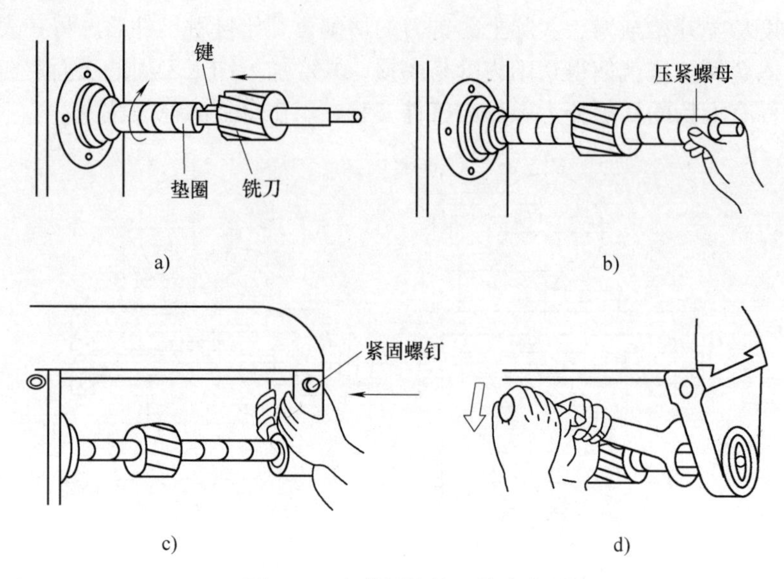

图 2-16　安装圆柱铣刀的步骤

操作方法：根据工艺卡的规定调整机床的转速和进给量，再根据加工余量的多少来调整吃刀量，然后开始铣削。铣削时，先用手动使工作台纵向靠近铣刀，而后改为自动进给；当进给行程尚未完毕时不要停止进给运动，否则铣刀在停止的地方切入金属就比较深，形成表面深啃；铣削铸铁时不加切削液（因铸铁中的石墨可起润滑作用；铣削钢料时要用切削液，通常用含硫矿物油作为切削液）。

用螺旋齿铣刀铣削时，同时参加切削的刀齿数较多，每个刀齿工作时都是沿螺旋线方向逐渐地切入和脱离工作表面的，切削比较平稳。在单件小批量生产的条件下，用圆柱形铣刀在卧式铣床上铣平面仍是常用的方法。

（2）用面铣刀铣平面　面铣刀一般中间带有圆孔。通常先将铣刀装在短刀轴上，再将刀轴装入机床的主轴上，并用拉杆螺钉拉紧。面铣刀一般用于立式铣床上铣平面，如图 2-17a 所示；有时也用于卧式铣床上铣侧面，如图 2-17b 所示。

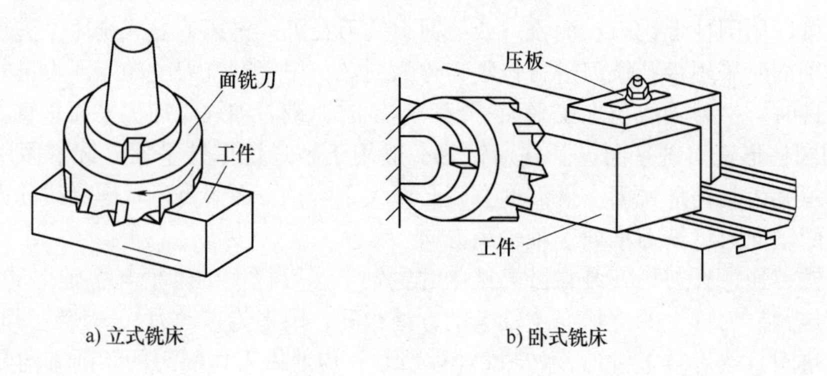

图 2-17　用面铣刀铣平面

用面铣刀铣平面与用圆柱形铣刀铣平面相比，其特点：切削厚度变化较小，同时切削的

刀齿较多，因此切削比较平稳；再则，面铣刀的主切削刃担负着主要的切削工作，而副切削刃又有修光作用，所以表面光整；此外，面铣刀的刀齿易于镶装硬质合金刀片，可进行高速铣削，且其刀杆比圆柱形铣刀的刀杆短些，刚性较好，能减少加工中的振动，有利于提高铣削用量。因此，端铣既提高了生产率，又提高了表面质量，所以在大批量生产中，端铣已成为加工平面的主要方式之一。

2. 铣斜面

工件上具有斜面的结构很常见，铣削斜面的方法也很多，下面介绍常用的几种方法。

（1）使用倾斜垫铁铣斜面（图 2-18a）　在零件设计基准的下面垫一块倾斜的垫铁，则铣出的平面就与设计基准面成倾斜位置，改变倾斜垫铁的角度，即可加工不同角度的斜面。

（2）用万能铣头铣斜面（图 2-18b）　由于万能铣头能方便地改变刀轴的空间位置，因此可以转动铣头以使刀具相对工件倾斜一个角度来铣斜面。

（3）用角度铣刀铣斜面（图 2-18c）　较小的斜面可用合适的角度铣刀加工。当加工零件批量较大时，则常采用专用夹具铣斜面。

（4）用分度头铣斜面（图 2-18d）　在一些圆柱形和特殊形状的零件上加工斜面时，可利用分度头将工件转成所需位置而铣出斜面。

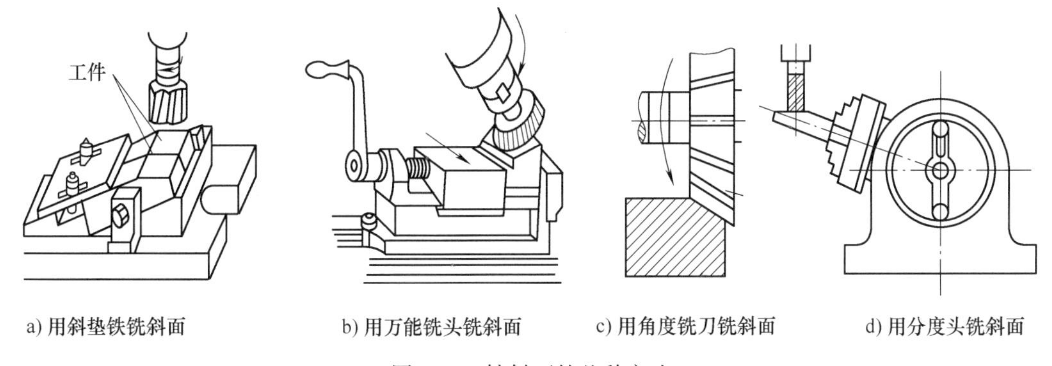

a) 用斜垫铁铣斜面　b) 用万能铣头铣斜面　c) 用角度铣刀铣斜面　d) 用分度头铣斜面

图 2-18　铣斜面的几种方法

3. 铣沟槽

在铣床上能加工的沟槽种类很多，如直槽、角度槽、V 形槽、T 形槽、燕尾槽和键槽等。现仅介绍键槽、T 形槽和燕尾槽的加工。

（1）铣键槽　常见的键槽有封闭式和敞开式两种。在轴上铣封闭式键槽，一般用键槽铣刀加工，如图 2-19a 所示。键槽铣刀一次轴向进给不能太大，切削时要注意逐层切下。敞开式键槽多在卧式铣床上用三面刃铣刀进行加工，如图 2-19b 所示。注意在铣削键槽前，要做好对刀工作，以保证键槽的对称度。

若用立铣刀加工，则由于立铣刀中央无切削刃，不能向下进刀，因此必须预先在槽的一端钻一个落刀孔，才能用立铣刀铣键槽。对于直径为 3～20mm 的直柄立铣刀，可用弹簧夹头装夹，弹簧夹头可装入机床主轴孔中；对于直径为 10～50mm 的锥柄铣刀，可利用过渡锥套装入机床主轴孔中。对于敞开式键槽，可在卧式铣床上进行，一般采用三面刃铣刀加工。

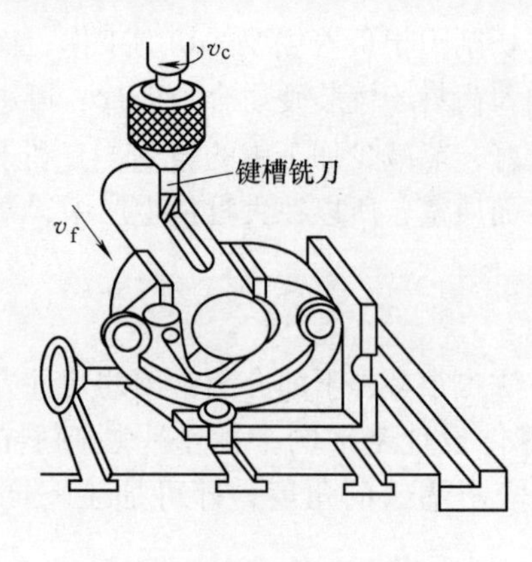

a) 在立式铣床上铣封闭式键槽

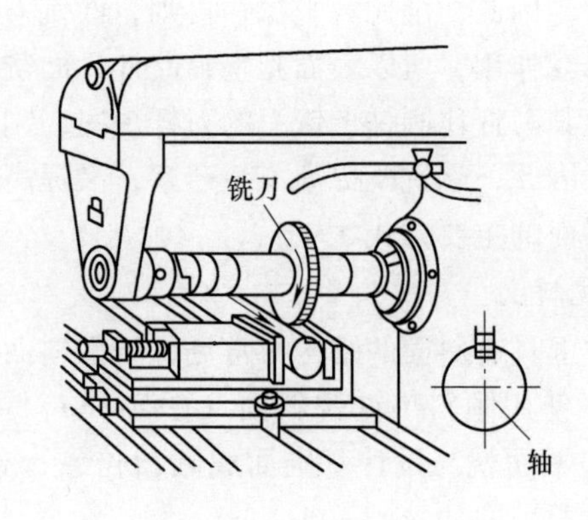

b) 在卧式铣床上铣敞开式键槽

图 2-19　铣键槽

（2）铣 T 形槽及燕尾槽（图 2-20）　T 形槽应用很多，如铣床和刨床的工作台上用来安放紧固螺栓的槽就是 T 形槽。要加工 T 形槽及燕尾槽，必须首先用立铣刀或三面刃铣刀铣出直角槽，然后在立式铣床上用 T 形槽铣刀铣削 T 形槽和用燕尾槽铣刀铣削成形。但由于 T 形槽铣刀工作时排屑困难，因此切削用量应选得小些，同时应多加切削液，最后再用角度铣刀铣出倒角。

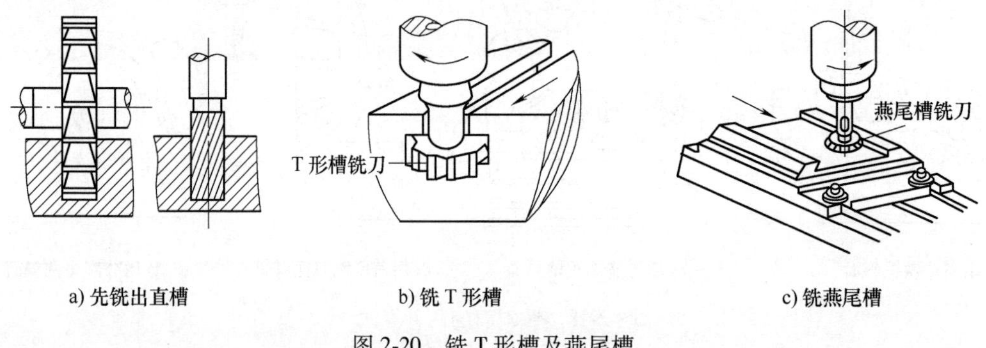

a) 先铣出直槽　　b) 铣 T 形槽　　c) 铣燕尾槽

图 2-20　铣 T 形槽及燕尾槽

4. 铣成形面

如零件的某一表面在截面上的轮廓线是由曲线和直线组成的，这个面就是成形面。成形面一般在卧式铣床上用成形铣刀来加工，如图 2-21a 所示。成形铣刀的形状要与成形面的形状相吻合。如零件的外形轮廓是由不规则的直线和曲线组成的，这种零件就称为具有曲线外形表面的零件。这种零件一般在立式铣床上铣削，加工方法有按划线用手动进给铣削、用回转工作台铣削和用靠模铣削（图 2-21b）。

对于要求不高的曲线外形表面，可按工件上划出的线迹移动工作台进行加工，顺着线迹将打出的样冲眼铣掉一半。在成批及大量生产中，可以采用靠模夹具或专用的靠模铣床对曲线外形面进行加工。

5. 铣齿形

齿轮齿形的加工原理可分为展成法和成形法两大类。展成法是利用齿轮刀具与被切齿轮的互相啮合运转而切出齿形的方法，如插齿和滚齿加工等。成形法是利用仿照与被切齿轮齿

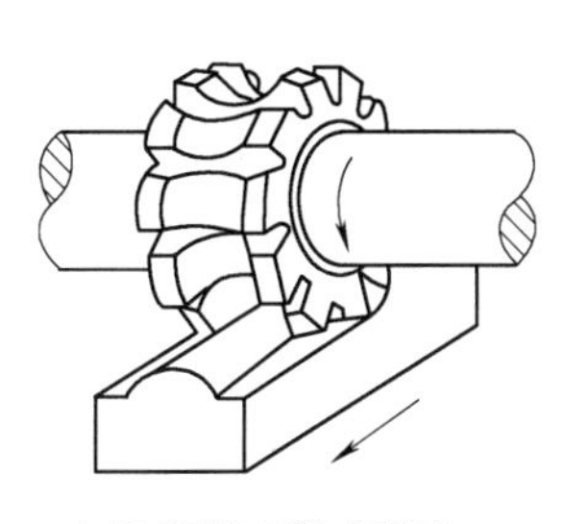

a) 用成形铣刀铣成形面

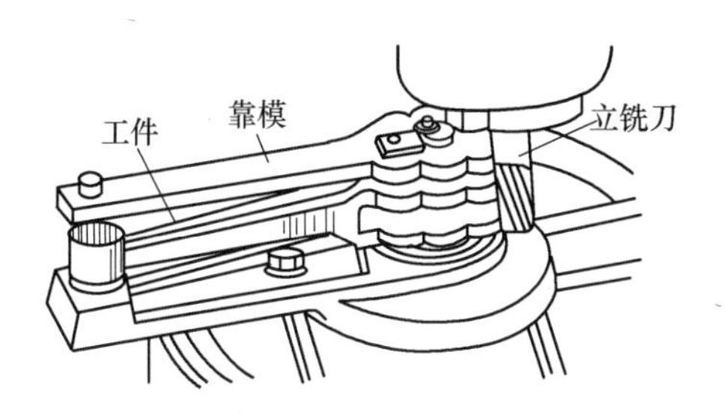

b) 用靠模铣曲面

图 2-21　铣成形面

槽形状相符的盘形铣刀或指形铣刀切出齿形的方法，如图 2-22 所示。在铣床上加工齿形的方法属于成形法。用盘形铣刀在卧式铣床上铣齿（图 2-22a），也可用指形铣刀在立式铣床上铣齿（图 2-22b）。铣削时，常用分度头和尾座装夹工件，如图 2-23 所示。

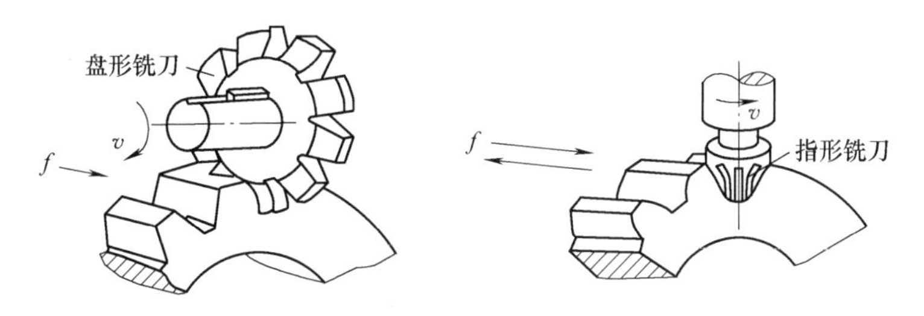

a) 盘形铣刀铣齿轮　　b 指形铣刀铣齿轮

图 2-22　用盘形铣刀和指形铣刀加工齿轮

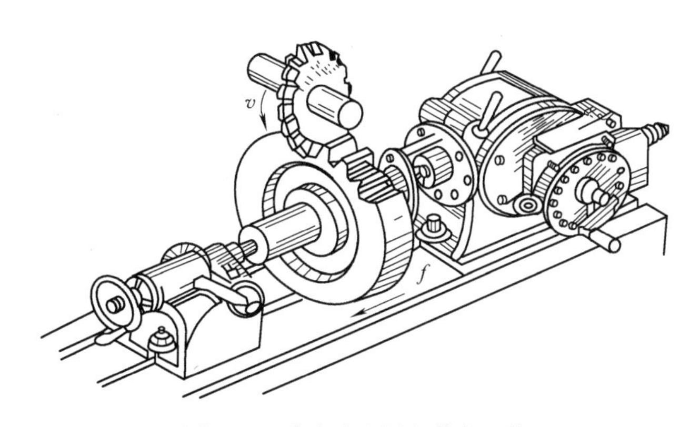

图 2-23　分度头和尾座装夹工件

圆柱齿轮和锥齿轮可在卧式铣床或立式铣床上加工。人字形齿轮在立式铣床上加工。蜗轮则可以在卧式铣床上加工。卧式铣床加工齿轮一般用盘形铣刀，而在立式铣床上则使用指形铣刀。

成形法加工的特点如下：

1）设备简单，只用普通铣床即可，刀具成本低。

2）由于铣刀每切一齿槽都要重复消耗一段切入、退刀和分度的辅助时间，因此生产率较低。

3）加工出的齿轮精度较低，只能达到9~11级。这是因为在实际生产中，不可能为每加工一种模数、一种齿数的齿轮就制造一把成形铣刀，而只能将模数相同且齿数不同的铣刀编成号数，每号铣刀有其规定的铣齿范围，每号铣刀的刀齿轮廓只与该号范围的最小齿数齿槽的理论轮廓相一致，对其他齿数的齿轮只能获得近似齿形。

根据同一模数而齿数在一定的范围内，可将铣刀分成8把一套和15把一套两种规格。8把一套适用于铣削模数为0.3~8mm的齿轮；15把一套适用于铣削模数为1~16mm的齿轮，15把一套的铣刀加工精度较高一些。铣刀号数小，加工的齿轮齿数少；反之，铣刀号数大，能加工的齿数就多。模数齿轮铣刀刀号选择见表2-3和表2-4。

根据以上特点，成形法铣齿一般多用于修配或单件制造某些转速低、精度要求不高的齿轮。在大批量生产中或精度要求较高的齿轮，都应在专门的齿轮加工机床上加工。

表2-3　模数齿轮铣刀刀号选择（8把一套）

铣刀号数	1	2	3	4	5	6	7	8
齿数范围	12~13	14~16	17~20	21~25	26~34	35~54	55~134	135以上

表2-4　模数齿轮铣刀刀号选择（15把一套）

铣刀号数	1	1.5	2	2.5	3	3.5	4	4.5
齿数范围	12	13	14	15~16	17~18	19~20	21~22	23~25
铣刀号数	5	5.5	6	6.5	7	7.5	8	
齿数范围	26~29	30~34	35~41	42~54	55~79	80~134	13以上	

齿轮铣刀的规格标示在其侧面上，表示出铣削模数、压力角、加工何种齿轮、铣刀号数、加工齿轮的齿数范围、制造日期和铣刀材料等。

◇◇◇ 任务3　铣削加工矩形六面体

一、工作任务

本任务主要是在铣床上完成矩形六面体四面的加工。矩形六面体如图2-24所示。

二、在铣床上完成矩形六面体四面的加工

1. 矩形六面体四面的加工工艺分析

（1）零件图工艺分析

1）尺寸精度：工件外形的尺寸公差等级为IT12。

2）位置精度：平行度公差为0.06mm，垂直度公差为0.06mm。

3）表面粗糙度：工件各表面的表面粗糙度值为$Ra3.2\mu m$，铣削加工能达到要求。

4）工件材料：材料为45钢，有较好的切削加工性能。

（2）毛坯选择　毛坯采用$\phi30mm\times103mm$的棒料。

（3）表面加工方法及定位基准的选择　平面的加工可用铣削，根据其尺寸精度和表面粗糙度值，矩形六面体的四面采用在卧式铣床上用圆柱形铣刀进行铣削，也可以在立式铣床

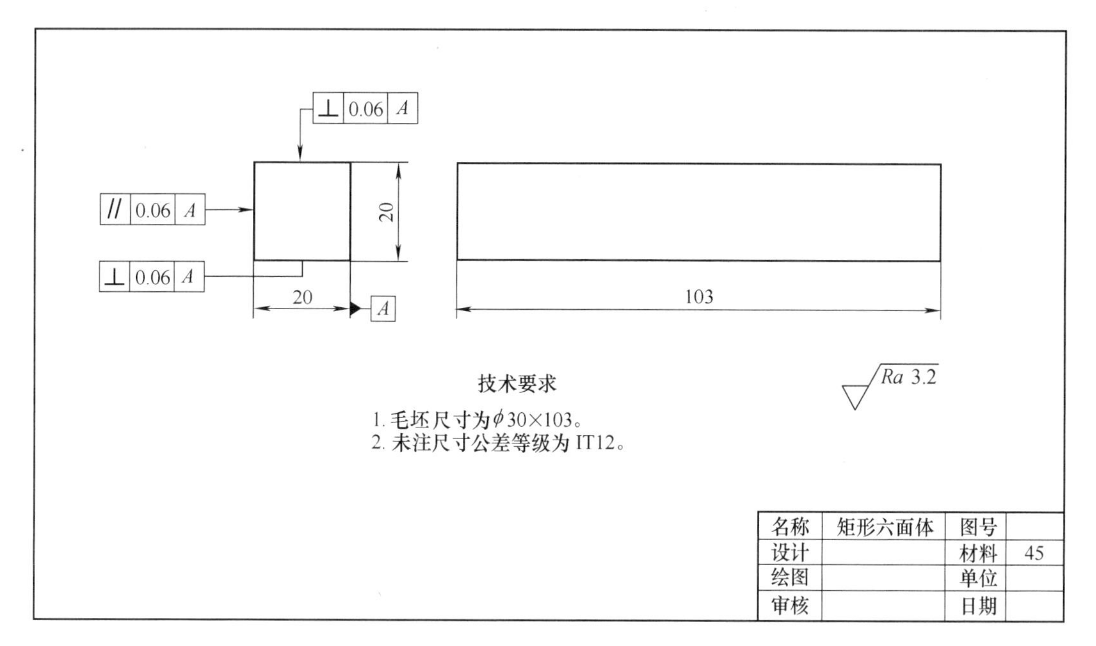

图 2-24　矩形六面体

上用面铣刀进行铣削，即可达到要求。

粗基准采用未加工的圆柱面，精基准采用已加工过的平面。平口钳的平面为定位基准面。

（4）加工设备及刀具、夹具的选用　机床选择 X6132 或 X5032 型铣床，夹具选用 Q12160 平口钳。

刀具选择：圆柱形铣刀的外径为 ϕ80mm，长度为 80mm，孔径为 ϕ32mm，齿数 $z=8$；面铣刀的外径为 ϕ80mm，孔径为 ϕ32mm，齿数 $z=10$。

（5）切削用量的选择

1）用高速钢圆柱形铣刀铣削时，取 $v_c=16\text{m/min}$，每齿进给量 $f_z=0.08\text{mm/z}$，则

主轴转速　　$n=1000v_c/(\pi d)=64\text{r/min}$

进给速度　　$v_f=f_z zn=41\text{mm/min}$

实际调整铣床主轴转速 $n=60\text{r/min}$，进给速度 $v_f=40\text{mm/min}$。粗铣时背吃刀量可取 2~2.5mm，精铣时可取 0.5mm。

2）用高速钢面铣刀铣削时，取 $v_c=20\text{m/min}$，每齿进给量 $f_z=0.06\text{mm/z}$，则

主轴转速　　$n=1000v_c/(\pi d)=80\text{r/min}$

进给速度　　$v_f=f_z zn=48\text{mm/min}$

粗铣时背吃刀量可取 2~2.5mm/min，精铣时可取 0.5mm。

2. 矩形六面体的加工工艺设计

在 X6132 卧式铣床上用圆柱形铣刀完成矩形六面体 20mm×20mm 四个面的加工，如图 2-25 所示。其具体铣削加工过程如下：

1）加工 A 面，侧吃刀量为 5mm。

2）加工 C 面，侧吃刀量为 5mm。

3）加工 *B* 面，保证尺寸 20mm。

4）加工 *D* 面，保证尺寸 20mm。

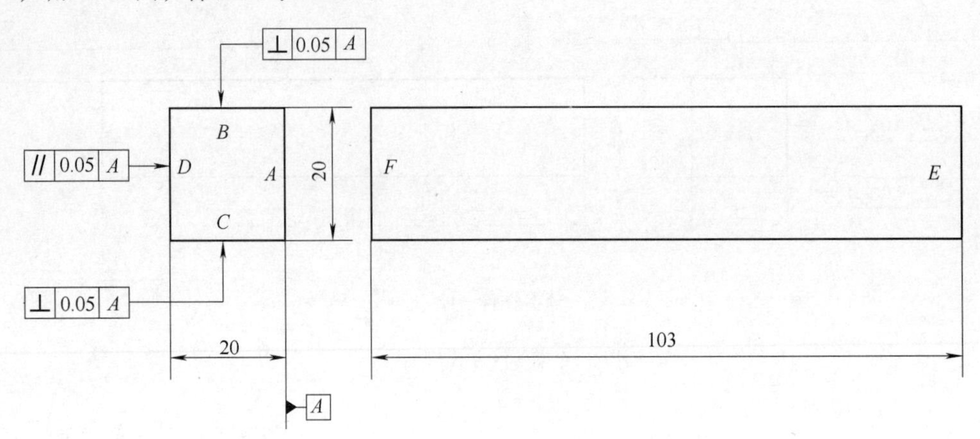

图 2-25　四面的加工过程

注意：此时 *A* 面（或 *B* 面）需用直角尺找正，以保证垂直度。至此，零件四周加工完成（*E* 面、*F* 面不用加工），即完成了矩形六面体的加工。此工序也可在 X5032 立式铣床上用面铣刀进行铣削。

3. 零件加工

（1）加工准备　铣削加工零件的工具、刃具、量具见表 2-5。

表 2-5　工具、刃具、量具

序号	名称	规格	数量	备注
1	圆柱形铣刀	80×80，$z=8$	1	GB/T 1115.1—2002
2	面铣刀	80，$z=10$	1	GB/T 5342.3—2006
3	平口钳	Q12160	1	
4	万能角度尺	0°~320°（分度值为 2′）	1	
5	直角尺	200mm×125mm	1	
6	划线盘		1	
7	钢直尺	150mm	1	
8	游标卡尺	0~150mm（分度值为 0.02mm）	1	
9	指示表	3~5mm（分度值为 0.01mm）	1	
10	其他			按需选用

（2）铣削方法及主要加工步骤　在 X6132 卧式铣床上铣削加工矩形六面体四面的步骤如下：

1）毛坯件检验。用游标卡尺检验毛坯件尺寸，确认是否有足够的加工余量。

2）选用规格为 80mm×80mm，$z=8$ 的圆柱形铣刀。

3）选择合适的铣削用量（$n=60\text{r/min}$，$v_c=16\text{m/min}$，$v_f=40\text{mm/min}$），将主轴箱和进给箱上的各手柄扳至所需位置。

4）安装找正平口钳。在平口钳工作台中间的 T 形槽内，找正固定钳口与纵向进给方向平行，与工作台面垂直，然后紧固。

5）铣 *A* 面。首先装夹工件，以 *B* 面为粗基准，靠向固定钳口，*D* 面下方垫上平行垫铁，夹紧；然后对刀调整，纵向机动进给铣 *A* 面。

6）铣 *B* 面。首先取下工件，去毛刺；以 *A* 面为精基准，靠向固定钳口，下方垫上平行垫铁，夹紧工件；然后铣削 *B* 面；最后取下工件，去毛刺，检测 *B* 面与 *A* 面的垂直度，如不合格，需重新找正钳口再铣削至符合要求。

7）铣 *C* 面。首先取下工件，去毛刺；*A* 面靠向固定钳口，并使 *B* 面紧靠平行垫铁，夹紧工件；然后铣 *C* 面，使 *A* 面与 *C* 面垂直，与 *B* 面平行，并保证 *B*、*C* 两面间距离 20mm 的尺寸精度要求。

8）铣 *D* 面。首先取下工件，去毛刺；以 *B* 面为基准靠向固定钳口，使 *A* 面紧靠平行垫铁，夹紧；然后铣 *D* 面，使 *D* 面与 *A* 面平行，并保证 *D*、*A* 两面间距离 20mm 尺寸精度要求。

9）去毛刺，测量工件，检测矩形六面体的尺寸精度、垂直度、平行度和表面粗糙度值是否合格。

也可在 X5032 立式铣床上用面铣刀铣削矩形六面体工件。

4. 零件检查评价

加工完成后对零件进行去毛刺和尺寸的检测，矩形六面体的检测评分表见表 2-6。

表 2-6 矩形六面体的检测评分表

项目	序号	技术要求	配分	评分标准	得分
工艺（15%）	1	正确完整	5	不规范每处扣 1 分	
	2	切削用量选择正确	5	不合理每处扣 1 分	
	3	工艺过程选择合理	5	不合理每处扣 1 分	
机床操作（20%）	4	刀具选择、安装正确	5	不正确每处扣 1 分	
	5	对刀正确	5	不正确每处扣 1 分	
	6	机床操作规范	5	不规范每处扣 1 分	
	7	工件加工不出错	5	出错全扣	
工件质量（35%）	8	尺寸精度符合要求	25	不合格每处扣 1 分	
	9	表面粗糙度和几何公差符合要求	10	不合格每处扣 1 分	
文明生产（15%）	10	安全操作	5	出错全扣	
	11	机床维护和保养	5	不合格全扣	
	12	工作场地 6S	5	不合格全扣	
相关知识及职业能力（15%）	13	加工基础知识	5	教师抽查	
	14	自学能力	10	教师与学生交流，酌情扣分	
		沟通能力			
		团队精神			
		创新能力			

◇◇◇ 任务4 铣削加工燕尾槽零件

一、工作任务

本任务主要是在铣床上完成燕尾槽零件的加工。燕尾槽零件如图 2-26 所示。

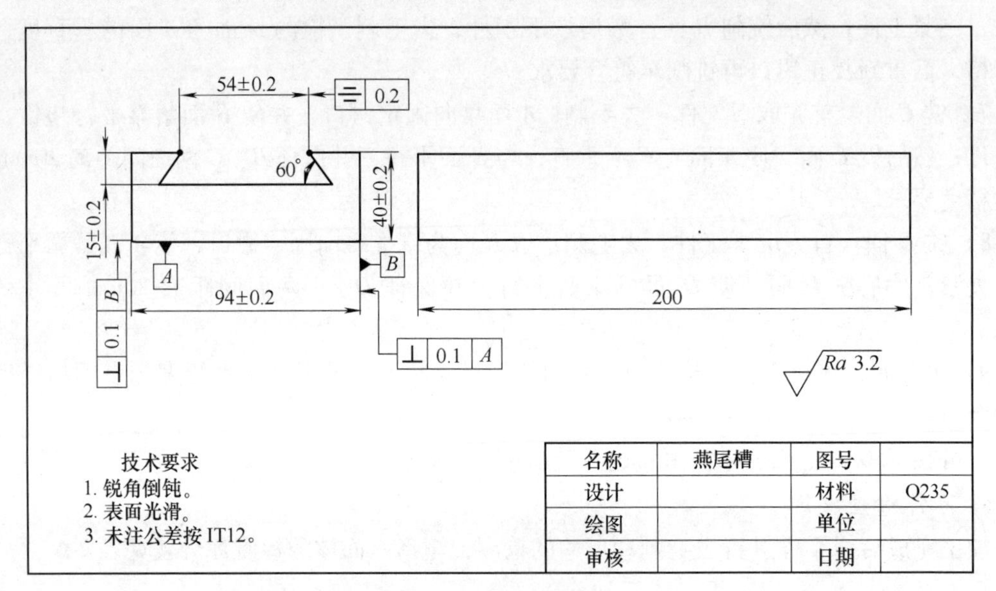

图 2-26 燕尾槽零件

二、在铣床上完成燕尾槽的加工

1. 燕尾槽的加工工艺分析

（1）零件图工艺分析 线性尺寸精度：(94±0.2)mm、(40±0.2)mm、(54±0.2)mm、(15±0.2)mm，其余尺寸未注公差按 IT12。

相互位置精度：对称度公差为 0.2mm，垂直度公差为 0.1mm。

表面粗糙度值：工件各表面的表面粗糙度值全部为 $Ra3.2\mu m$，铣削加工能达到要求。

工件材料：材料为 Q235，有较好的切削加工性能。

（2）毛坯选择 毛坯采用 205mm×95mm×45mm 的板料。

（3）表面加工方法及定位基准的选择 平面的加工可用铣削，根据其尺寸精度和表面粗糙度值要求，燕尾槽采用在卧式铣床上用圆柱形铣刀和燕尾槽铣刀进行铣削，也可以在立式铣床上用面铣刀和燕尾槽铣刀进行铣削，即可达到要求。

粗基准采用未加工的板料底面，精基准采用已加工过的平面。平口钳的平面为定位基准面。

（4）加工设备及刀具、夹具的选用 机床选用 X5032 型立式铣床，夹具选用 Q12160 平口钳。

刀具选择：圆柱形铣刀的外径为 ϕ80mm，长度为 80mm，孔径为 ϕ32mm，齿数 $z=8$；面铣刀的外径为 ϕ80mm，孔径为 ϕ32mm，齿数 $z=10$；立铣刀的外径为 ϕ16mm，总长为 25mm，齿数 $z=4$；燕尾槽铣刀的外径为 ϕ31.5mm，角度为 60°，齿数 $z=14$。

（5）切削用量的选择　用高速钢面铣刀铣削时，取 $v_c = 20\text{m/min}$，每齿进给量 $f_z = 0.06\text{mm/z}$，则

主轴转速　$n = 1000v_c/(\pi d) = 80\text{r/min}$

进给速度　$v_f = f_z z n = 48\text{mm/min}$

粗铣时背吃刀量可取 2～2.5mm/min，精铣时可取 0.5mm。

2. 燕尾槽的加工工艺设计

在 X5032 立式铣床上用圆柱形铣刀完成矩形四面的加工，如图 2-27 所示。其具体铣削加工过程如下：

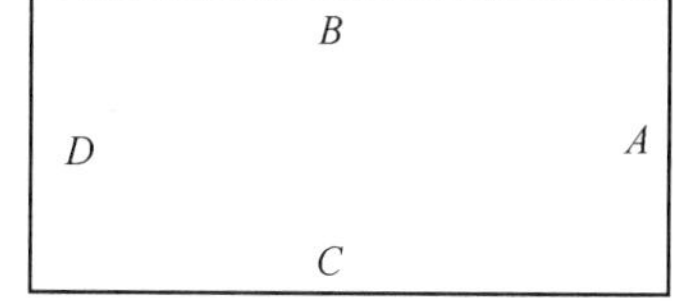

图 2-27　矩形四面的加工

1）用平口钳装夹 *B*、*C* 面，加工 *A* 面，侧吃刀量为 2.5mm。

2）用平口钳装夹 *A*、*D* 面，加工 *C* 面，侧吃刀量为 2.5mm。

3）用平口钳装夹 *A*、*D* 面，*C* 面向下，加工 *B* 面，保证尺寸 40mm。

4）用平口钳装夹 *C*、*B* 面，*C* 面向下，加工 *D* 面，保证尺寸 40mm。

注意：此时每两面需用直角尺找正，以保证垂直度。至此，零件四周加工完成，即完成了矩形四面的加工。此工序也可在 X6132 卧式铣床上用圆柱形铣刀铣刀铣削。

5）加工 *F* 面，侧吃刀量为 2.5mm，如图 2-28 所示。

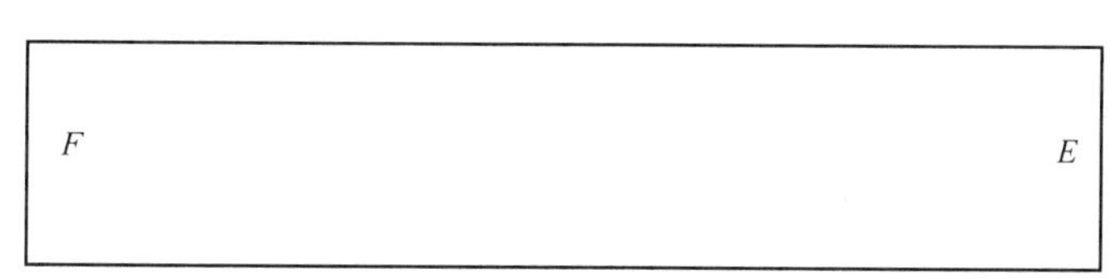

图 2-28　矩形两端面的加工

6）加工 *E* 面，保证尺寸 200mm。此工序在 X5032 立式铣床上用立铣刀铣削。

7）在 X5032 立式铣床上用圆柱形铣刀铣直槽。保证宽度尺寸精度要求和对称度要求，深度留有 0.5mm 的加工余量，如图 2-29 所示。

8）在 X5032 立式铣床上用 ϕ31.5mm×60°燕尾槽铣刀铣燕尾槽，保证尺寸精度要求和对称度要求，如图 2-30 所示。

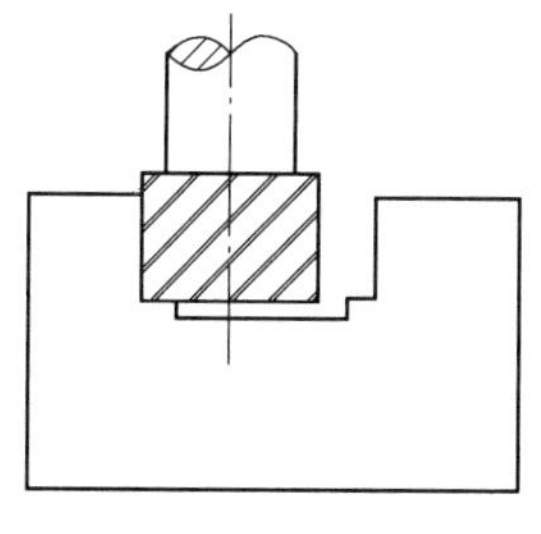

图 2-29　铣直槽

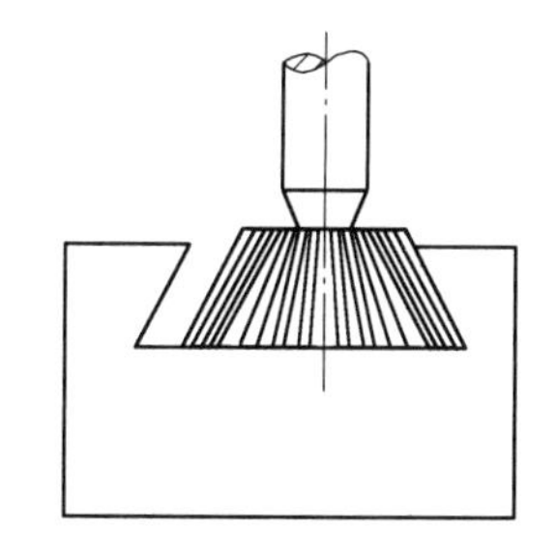

图 2-30　铣燕尾槽

3. 零件加工

（1）加工准备　铣削加工零件的工具、刃具、量具见表 2-7。

表 2-7 工具、刃具、量具

序号	名称	规格	数量	备注
1	圆柱形铣刀	ϕ80×80，z=8	1	GB/T 1115.1—2002
2	面铣刀	ϕ80，z=10	1	GB/T 5342.3—2006
3	立铣刀	ϕ16×25，z=4	1	GB/T 6117.2—2010
4	燕尾槽铣刀	ϕ31.5×60°，z=4	1	GB/T 6338—2004
5	平口钳	Q12160	1	
6	游标万能角度尺	0°~320°（分度值为 2′）	1	
7	刀口形直角尺		1	
8	划线盘		1	
9	钢直尺	150mm	1	
10	游标卡尺	0~150mm（分度值为 0.02mm）	1	
11	指示表	3~5（分度值为 0.01mm）	1	
12	其他			按需选用

（2）铣削方法及主要加工步骤　在 X5032 立式铣床上铣削加工矩形四面（可以参照矩形六面体工件的加工方法）。

在 X6132 卧式铣床上用面铣刀铣削工件两端面。选用规格为 ϕ80，z=10 的面铣刀，安装找正平口虎钳。在平口钳工作台中间的 T 形槽内，找正固定钳口与横向进给方向平行，与工作台面垂直，然后紧固。

1）铣 F 面　选择合适的铣削用量（n=80r/min，v_c=20mm/min，v_f=48mm/min，将主轴箱和进给箱上的各手柄扳至所需位置，装夹工件。以 B 面为精基准，靠向固定钳口，在 D 面下方垫上平行垫铁，夹紧；对刀调整；纵向机动进给铣 F 面，背吃刀量为 2.5mm。

2）铣 E 面。取下工件，去毛刺；以 B 面为精基准，靠向固定钳口，下方垫上平行垫铁，夹紧工件；对刀调整；纵向机动进给铣 E 面，保证总长的尺寸精度要求。

3）铣直槽。在 X5032 立式铣床上用面铣刀铣削工件。选用 ϕ16mm×25mm，z=4 的立铣刀；安装找正平口钳。在平口钳工作台中间的 T 形槽内，找正固定钳口与纵向进给方向平行，与工作台面垂直，然后紧固；选择合适的铣削用量（n=80r/min，v_c=20m/min，v_f=48mm/min），将主轴箱和进给箱上的各手柄扳至所需位置；装夹工件。以 A 面为精基准，靠向固定钳口，在 C 面下方垫上平行垫铁，找正并夹紧；对刀调整；纵向机动进给铣 B 面直槽，分层进给，每处进给深度为 2.5mm。槽宽符合尺寸精度要求，深度留有 0.5mm 的加工余量，并浇注切削液。

4）铣燕尾槽。换刀，选用规格为 ϕ31.5mm×60°，z=14 的燕尾槽铣刀；择合适的铣削用量（n=50r/min，v_f=10m/min，v_f=20mm/min），将主轴箱和进给箱上的各手柄扳至所需位置；对刀调整；纵向机动进给铣 B 面燕尾槽，分层进给，每处背吃刀量为 2.5mm。槽宽、深度符合尺寸精度要求，保证位置精度要求，并加注切削液；检查合格后卸下工件，去毛刺。

（3）铣燕尾槽的注意事项

1）铣燕尾槽和燕尾时的铣削条件与铣 T 形槽时大致相同，但燕尾槽铣刀刀尖部位的强

度和切削性能都很差，因此，铣削中主轴转速不宜过高，进给量、背吃刀量不可过大，以减小铣削抗力，还应及时排屑和充分浇注切削液。

2）铣直槽时槽深可留 0.5~1.0mm 的加工余量，留待铣燕尾槽时同时铣至槽深，以使燕尾槽铣刀铣削时平稳。

3）燕尾槽的铣削应分粗铣和精铣两步进行，以提高燕尾槽斜面的质量。

4. 零件检查评价

加工完成后对零件进行去毛刺和尺寸的检测，燕尾槽的检测评分表见表 2-8。

表 2-8　燕尾槽的检测评分表

<table>
<tr><th>项目</th><th>序号</th><th>技术要求</th><th>配分</th><th>评分标准</th><th>得分</th></tr>
<tr><td rowspan="3">工艺
（15%）</td><td>1</td><td>正确完整</td><td>5</td><td>不规范每处扣 1 分</td><td></td></tr>
<tr><td>2</td><td>切削用量选择正确</td><td>5</td><td>不合理每处扣 1 分</td><td></td></tr>
<tr><td>3</td><td>工艺过程选择合理</td><td>5</td><td>不合理每处扣 1 分</td><td></td></tr>
<tr><td rowspan="4">机床操作
（20%）</td><td>4</td><td>刀具选择、安装正确</td><td>5</td><td>不正确每处扣 1 分</td><td></td></tr>
<tr><td>5</td><td>对刀正确</td><td>5</td><td>不正确每处扣 1 分</td><td></td></tr>
<tr><td>6</td><td>机床操作规范</td><td>5</td><td>不规范每处扣 1 分</td><td></td></tr>
<tr><td>7</td><td>工件加工不出错</td><td>5</td><td>出错全扣</td><td></td></tr>
<tr><td rowspan="2">工件质量
（35%）</td><td>8</td><td>尺寸精度符合要求</td><td>25</td><td>不合格每处扣 1 分</td><td></td></tr>
<tr><td>9</td><td>表面粗糙度和几何公差符合要求</td><td>10</td><td>不合格每处扣 1 分</td><td></td></tr>
<tr><td rowspan="3">文明生产
（15%）</td><td>10</td><td>安全操作</td><td>5</td><td>出错全扣</td><td></td></tr>
<tr><td>11</td><td>机床维护和保养</td><td>5</td><td>不合格全扣</td><td></td></tr>
<tr><td>12</td><td>工作场地 6S</td><td>5</td><td>不合格全扣</td><td></td></tr>
<tr><td rowspan="5">相关知识及职业能力（15%）</td><td>13</td><td>加工基础知识</td><td>5</td><td>教师抽查</td><td></td></tr>
<tr><td rowspan="4">14</td><td>自学能力</td><td rowspan="4">10</td><td rowspan="4">教师与学生交流，酌情扣分</td><td></td></tr>
<tr><td>沟通能力</td><td></td></tr>
<tr><td>团队精神</td><td></td></tr>
<tr><td>创新能力</td><td></td></tr>
</table>

项目 3

刨、磨削加工工艺与实训

一、实训目的

1. 了解刨、磨削加工的工艺特点及加工范围。
2. 了解机床及常用附件的功用。
3. 了解常用刨、磨床的操作方法。
4. 认识常用刨刀及砂轮的安装方法。
5. 掌握矩形六面体、阶梯轴外圆的加工方法。

二、学时及安排

学时及安排见表 3-1 和表 3-2。

表 3-1　刨、磨削加工工艺与实训的学时及安排

课程名称：金工实训　　工种：刨、磨工　　学时：9 学时

序号	教学项目		时间	教学内容
一	现场讲解	安全操作常识	20min	刨床、磨床加工安全技术
		刨、磨工基础知识	1h	1. 普通刨床、磨床的型号、组成、用途、切削运动及传动系统 2. 刀具、砂轮的种类和安装方法 3. 常用附件的结构和用途 4. 刨、磨削的加工范围、常用方法，刨、磨削要素 5. 粗刨、磨和精刨、磨，量具的使用和测量方法
二	认识机床	机床日常保养	10min	导轨面润滑
		熟悉机床	1h	通电空转练习各操作手柄，达到熟练程度，调整主轴转速
三	多媒体课件		90min	1. 刨床刀具的种类及安装方法 2. 磨床砂轮及安装方法
四	学生操作练习实训	刨床操作练习 磨床操作练习	5h	1. 刨床刀具安装练习 2. 磨床砂轮安装练习 3. 实际操作练习

表 3-2　磨削加工工艺与实训的学习及安排

课程名称：金工实训　　工种：磨工　　学时：3 学时

序号	教学项目	时间	教学内容
一	多媒体课件	30min	磨削加工
二	理论基础知识	30min	1. 磨削加工的特点 2. 砂轮的组成

（续）

序号	教学项目		时间	教学内容
三	现场演示	平面磨削	1h	1. 介绍平面磨床 2. 平面磨床的操作步骤：工件装夹、找基准面 3. 磨削平面常用方法 4. 演示平面磨削加工
四		外圆磨削	30min	1. 介绍外圆磨床：万能外圆磨床、普通外圆磨床 2. 装夹工件、自定心卡盘、单动卡盘
五		内圆磨削	30min	1. 介绍内圆磨床 2. 内圆磨床的工作

◇◇◇ 任务1 安全知识与操作规程

一、刨床安全知识与操作规程

1）穿戴好防护用品，工作时不准穿凉鞋。

2）检查机床各部位是否正常。按机床润滑图表加油，工作前先试运转机床1~2min。

3）工具、夹具、刀具及工件必须装夹牢固，刀具不得伸出过长。增加平口钳夹固力应接长套筒，不得用锤子敲打扳手。工作台上不得放置工具。

4）机床开动前要观察周围动态，机床开动后，要站在安全的位置上，以避开机床运动部位和切屑飞溅。

5）调整牛头冲程使刀具不接触工件，用手摇动经历全行程进行试验，调整好后，随时将手柄取下。

6）机床开动后，不准接触运动着的工件、刀具部分。头、手不得伸到床头前检查。调整机床速度、行程，装夹工件、刀具和测量工件，以及擦拭机床时都要停机进行。

7）清扫切屑只允许用毛刷，禁止用嘴吹。

8）装卸较大工件和夹具时应请人帮助，防止滑落伤人。

9）不准在机床运转时离开工作岗位，因故要离开时，必须停机并切断电源。

10）发生事故要保持现场，并报告有关部门。

二、外圆磨床安全知识与操作规程

1）安装新砂轮动作要轻，同时垫上比砂轮直径约小1/3的软垫，并用木锤轻轻打，无杂音后方可开动。操作者侧立机旁，空转试运转10min，无偏摆和振动后方能使用。

2）机床要清洁，开动机床前要检查手柄和行程限位挡块的位置是否正确。

3）当砂轮快速接近工件时，要改用手摇，并用心观察工件有无凸起和凹陷。

4）使用顶尖装夹的工件，要检查中心孔的几何形状，不正确的要及时修正，磨削过程中不准使工件松动。

5）平磨工作台使用快速档时，要注意其终点。接触面积小的工件磁力不易吸住时，必须加挡块，磁盘吸力减弱时应立即停止磨削。

6）砂轮未完全处于静止状态时，不许清理切削液、磨屑或更换工件。

7）平磨砂轮的最大伸出量不得超过 25mm，砂轮块要平行。

8）平磨的砂轮损耗 1/2 后，重新紧固的压板不许倾斜。

9）平磨工件要有基准面。如有飞边、毛刺等要清理干净。

10）要选择与工件材料相适应的切削液，磨削时要连续开放和调整好切削液的流量。

11）砂轮不锋利要用金刚石修理，进给量为 0.015~0.02mm，并需充分冷却。

12）磨床专用砂轮不许代替普通砂轮使用。

◇◇◇ 任务 2　了解刨床加工的基本知识

一、刨床简介

刨床主要有牛头刨床和龙门刨床，常用的是牛头刨床。牛头刨床最大的刨削长度一般不超过 1000mm，适合于加工中、小型零件。龙门刨床由于其刚性好，而且有 2~4 个刀架可同时工作，因此，它主要用于加工大型零件或同时加工多个中、小型零件。

1. 牛头刨床的组成

图 3-1 所示为 B6065 型牛头刨床的外形。型号 B6065 中，B 为机床类别代号，表示刨床，读作“刨”；6 和 0 分别为机床组别和系别代号，表示牛头刨床；65 为主参数最大刨削长度的 1/10，即最大刨削长度为 650mm。

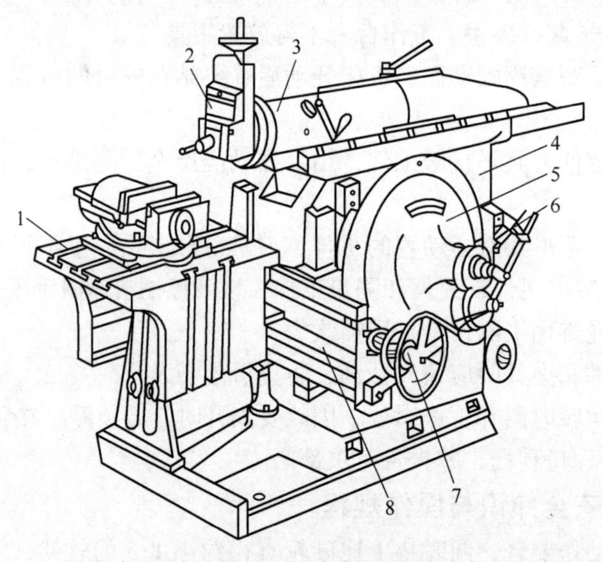

图 3-1　B6065 型牛头刨床的外形

1—工作台　2—刀架　3—滑枕　4—床身　5—摆杆机构

6—变速机构　7—进给机构　8—横梁

（1）床身　床身用以支承和连接刨床各部件。其顶面水平导轨供滑枕带动刀架进行往复直线运动，侧面的垂直导轨供横梁带动工作台升降。床身内部有主运动变速机构和摆杆机构。

（2）滑枕　滑枕用以带动刀架沿床身水平导轨做往复直线运动。滑枕往复直线运动的快慢、行程的长度和位置，均可根据加工需要调整。

（3）刀架　刀架用以夹持刨刀，其结构如图3-2所示。当转动刀架手柄5时，滑板4带着刨刀沿刻度转盘7上的导轨上、下移动，以调整背吃刀量或加工垂直面时做进给运动。松开刻度转盘7上的螺母，将刻度转盘扳转一定角度，可使刀架斜向进给，以加工斜面。刀座3装在滑板4上。抬刀板2可绕刀座上的销轴向上抬起，以使刨刀在返回行程时离开零件已加工表面，以减少刀具与零件的摩擦。

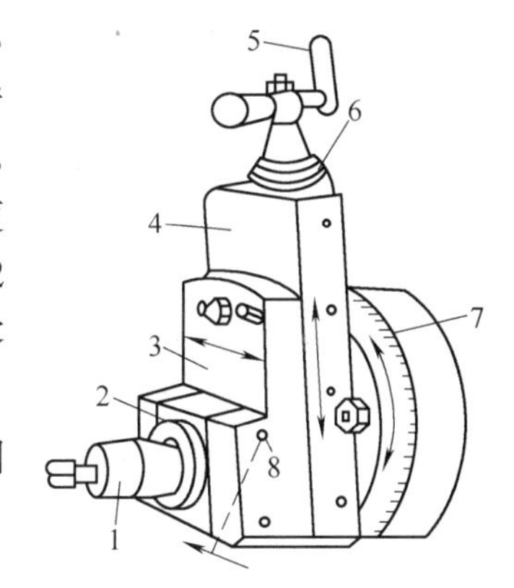

图3-2　刀架

1—刀夹　2—抬刀板　3—刀座　4—滑板　5—手柄　6—刻度环　7—刻度转盘　8—销轴

（4）工作台　工作台用以安装零件，可随横梁做上下调整，也可沿横梁导轨做水平移动或间歇进给运动。

2. 牛头刨床的传动系统

B6065型牛头刨床的传动系统主要包括摆杆机构和棘轮机构。

（1）摆杆机构　其作用是将电动机传来的旋转运动变为滑枕的往复直线运动，具结构如图3-3所示。摆杆7上端与滑枕内的螺母2相连，下端与支架5相连。摆杆齿轮3上的偏心滑块6与摆杆7上的导槽相连。当摆杆齿轮3由小齿轮4带动旋转时，偏心滑块就在摆杆7的导槽内上下滑动，从而带动摆杆7绕支架5中心左右摆动，于是滑枕便做往复直线运动。摆杆齿轮转动一周，滑枕带动刨刀往复运动一次。

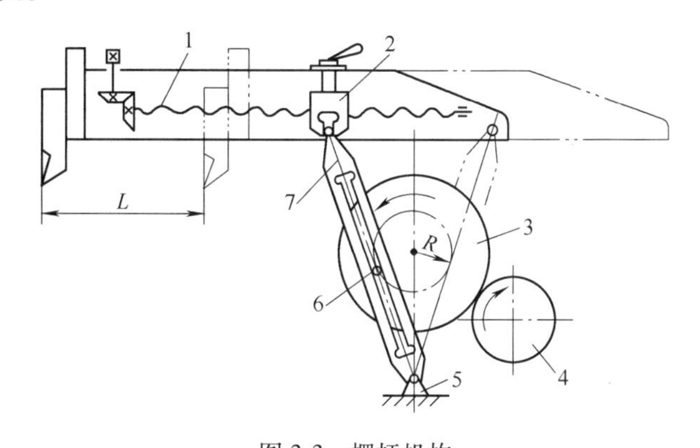

图3-3　摆杆机构

1—丝杠　2—螺母　3—摆杆齿轮　4—小齿轮　5—支架　6—偏心滑块　7—摆杆

（2）棘轮机构　其作用是使工作台在滑枕完成回程与刨刀再次切入零件之前的瞬间做间歇横向进给，横向进给机构如图3-4a所示，棘轮机构如图3-4b所示。

齿轮5与摆杆齿轮为一体，摆杆齿轮逆时针旋转时，齿轮5带动齿轮6转动，使连杆4带动棘爪3逆时针摆动。棘爪3逆时针摆动时，其上的垂直面拨动棘轮2转过若干齿，使丝杠8转过相应的角度，从而实现工作台的横向进给。而当棘轮顺时针摆动时，由于棘爪后面为一斜面，只能从棘轮齿顶滑过，不能拨动棘轮，所以工作台静止不动，这样就实现了工作台的横向间歇进给。

3. 牛头刨床的调整

（1）滑枕行程长度、起始位置、速度的调整　刨削时，滑枕行程的长度一般应比零件

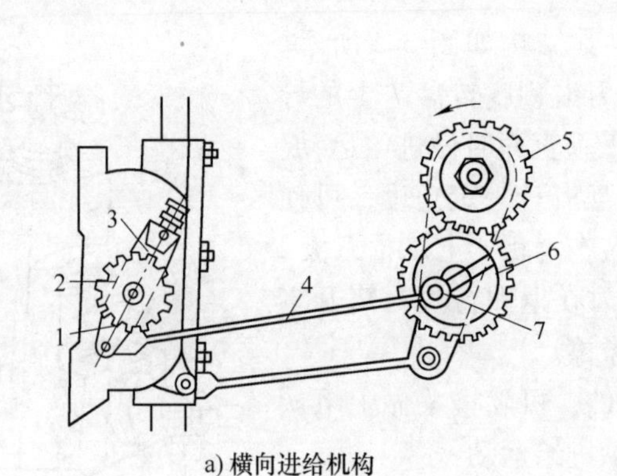

a) 横向进给机构

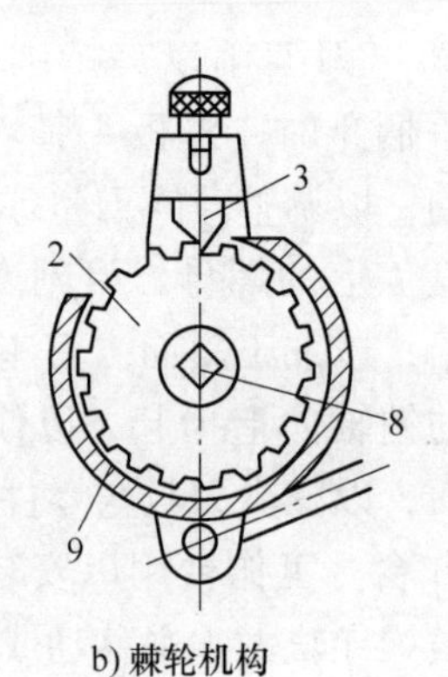

b) 棘轮机构

图 3-4　棘轮机构

1—棘爪架　2—棘轮　3—棘爪　4—连杆　5、6—齿轮
7—偏心销　8—横向丝杠　9—棘轮罩

刨削表面长 30~40mm 滑枕的行程长度调整方法是通过改变摆杆齿轮上偏心滑块的偏心距离，其偏心距越大，摆杆摆动的角度就越大，滑枕的行程长度也就越长；反之，则越短。

松开滑枕内的锁紧手柄，转动丝杠，即可改变滑枕行程的起始点，使滑枕移到所需要的位置。

调整滑枕速度时，必须在停机之后进行，否则将打坏齿轮，可以通过变速机构 6（图 3-1）来改变变速齿轮的位置，使牛头刨床获得不同的转速。

（2）工作台横向进给量的大小、方向的调整　工作台的进给运动既要满足间歇运动的要求，又要与滑枕的工作行程协调一致，即在刨刀返回行程将结束时，工作台连同工件一起横向移动一个进给量。牛头刨床的进给运动是由棘轮机构实现的。

如图 3-4 所示，棘爪架 1 空套在横梁丝杠轴上，棘轮用键与丝杠轴相连。工作台横向进给量的大小，可通过改变棘轮罩的位置，从而改变棘爪每次拨过棘轮的有效齿数来调整。棘爪拨过棘轮的齿数较多时，进给量大；反之，则小。此外，还可通过改变偏心销 7 的偏心距来调整，偏心距小，棘爪架摆动的角度就小，棘爪拨过的棘轮齿数少，进给量就小；反之，进给量则大。若将棘爪提起后转动 180°，可使工作台反向进给。当把棘爪提起后转动 90°时，棘轮便与棘爪脱离接触，此时可手动进给。

二、刨刀

1. 刨刀的种类及应用

刨刀的几何形状与车刀相似，但刀杆的截面积是车刀的 1.25~1.5 倍，以承受较大的冲击力。刨刀的前角比车刀稍小，刃倾角取较大的负值，以增加刀头的强度。刨刀的一个显著特点是刨刀的刀头往往做成弯头。图 3-5 所示为弯头刨刀和直头刨刀的比较。做成弯头的目的是为了当刀具碰到工件表面上的硬点时，刀头能绕 O 点向后上方弹起，使切削刃离开工件表面，不会啃入工件已加工表面或损坏切削刃。因此，弯头刨刀比直头刨刀应用更广泛。

刨刀的形状和种类依加工表面形状不同而有所不同。平面刨刀用以加工水平面；偏刀用于加工垂直面、台阶面和斜面；角度偏刀用以加工角度和燕尾槽；切刀用以切断或刨沟槽；内孔刀用以加工内孔表面（如内键槽）；弯切刀用以加工 T 形槽及侧面上的槽；成形刀用以加工成形面。

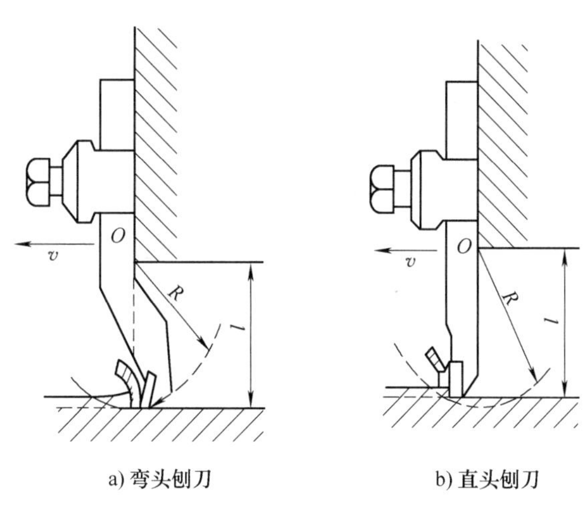

a) 弯头刨刀　　b) 直头刨刀

图 3-5　弯头刨刀和直头刨刀的比较

2. 刨刀的安装

如图 3-6 所示，安装刨刀时，将转盘对准零线，以便准确控制背吃刀量，刀头不要伸出太长，以免产生振动和折断。直头刨刀伸出长度一般为刀杆厚度的 1.5~2 倍，弯头刨刀伸出长度可稍长些，以弯曲部分不碰刀座为宜。装刀或卸刀时，应使刀尖离开工件表面，以防损坏刀具或者擦伤工件表面，必须一只手扶住刨刀，另一只手使用扳手，用力方向自上而下，否则容易将抬刀板掀起，碰伤或夹伤手指。

三、刨削加工工艺

在牛头刨床上加工时，刨刀的纵向往复直线运动为主运动，工件随工作台做横向间歇进给运动，如图 3-7 所示。

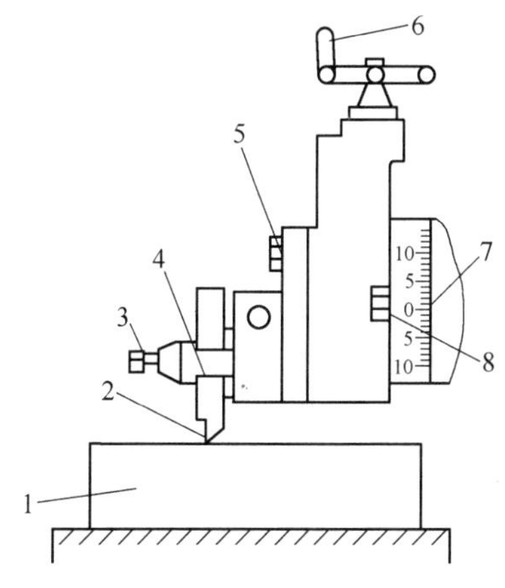

图 3-6　刨刀的安装

1—工件　2—刀头伸出要短　3—刀夹螺钉　4—刀夹　5—刀座螺钉
6—刀架进给手柄　7—转盘对准零线　8—转盘螺钉

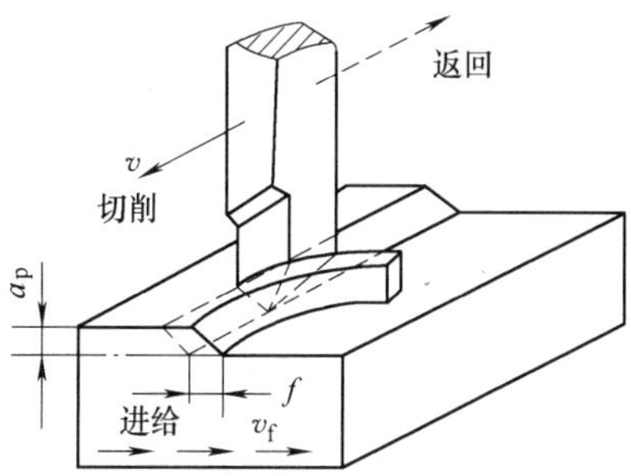

图 3-7　牛头刨床的刨削运动和切削用量

1. 刨削加工的特点

（1）生产率一般较低　刨削是不连续的切削过程，刀具切入、切出时切削力有突变，将引起冲击和振动，限制了刨削速度的提高。此外，单刃刨刀实际参加切削的长度有限，一个表面往往要经过多次行程才能加工出来，刨刀返回行程时不进行工作。由于以上原因，刨削生产率一般低于铣削，但对于狭长表面（如导轨面）的加工，以及在龙门刨床上进行多刀、多件加工，其生产率可能高于铣削。

（2）刨削加工通用性好、适应性强　刨床结构比车床、铣床等简单，调整和操作方便；刨刀形状简单，和车刀相似，制造、刃磨和安装都较方便；刨削时一般不需加切削液。

2. 刨削加工的范围

刨削加工的尺寸公差等级一般为IT9～IT8，表面粗糙度 Ra 值为6.3～1.6μm，用宽刀精刨时，Ra 值可达1.6μm。此外，刨削加工还可保证一定的位置精度，如面对面的平行度和垂直度等。刨削在单件、小批生产和修配工作中得到了广泛应用。刨削主要用于加工各种平面（水平面、垂直面和斜面）、各种沟槽（直槽、T 形槽、燕尾槽等）和成形面等，如图3-8所示。

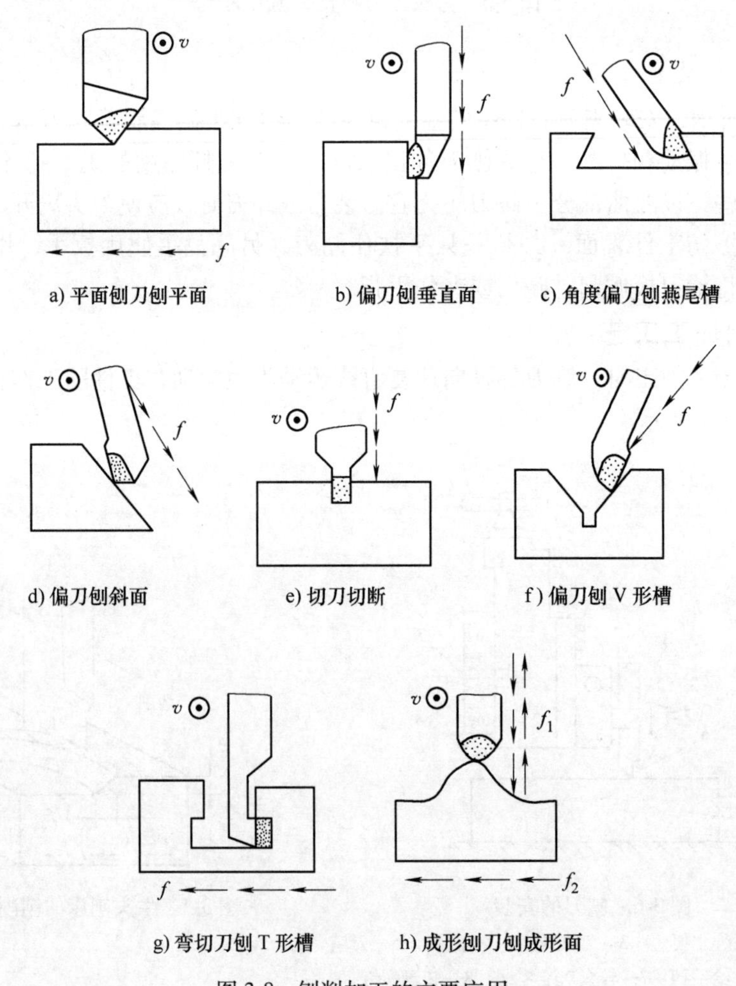

图3-8　刨削加工的主要应用

3. 刨削的基本操作

（1）工件的安装　在刨床上工件的安装方法视工件的形状和尺寸而定。常用的有平口钳安装、工作台安装和专用夹具安装等，装夹工件的方法与铣削相同，可参照铣床中工件的安装及铣床附件所述内容。

（2）刨水平面

1）正确安装刀具和工件。

2）调整工作台的高度，使刀尖轻微接触工件表面。

3）调整滑枕的行程长度和起始位置。

4）根据零件材料、形状、尺寸等要求，合理选择切削用量。

5）试切，先用手动试切。进给1~1.5mm后停机，测量尺寸，根据测得结果调整背吃刀量，再自动进给进行刨削。当零件表面粗糙度Ra值要求低于6.3μm时，应先粗刨，再精刨。精刨时，背吃刀量和进给量应小些，切削速度应适当高些。此外，在刨刀返回行程时，用手掀起刀座上的抬刀板，使刀具离开已加工表面，以保证零件表面质量。

6）检验。零件刨削完工后，停机检验，尺寸和加工精度合格后即可卸下。

（3）刨垂直面、斜面

1）刨垂直面的方法如图3-9所示。此时采用偏刀，并使刀具的伸出长度大于整个刨削面的高度。刀架转盘应对准零线，以使刨刀沿垂直方向移动。刀座必须偏转10°~15°，以使刨刀在返回行程时离开工件表面，减少刀具的磨损，避免工件已加工表面被划伤。刨垂直面和斜面的加工方法一般在不能或不便于进行水平面刨削时才使用。

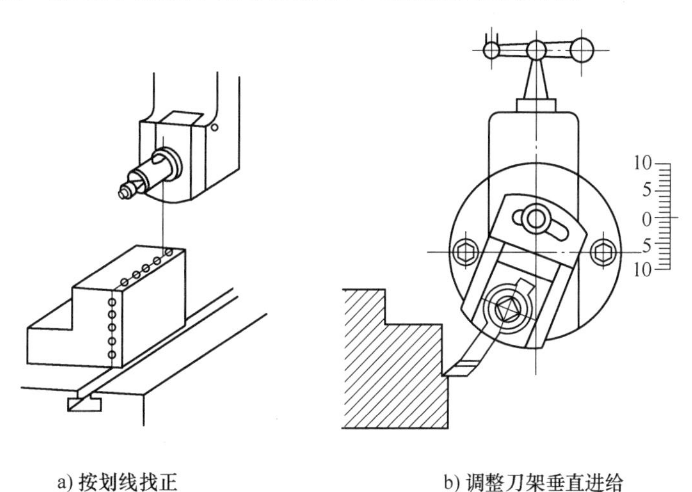

a) 按划线找正　　b) 调整刀架垂直进给

图3-9　刨垂直面

2）刨斜面与刨垂直面基本相同，只是刀架转盘必须按零件所需加工的斜面扳转一定角度，以使刨刀沿斜面方向移动。如图3-10所示，刨斜面采用偏刀或样板成形刨刀，转动刀架手柄进行进给，可以刨削左侧或右侧斜面。

（4）刨沟槽

1）刨直槽时用切刀以垂直进给完成，如图3-11所示。

2）刨V形槽的方法如图3-12所示。先按刨平面的方法把V形槽粗刨出大致形状，如图3-12a所示；然后用切刀刨V形槽底的直角槽，如图3-12b所示；再按刨斜面的方法用偏刀刨V形槽的两斜面，如图3-12c所示；最后用成形刨刀精刨至图样要求的尺寸精度和表面

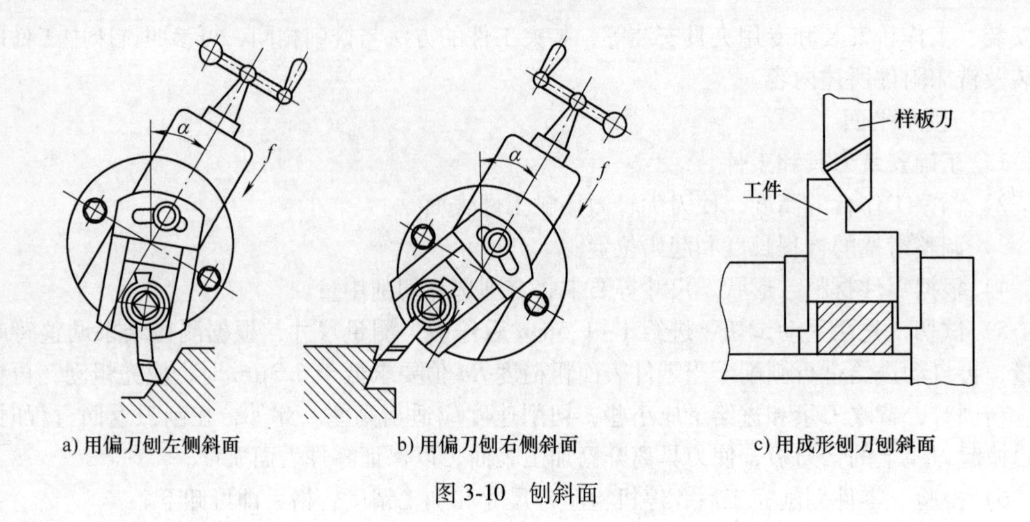

a) 用偏刀刨左侧斜面　b) 用偏刀刨右侧斜面　c) 用成形刨刀刨斜面

图 3-10　刨斜面

粗糙度，如图 3-12d 所示。

3）刨 T 形槽时，应先在工件端面和上平面划出加工线，如图 3-13 所示。

4）刨燕尾槽与刨 T 形槽相似，应先在工件端面和上平面划出加工线，如图 3-14 所示。但刨侧面时须用角度偏刀，如图 3-10 所示，刀架转盘要扳转一定角度。燕尾槽的刨削步骤如图 3-15 所示。

5）刨成形面。在刨床上刨成形面，通常是先在工件的侧面划线，然后根据划线分别移动刨刀做垂直进给和移动工作台做水平进给，从而加工出成形面，如图 3-8h 所示。也可用成形刨刀加工，使刨刀刃口形状与工件表面一致，一次成形。

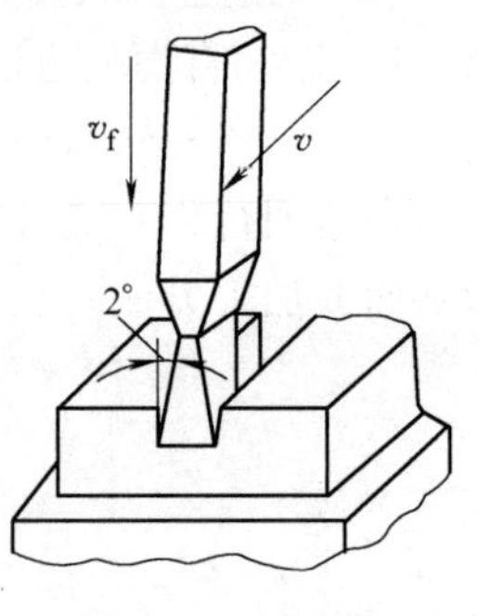

图 3-11　刨直槽

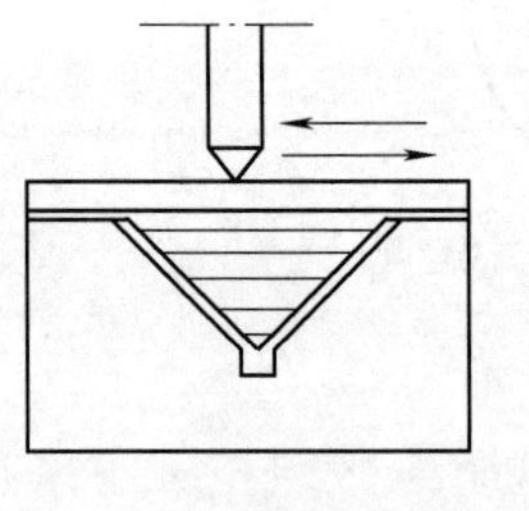

a) 刨平面

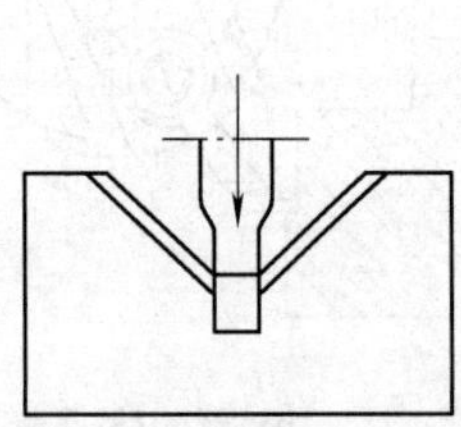

b) 刨直角槽

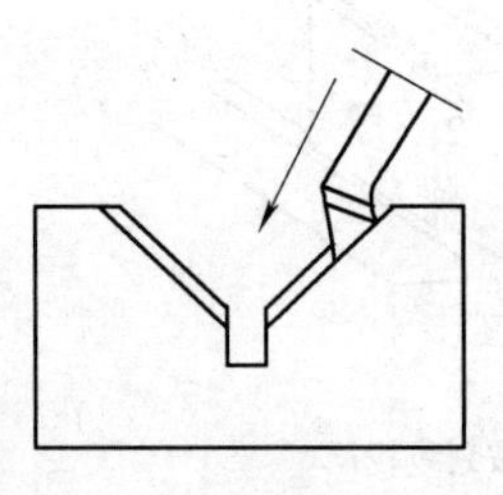

c) 刨斜面

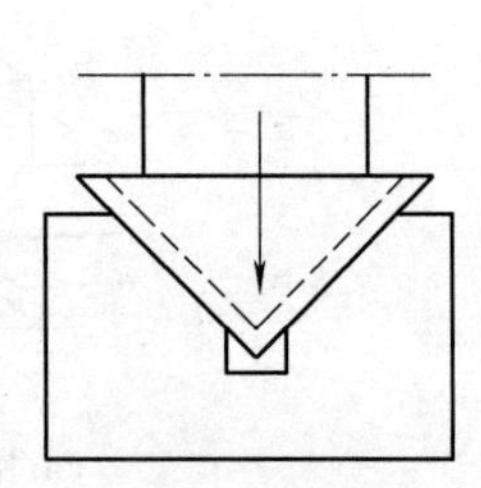

d) 用成形刨刀精刨

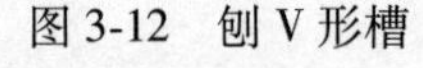

图 3-12　刨 V 形槽

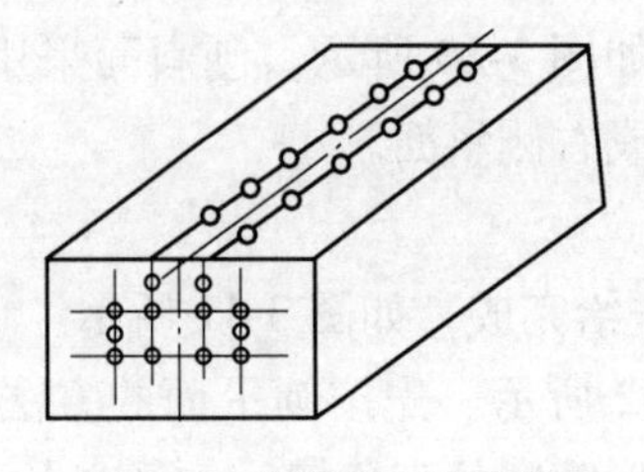

图 3-13　T 形槽工件划线

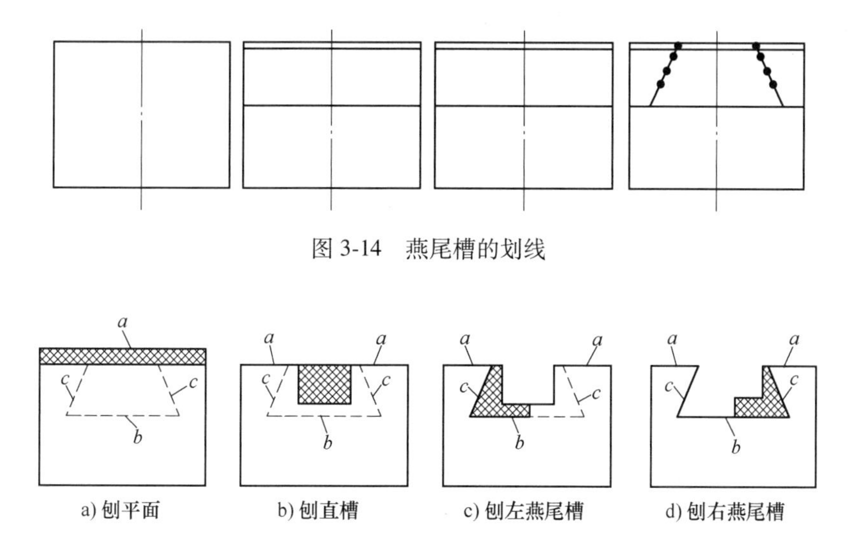

图 3-14　燕尾槽的划线

图 3-15　燕尾槽的刨削步骤

任务 3　刨削加工矩形六面体

一、工作任务

本任务主要是在刨床上完成矩形六面体的加工。矩形六面体如图 3-16 所示。

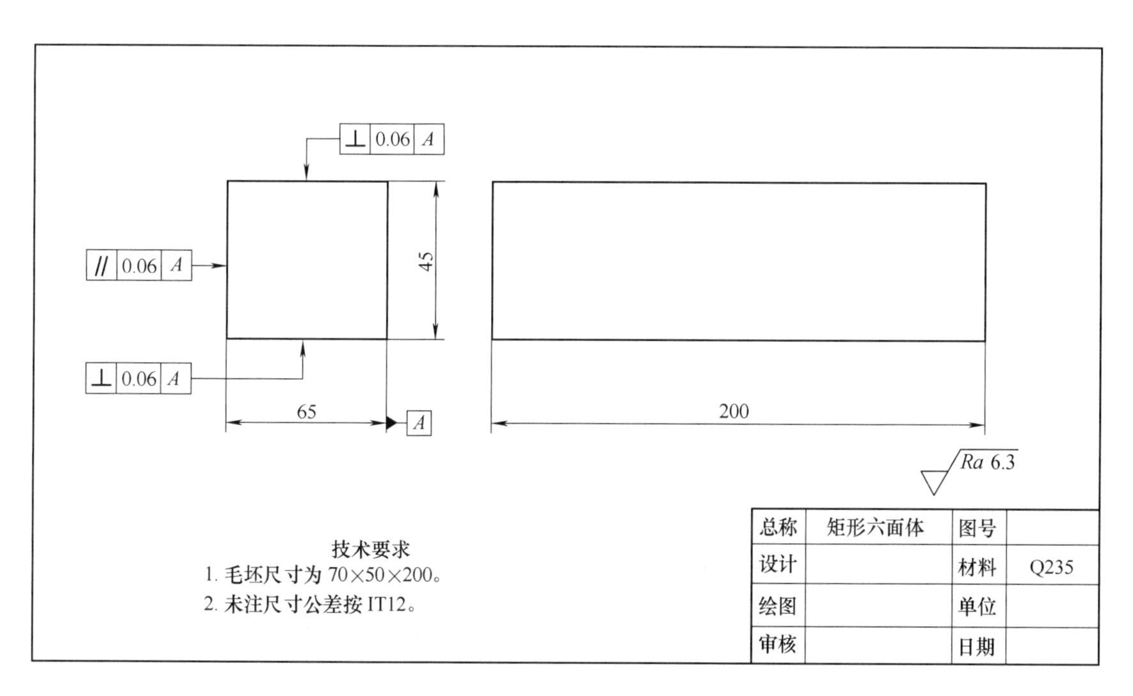

图 3-16　矩形六面体

二、在刨床上完成矩形六面体四面的加工

1. 矩形六面体四面的加工工艺分析

(1) 零件图工艺分析

1) 尺寸精度：工件外形的尺寸公差等级为 IT12。

2) 位置精度：平行度公差为 0.06mm，垂直度公差为 0.06mm。

3) 表面粗糙度：工件各表面的表面粗糙度值为 *Ra*6.3μm，刨削加工能达到要求。

4) 工件材料：材料为 Q235，有较好的切削加工性能。

(2) 毛坯选择　该零件材料为 Q235，无特殊力学性能要求，单件生产，选择下料尺寸为 70mm×50mm×200mm。

(3) 表面加工方法及定位基准的选择　平面的加工可用刨削，根据其尺寸精度和表面粗糙度值，矩形六面体采用在牛头刨床上进行刨削，即可达到要求。

粗基准采用未加工的平面，精基准采用已加工过的平面。平口钳的平面为定位基准面。

(4) 加工设备及刀具、夹具的选用　机床选择 B6065 型牛头刨床，夹具选用 Q12160 平口钳。

(5) 切削用量的选择

1) 刨削速度。刨削速度是指刨刀刨削时往复运动的平均速度 v_c (mm/min) 可按下式计算

$$v_c = 2Ln/1000$$

式中　L——刨刀的行程长度 (mm)；

n——滑枕每分钟往复次数 (往复次数/min)。

2) 进给量。刨削时的进给量是指刨刀每往返一次，工件横向移动的垂直距离。B6065 型牛头刨床的进给量 f (mm) 可按下式计算

$$f = k/3$$

式中　k——刨刀每往复一次，棘轮被拨过的齿数。

3) 背吃刀量 (刨削深度 a_p)。背吃刀量是指已加工表面与待加工表面之间的垂直距离。

2. 矩形六面体的加工工艺设计

(1) 平面刨刀的选择 (图 3-17)　刨刀的选择一般按加工要求、工件材料和形状来确定。如加工铸铁时，通常采用钨钴类硬质合金的弯头刨刀，或将高速钢刀头装在刨刀杆的方槽内使用。粗刨平面一般采用尖头刨刀，刨刀的刀尖部分应磨出 *R*1～3 圆弧，然后用磨石研磨，这样可以延长刨刀的使用寿命。当加工表面粗糙度在 *Ra*3.2μm 以下的平面时，粗刨后还要进行精刨。精刨时常用圆头刨刀或宽头刨刀刨削。

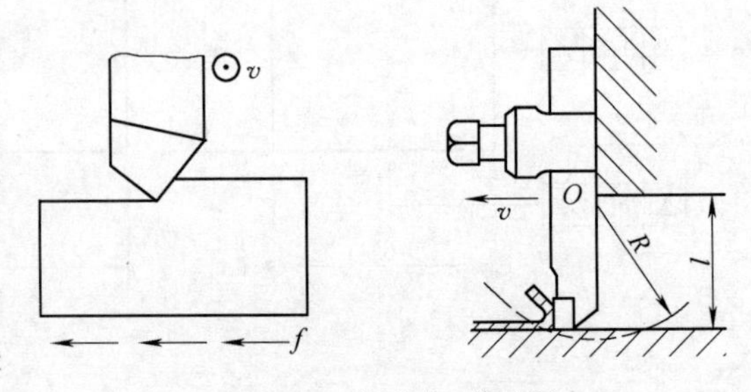

图 3-17　平面刨刀的选择

(2) 平面刨刀的安装 (图 3-6)

1) 刨平面时刀架和刀杆应在垂直的位置上。

2) 安装刨刀时，将转盘对准零线，以便准确控制背吃刀量。刨刀在刀架上不应伸出过

长，以免在加工时发生振动和折断刨刀。直头刨刀的伸出长度一般为刀杆厚度的1.5~2倍，弯头刨刀可伸出稍长些。

3）在装拆刀具时，应使刀尖离开工件表面，以防损坏刀具或者擦伤工件表面。左手扶住刨刀，右手使用扳手。扳手放置位置要合适，用力方向必须由上而下地转动螺钉将刀具压紧或松开。

4）安装带有修光刃或平头宽刃刨刀时，要用透光法找正修光刃或宽刃的水平位置，然后再夹紧刨刀。刨刀夹紧后，须再次用透光法检查切削刃的水平准确与否。

（3）工件装夹　工件在平口钳内的装夹方式如图3-18所示。

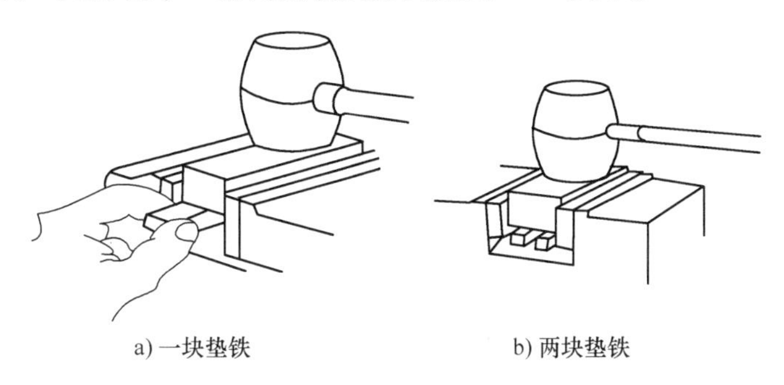

a) 一块垫铁　　b) 两块垫铁

图3-18　工件在平口钳内的装夹方式

1）工件加工面必高于钳口，以免刨刀碰到钳口，若工件高度不够，可用平行垫铁将工件垫高。

2）为保证钳口不受损伤，在夹持毛坯时，可先在钳口上垫铜皮、铝皮等护口片。但在加工与定位面相互垂直的平面时，在钳口不宜垫护口片，以免影响精度。

3）工件装夹时，要用锤子轻轻敲击工件，使工件垫实垫铁，但敲击已加工表面时，应使用铜锤或木锤。

4）装夹刚性较差的工件时，应将工件的薄弱部分先垫实或作支承，以免装夹后产生变形。

（4）工具、刃具、量具选择　刨削加工时的工具、刃具、量具见表3-3。

表3-3　工具、刃具、量具

序号	名称	规格	数量	备注
1	高速钢直柄粗刨刀	75°偏刀	1	
2	高速钢直柄精刨刀	75°偏刀	1	
3	刀口形直角尺	100mm×100mm	1	
4	游标卡尺	0~150mm（分度值为0.02mm）	1	
5	游标深度卡尺	0~150mm（分度值为0.02mm）		
6	钢直尺	0~150mm		
7	平口钳	Q12160	1	
8	锤子			
9	铜棒	ϕ30mm×200mm		
10	其他			按需选用

（5）平面刨削工艺制订　在 B6050 型牛头刨床上完成矩形六面体四面的加工，如图 3-19 所示。其具体刨削加工过程如下：

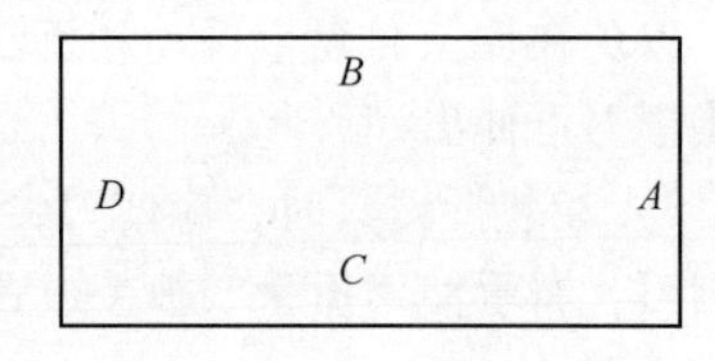

图 3-19　矩形六面体四面的加工

1）用平口钳装夹 *B*、*C* 面，加工 *A* 面，背吃刀量（刨削深度）为 2.5mm。

2）用平口钳装夹 *A*、*D* 面，加工 *C* 面，背吃刀量（刨削深度）为 2.5mm。

3）用平口钳装夹 *A*、*D* 面，*C* 面向下，加工 *B* 面，保证尺寸 65mm。

4）用平口钳装夹 *C*、*B* 面，*C* 面向下，加工 *D* 面，保证尺寸 45mm。

注意：此时每两面需用直角尺找正，以保证垂直度。至此，零件四周加工完成，即完成了矩形六面体四面的加工。

3. 零件加工

刨削方法及主要加工步骤如下：

1）刀具的选择与装夹：根据工件的材料、加工表面的精度及表面粗糙度选择刨刀。粗刨时选用普通直头或弯头平面刨刀，精刨时选用较窄的圆头精刨刀（圆弧半径为 *R*3～*R*5），刀具选好后正确装夹。

2）工件的装夹：工件采用平口钳装夹。

3）机床的调整：调整刨刀的行程长度、起始位置、行程速度和工作台的高度。

4）进给量的选择及调整：粗刨时，用平面刨刀，a_p 和 f 取大值，v_c 取较小值；精刨时，用圆头精刨刀，a_p 和 f 取小值，v_c 取较大值，一般 $a_p = 0.2 \sim 2.0$mm，$f = 0.33 \sim 0.66$mm/行程，$v_c = 17 \sim 50$m/min。

5）开动机床移动滑枕，使刨刀接近工件后停机。

6）转动工作台横向进给手柄，将工件移到刨刀刀尖。摇动刀架滑板，使刨刀刀尖接触工件表面。

7）刨 *A* 面。

①转动工作台横向进给手柄，将工件退离刨刀刀尖，使工件一侧离刨刀 3～5mm。按选定的背吃刀量摇动刀架滑板，使刨刀向下进刀。

②开动机床，工件台做横向进给，刨出工件 1～1.5mm，停机，用钢直尺或游标卡尺测量尺寸。若与要求的尺寸不符，则应退出工件，再调整背吃刀量试切至合格尺寸，然后再正式开动机床，工件台横向进给或自动进给，将工件多余的金属刨去。

8）刨 *B* 面。

①取下工件，去毛刺。以 *A* 面为精基准，靠向固定钳口，下方垫上平行垫铁，夹紧工件。

②刨削 *B* 面。取下工件，去毛刺，检测 *B* 面与 *A* 面的垂直度，如不合格，需重新找正钳口再刨削至符合要求。

9）刨 *C* 面。

①取下工件，去毛刺。*A* 面靠向固定钳口，并使 *B* 面紧靠平行垫铁，夹紧工件。

②粗、精刨 *C* 面。使 *A* 面与 *C* 面垂直，与 *B* 面平行，并保证 *B*、*C* 两面间距离 45mm 的尺寸精度要求。

10）刨 D 面。

①取下工件，去毛刺。以 B 面为基准靠向固定钳口，使 A 面紧靠平行垫铁，夹紧。

②粗、精刨 D 面。使 D 面与 A 面平行，并保证 D、A 两面间距离 65mm 的尺寸精度要求。

11）测量工件尺寸，合格后即可卸下工件。最后清理平口钳和工作台上的切屑。

4. 检查评价

加工完成后，填写矩形六面体的检测评分表，见表 3-4。

表 3-4 矩形六面体的检测评分表

项目	序号	技术要求	配分	评分标准	得分
工艺（15%）	1	正确完整	5	不规范每处扣 1 分	
	2	切削用量选择正确	5	不合理每处扣 1 分	
	3	工艺过程选择合理	5	不合理每处扣 1 分	
机床操作（20%）	4	刨刀选择、安装正确	5	不正确每处扣 1 分	
	5	对刀正确	5	不正确每处扣 1 分	
	6	机床操作规范	5	不规范每处扣 1 分	
	7	工件加工不出错	5	出错全扣	
工件质量（35%）	8	尺寸精度符合要求	25	不合格每处扣 1 分	
	9	表面粗糙度和几何公差符合要求	10	不合格每处扣 1 分	
文明生产（15%）	10	安全操作	5	出错全扣	
	11	机床维护和保养	5	不合格全扣	
	12	工作场地 6S	5	不合格全扣	
相关知识及职业能力（15%）	13	加工基础知识	5	教师抽查	
	14	自学能力	10	教师与学生交流，酌情扣分	
		沟通能力			
		团队精神			
		创新能力			

◇◇◇ 任务 4 了解磨床加工的基本知识

一、磨削加工的特点

磨削加工是机械制造中最常用的加工方法之一，其应用范围很广，可以磨削难以切削的各种高硬、超硬材料，可以磨削各种表面，可以用于荒加工（磨削钢坯、割浇冒口等）、粗加工、精加工和超精加工。磨削后工件的尺寸公差等级可达 IT4～IT6，表面粗糙度值可以达到 Ra0.025～0.8μm。磨削比较容易实现生产过程自动化。在工业发达国家，磨床已占机床总数的 25%左右，个别行业可达到 40%～50%。

磨削加工的特点：

（1）磨削属多刃、微刃切削。磨削用的砂轮是由许多细小坚硬的磨粒用结合剂黏结在

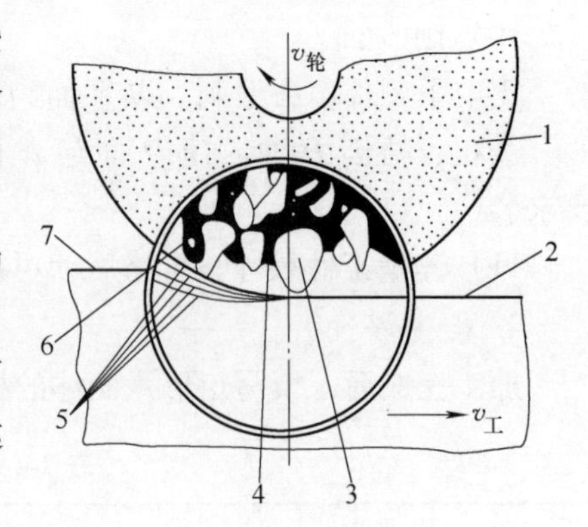

图 3-20　砂轮的组成

1—砂轮　2—已加工表面　3—磨粒
4—结合剂　5—加工表面　6—空隙
7—待加工表面

一起经焙烧而成的疏松多孔体，如图 3-20 所示。这些锋利的磨粒就像铣刀的切削刃，在砂轮高速旋转的条件下，切入工件表面，故磨削是一种多刃、微刃切削过程。

（2）加工尺寸精度高，表面粗糙度值小　磨削的切削厚度极薄，每个磨粒的切削厚度可小到数微米，故磨削的尺寸公差等级可达 IT6~IT5，表面粗糙度值可达 *Ra*0. 8~0. 1μm。高精度磨削时，尺寸公差等级可达 IT5，表面粗糙度值不大于 *Ra*0. 012μm。

（3）加工材料广泛　由于磨料硬度极高，故磨削不仅可加工一般金属材料，如碳钢、铸铁等，还可加工一般刀具难以加工的高硬度材料，如淬火钢、各种切削刀具材料及硬质合金等。

（4）砂轮有自锐性　当作用在磨粒上的切削力超过磨粒的极限强度时，磨粒就会破碎，形成新的锋利棱角进行磨削；当此切削力超过结合剂的黏结强度时，钝化的磨粒就会自行脱落，使砂轮表面露出一层新鲜锋利的磨粒，从而使磨削加工能够继续进行。砂轮的这种自行推陈出新、保持自身锋利的性能称为自锐性。砂轮有自锐性可使砂轮连续进行加工，这是其他刀具没有的特性。

（5）磨削温度高　在磨削过程中，由于切削速度很高，产生大量切削热，温度超过 1000℃。同时，高温的磨屑在空气中发生氧化作用，产生火花。在如此高温下，将会使零件材料性能改变而影响质量。因此，为减少摩擦和迅速散热，降低磨削温度，及时冲走屑末，以保证零件表面质量，磨削时需使用大量切削液。

二、磨床简介

1. 外圆磨床

常用的外圆磨床分为普通外圆磨床和万能外圆磨床。在普通外圆磨床上可磨削工件的外圆柱面和外圆锥面；在万能外圆磨床上由于砂轮架、头架和工作台上都装有转盘，能回转一定的角度，且增加了内圆磨具附件，所以万能外圆磨床除可磨削外圆柱面和外圆锥面外，还可磨削内圆柱面、内圆锥面及端平面，故万能外圆磨床比普通外圆磨床应用更广。

（1）外圆磨床的型号

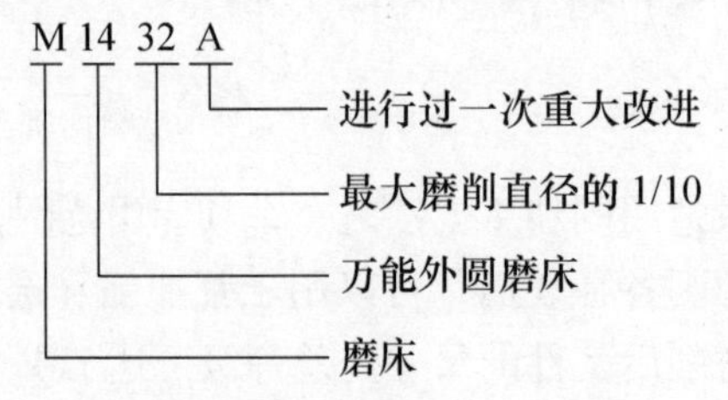

（2）外圆磨床的组成　外圆磨床主要由床身、工作台、砂轮架、头架、尾架组成，如图 3-21 所示。

1）床身。床身用于支承和连接磨床各个部件。为提高机床刚度，磨床床身一般为箱形结构，内部装有液压传动装置，上部有纵向和横向两组导轨以安装工作台和砂轮架。

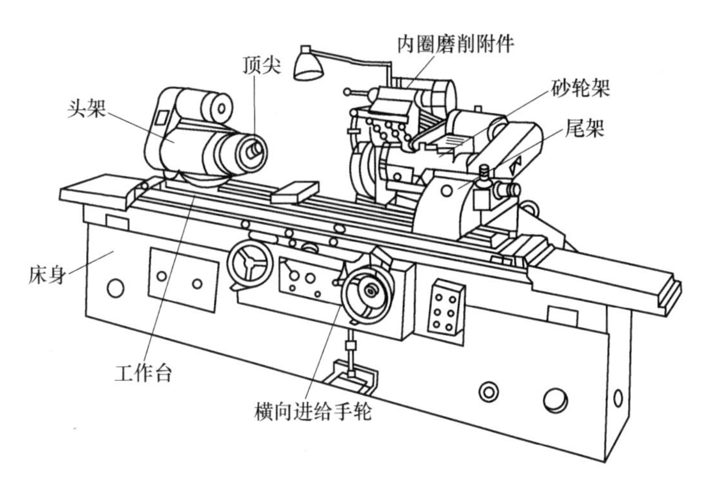

图3-21　M1432C型外圆磨床

2）工作台。工作台由上、下两层组成。上工作台可相对于下工作台偏转一定角度，以便磨削锥面，下工作台下装有活塞，可通过液压机构使工作台做往复运动。液压传动系统由活塞、液压缸、换向阀、节流阀、油箱、液压泵、止通阀等元件组成。当止通阀处于“通”状态时，压力油通过止通阀流向换向阀再流至液压缸的左端或右端，从而推动活塞带动工作台向右或向左运动；液压缸另一端的无压力油则通过换向阀、节流阀回到油箱。工作台的往复换向是通过行程挡块改变换向阀的位置来实现的，而工作台运动速度的改变是通过调节节流阀改变压力油的流量大小来实现的。

3）砂轮架。砂轮架上安装砂轮，由单独电动机带动做高速旋转。砂轮架安装在床身的横向导轨上，可通过手动或液压传动实现横向运动。

4）头架。头架用于安装工件，其主轴由电动机经变速机构带动做旋转运动，以实现轴向进给，主轴前端可安装卡盘或顶尖。

5）尾架。尾架安装在工作台右端，尾架套筒内装有顶尖，可与主轴顶尖一起支承工件。它在工作台上的位置可根据工件长度任意调整。

2. 平面磨床

平面磨床主要用于磨削工件上的平面。平面的磨削方式有周磨法（用砂轮的周边磨削）和端磨法（用砂轮的端面磨削）。磨削时的主运动为砂轮的高速旋转运动，进给运动为工件随工作台做直线往复运动或圆周运动以及磨头做间歇运动。

平面磨削的尺寸公差等级为IT5~IT6，两平面平行度误差小于0.1：100，表面粗糙度值为$Ra0.2\sim0.4\mu m$，精密磨削时可达$Ra0.01\sim0.1\mu m$。

（1）平面磨床的型号

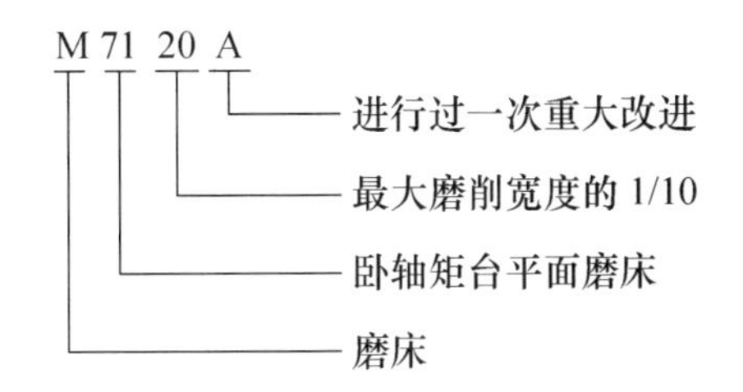

（2）平面磨床的组成　平面磨床的主轴分为立轴和卧轴两种，工作台也分为矩形和圆形两种。平面磨床由床身、工作台、立柱、滑板、磨头等部件组成。平面磨床与其他磨床不同的是，其工作台上安装有电磁吸盘或其他夹具，用作装夹工件。

图 3-22 所示为 M7120A 型平面磨床的外形。磨头 2 沿滑板 3 的水平导轨可做横向进给运动，这可由液压驱动或横向进给手轮 4 操纵。滑板 3 可沿立柱 6 的导轨垂直移动，以调整磨头 2 的高低位置及完成垂直进给运动，该运动也可操纵垂直进给手轮 9 实现。砂轮由装在磨头壳体内的电动机直接驱动旋转。

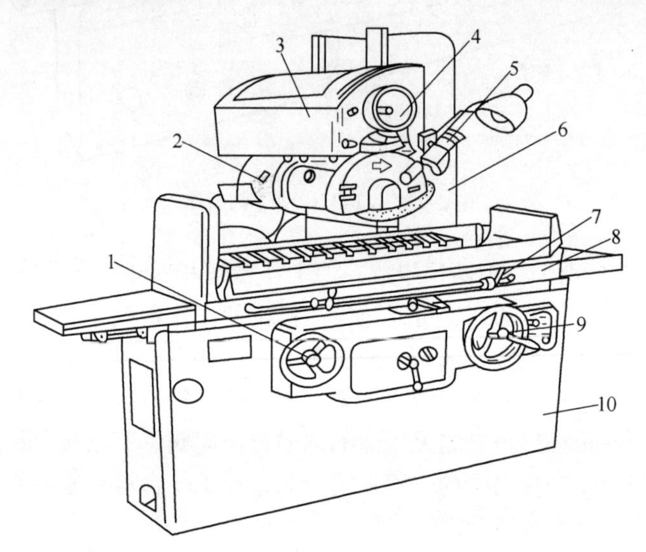

图 3-22　M7120A 型平面磨床的外形

1—驱动工作台手轮　2—磨头　3—滑板　4—横向进给手轮　5—砂轮修整器

6—立柱　7—行程挡块　8—工作台　9—垂直进给手轮　10—床身

3. 内圆磨床

与外圆磨削相比，内圆磨削的生产率很低，加工精度和表面质量较差，测量也较困难。

内圆磨削时，工件常用自定心卡盘或单动卡盘安装，长工件则用卡盘与中心架配合安装。磨削运动与外圆磨削基本相同，只是砂轮旋转方向与工件旋转方向相反。

内圆磨床由床身、头架、砂轮架、滑板和工作台等组成。

三、磨削的工艺特点及应用

1. 磨削的工艺特点

从本质上来说，磨削加工是一种切削加工，但和通常的车削、铣削、刨削等相比却有以下的特点：

（1）磨削属多刃、微刃切削　砂轮上每一个磨粒相当于一个切削刃，而且切削刃的形状及分布处于随机状态，每个磨粒的切削角度、切削条件均不相同。

（2）加工精度高　磨削属于微刃切削，切削厚度极薄，每一个磨粒的切削厚度可小到数微米，故可获得很高的加工精度和小的表面粗糙度值。

（3）磨削速度大　一般砂轮的圆周速度达 2000~3000m/min，目前的高速磨削砂轮线速度已达到 60~250m/s。故磨削时温度很高，磨削区的瞬时高温可达 800~1000℃，因此磨削

时必须使用切削液。

（4）加工范围广　磨粒硬度很高，因此磨削不但可以加工碳钢、铸铁等常用金属材料，还能加工一般刀具难以加工的高硬度、高脆性材料，如淬火钢、硬质合金等。但磨削不适宜加工硬度低而塑性大的有色金属材料。

2. 磨削的应用

磨削加工是零件精加工的主要方法。磨削时可采用砂轮、磨石、磨头、砂带等作为磨具，而最常用的磨具是用磨料和结合剂做成的砂轮。通常磨削能达到的尺寸公差等级为IT5~IT7，表面粗糙度值一般为 $Ra0.2\sim0.8\mu m$。

磨削的加工范围很广，不仅可以加工内外圆柱面、内外圆锥面和平面，还可加工螺纹、花键轴、曲轴、齿轮、叶片等特殊的成形表面。

磨削加工是机械制造中重要的加工工艺，已广泛用于各种表面的精密加工。许多精密铸造成形的铸件、精密锻造成形的锻件和重要配合面也要经过磨削才能达到精度要求。因此，磨削在机械制造业中广泛应用。

四、砂轮

1. 砂轮的组成

砂轮是磨削的切削工具。砂轮是由磨料和结合剂经压坯、干燥、烧结而成的疏松体，磨粒、结合剂和空隙构成砂轮的三要素。砂轮磨粒暴露在表面部分的尖角即为切削刃。结合剂的作用是将众多磨粒结合在一起，并使砂轮具有一定的形状和强度，气孔在磨削中主要起容纳切屑和切削液以及散发切削液的作用。

2. 砂轮的特性

表示砂轮的特性主要包括磨料、粒度、硬度、结合剂、组织、形状和尺寸等。

（1）磨料　磨料是砂轮的主要成分，它直接担负切削工作，应具有很高的硬度和锋利的棱角，并要有良好的耐热性。常用的磨料有氧化物系、碳化物系和高硬磨料系三种，其代号、性能及应用详见表 3-5。

表 3-5　常用磨料的代号、性能及应用

系　列	磨粒名称	代号	特性	适用范围
氧化物系 Al_2O_3	棕色刚玉	A	硬度较高、韧性较好	磨削碳钢、合金钢、可锻铸铁、硬青铜
	白色刚玉	WA		磨削淬硬钢、高速钢及成形磨
碳化物系 SiC	黑色碳化硅	C	硬度高、韧性差、导热性较好	磨削铸铁、黄铜、铝及非金属等
	绿色碳化硅	GC		磨削硬质合金、玻璃、玉石、陶瓷等
高硬磨料系 CBN	人造金刚石	SD	硬度很高	磨削硬质合金、宝石、玻璃、硅片等
	立方氮化硼	CBN		磨削高温合金、不锈钢、高速钢等

（2）粒度　粒度用来表示磨料颗粒的大小。一般直径较大的砂粒称为磨粒，其粒度用磨粒所能通过的筛网号表示。直径极小的砂粒称为微粉（磨粒的直径<40μm 时），其粒度用磨粒自身的实际尺寸表示。

（3）结合剂　结合剂的作用是将磨粒结合在一起，并使砂轮具有所需要的形状、强度、耐冲击性、耐热性等。结合越牢固，磨削过程中磨粒就越不易脱落。

常用结合剂有陶瓷结合剂（代号 V）、树脂结合剂（代号 B）、橡胶结合剂（代号 R）、金属结合剂（代号M）等。陶瓷结合剂（V）的化学稳定性好、耐热、耐腐蚀、价廉，占90%；但其性脆，不宜制成薄片，不宜高速，线速度一般为35m/s。树脂结合剂（B）的强度高，弹性好，耐冲击，适于高速磨或切槽切断等工作，但耐蚀性、耐热性差（300℃），自锐性好。橡胶结合剂（R）的强度高，弹性好，耐冲击，适于抛光轮、导轮及薄片砂轮，但耐蚀性、耐热性差（200℃），自锐性好。金属结合剂（M）青铜、镍等，强度高，韧性好，成形性好，但自锐性差，适于金刚石、立方氮化硼砂轮。

（4）硬度　硬度是指砂轮表面上的磨粒在磨削力的作用下脱落的难易程度。磨粒容易脱落，则砂轮的硬度低，称为软砂轮；磨粒难脱落，则砂轮的硬度就高，称为硬砂轮。砂轮的硬度主要取决于结合剂的结合能力及含量，与磨粒本身的硬度无关，硬度分7大级（超软、软、中软、中、中硬、硬、超硬），16小级。

选择砂轮的硬度主要根据工件材料特性和磨削条件来决定。一般磨削软材料时应选用硬砂轮，磨削硬材料时应选用软砂轮，成形磨削和精密磨削也应选用硬砂轮。砂轮硬度选择原则：磨削硬材，选软砂轮；磨削软材，选硬砂轮；磨导热性差的材料，不易散热，选软砂轮以免工件烧伤；砂轮与工件接触面积大时，选较软的砂轮；成形磨精磨时，选硬砂轮；粗磨时选较软的砂轮。

（5）组织　砂轮的组织对磨削生产率和工件表面质量有直接影响，一般的磨削加工广泛使用中等组织的砂轮。紧密组织成形性好，加工质量高，适于成形磨削、精密磨削和强力磨削。中等组织适于一般磨削工作，如淬火钢、刀具刃磨等。疏松组织不易堵塞砂轮，适于粗磨、磨软材、磨平面、内圆等接触面积较大时，磨热敏性强的材料或薄件。

组织是指砂轮中磨料、结合剂、空隙三者体积的比例关系。组织号是由磨料所占的百分比来确定的。组织反映了砂轮中磨料、结合剂和气孔三者体积的比例关系，即砂轮结构的疏密程度，组织分紧密、中等、疏松三类13级。

（6）砂轮的形状和尺寸　根据机床结构与磨削加工的需要，砂轮制成各种形状和尺寸。为方便选用，在砂轮的非工作表面上印有特性代号，如代号“PA 60KV6P300×40×75”表示砂轮的磨料为铬刚玉（PA），粒度为F60，硬度为中软（K），结合剂为陶瓷（V），组织号为6号，形状为平形砂轮（P），尺寸外径为300mm，厚度为40mm，内径为75mm。

为适应各种磨床结构和磨削加工的需要，砂轮可制成各种形状与尺寸。常用的有平形砂轮（P）、双斜边砂轮（PSX）、双面凹砂轮（PSA）、杯形砂轮（B）、碗形砂轮（BW）、碟形砂轮（D）、薄片砂轮（PB）、筒形砂轮（N）。

砂轮特性代号的含义：

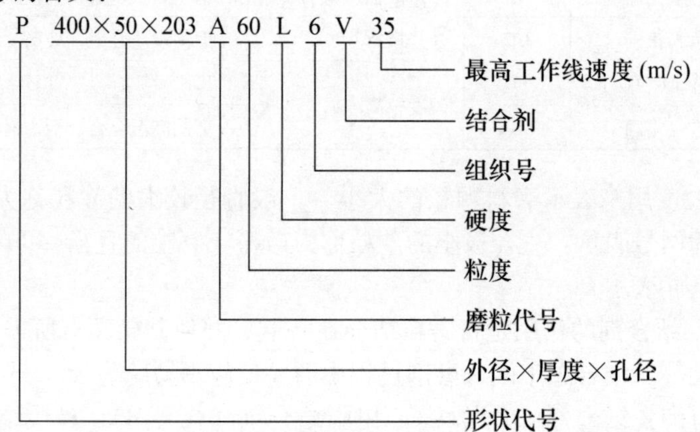

3. 砂轮的检查和平衡

（1）砂轮的检查　砂轮安装前一般要进行裂纹检查，严禁使用有裂纹的砂轮。通过外观检查确认无表面裂纹的砂轮，一般还要用木锤轻轻敲击，声音清脆的为没有裂纹的砂轮。

（2）砂轮的平衡　由于砂轮各部分密度不均匀、几何形状不对称以及安装偏心等各种原因，往往造成砂轮重心与其旋转中心不重合，即产生不平衡现象。不平衡的砂轮在高速旋转时会产生振动，影响磨削质量和机床精度，严重时还会造成机床损坏和砂轮碎裂。因此在安装砂轮前都要进行平衡。砂轮的平衡有静平衡和动平衡两种。一般情况下，只须做静平衡，但在高速磨削（线速度大于50m/s）和高精度磨削时，必须进行动平衡。

4. 砂轮的安装与平衡试验

砂轮因在高速下工作，安装时应首先检查外观没有裂纹后，再用木锤轻敲，如果声音嘶哑，则禁止使用，否则砂轮破裂后会飞出伤人。砂轮的安装方法如图3-23所示。

为使砂轮工作平稳，一般直径大于125mm的砂轮都要进行平衡试验，如图3-24所示。将砂轮3装在心轴2上，再将心轴放在平衡架6的平衡轨道5的刃口上。若不平衡，较重部分总是转到下面。这可移动法兰盘端面环槽内的平衡铁4进行调整。经反复平衡试验，直到砂轮可在刃口上任意位置都能静止，即说明砂轮各部分的质量分布均匀。这种方法称为静平衡。

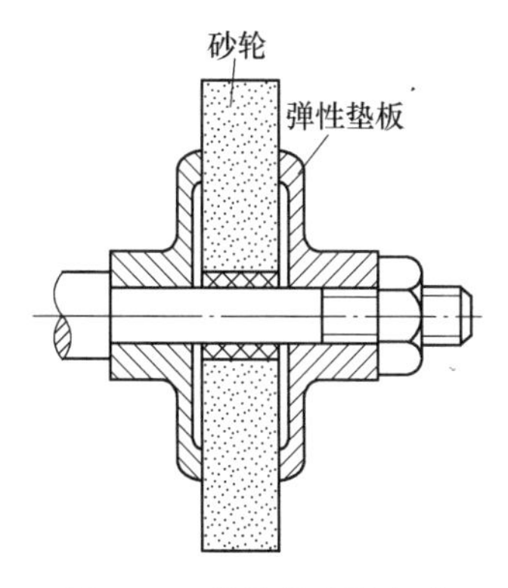

图3-23　砂轮的安装方法

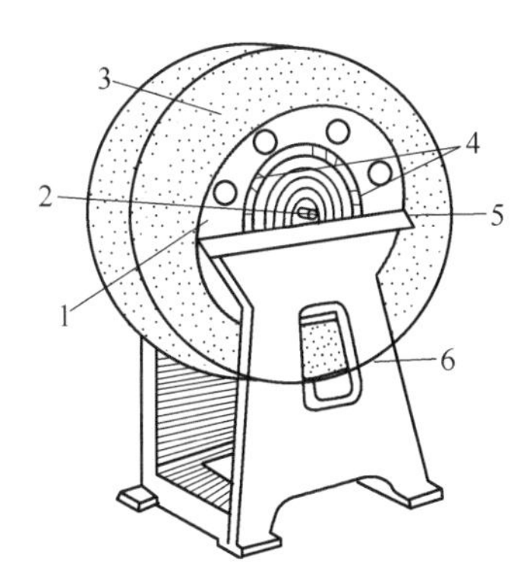

图3-24　砂轮的平衡

1—砂轮套筒　2—心轴　3—砂轮　4—平衡铁
5—平衡轨道　6—平衡架

5. 砂轮的修整

砂轮工作一定时间后，出现磨粒逐渐变钝、表面空隙被磨屑堵塞、外形失真等现象时，这时必须修整砂轮。砂轮修整一般利用金刚石工具采用车削法、滚压法或磨削法进行。修整时，将砂轮表面一层变钝的磨粒切去，使砂轮重新露出完整锋利的磨粒，以恢复砂轮的几何形状。砂轮常用金刚石笔进行修整，如图3-25所示。修整时要使用大量的冷却液，以免金刚石因温度急剧升高而破裂。砂轮修整除用于磨损砂轮外，还用于以下场合：①砂轮被切屑堵塞；②部分工材黏结在磨粒上；

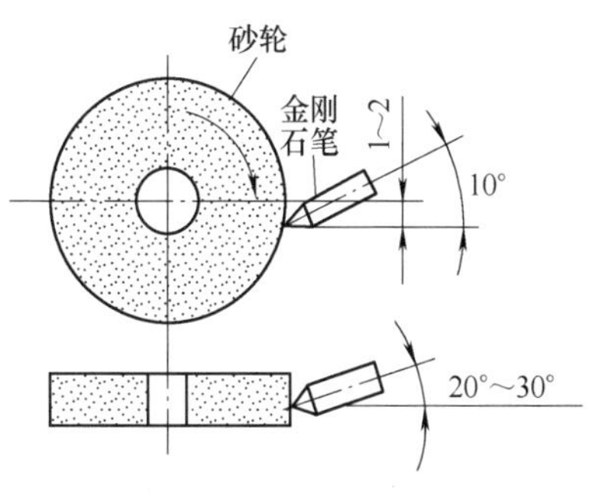

图3-25　砂轮的修整

③砂轮廓形失真；④精密磨中的精细修整等。

五、外圆磨削加工工艺制订

1. 磨削运动

磨削时砂轮与工件的切削运动也分为主运动和进给运动，主运动是砂轮的高速旋转；进给运动一般为圆周进给运动（即工件的旋转运动）、纵向进给运动（即工作台带动工件所做的纵向直线往复运动）和径向进给运动（即砂轮沿工件径向的移动）。

2. 磨削方法

外圆磨削是指磨削工件的外圆柱面、外圆锥面等，外圆磨削可以在外圆磨床上进行，也可以在无心磨床上进行。在外圆磨床上磨削外圆时，工件一般用两顶尖安装，但与车削不同的是两顶尖均为固定顶尖。磨削方法分为纵磨法、横磨法、混合磨法和深磨法等，其中以纵磨法为重点。

纵磨时，砂轮的旋转为主运动，工件旋转为圆周进给运动，工件随工作台的直线往复运动为纵向进给运动，每单行程或往复行程终了时，砂轮做周期性的径向进给（即磨削吃刀量）。由于每次的磨削吃刀量小，因而磨削力小，磨削热少；由于工件做纵向进给运动，故散热条件较好。在接近最后尺寸时可做几次无径向进给的“光磨”行程，直至火花消失为止，以减小工件因工艺系统弹性变形所引起的误差。因此，纵磨法的精度高，表面粗糙度值小。但纵磨法生产率低，因而适用于单件小批生产及精磨中。

外圆磨削的尺寸公差等级可达 IT5～IT6，表面粗糙度值一般为 *Ra*0.2～0.4μm，精磨时可达 *Ra*0.01～0.16μm。

3. 磨削工艺

由于磨削的加工精度高，表面粗糙度值小，能磨高硬脆的材料，因此应用十分广泛。现仅就内外圆柱面、内外圆锥面及平面的磨削工艺进行讨论。

（1）外圆磨削　外圆磨削是一种基本的磨削方法，它适于轴类及外圆锥零件的外表面磨削。在外圆磨床上磨削外圆常用的方法有纵磨法、横磨法和综合磨法三种。

1）纵磨法。如图 3-26 所示，磨削时，砂轮高速旋转起切削作用（主运动），工件转动（圆周进给）并与工作台一起做往复直线运动（纵向进给），当每一纵向行程或往复行程终了时，砂轮做周期性横向进给（背吃刀量）。每次背吃刀量很小，磨削余量是在多次往复行程中磨去的。当工件加工到接近最终尺寸时，采用无横向进给的几次光磨行程，直至火花消失为止，以提高工件的加工精度。纵磨法的特点是具有较大适应性，一个砂轮可磨削长度、直径均不等的各种零件，且加工质量好，但磨削效率较低。目前生产中，特别是单件、小批生产以及精磨时广泛采用这种方法，尤其适用于细长轴的磨削。

2）横磨法。如图 3-27 所示，磨削时，采用的砂轮的宽度大于工件表面的长度，工件无纵向进给运动，而砂轮以很慢的速度连续地或断续地向工件做横向进给，直至余量被全部磨去为止。横磨法的特点是生产率高，但精度及表面质量较低。该法适于磨削长度较短、刚性较好的零件。当工件磨到所需的尺寸后，如果需要靠磨台肩端面，则将砂轮退出 0.005～0.01mm，手摇工作台纵向移动手轮，使工件的台肩端面贴靠砂轮，磨平即可。

3）综合磨法。如图 3-28 所示，磨削时先用横磨法分段粗磨，相邻两段间有 5～15mm 的重叠量，然后将留下的 0.01～0.03mm 余量用纵磨法磨去。当加工表面的长度为砂轮宽度的

2~3倍以上时，可采用综合磨法。综合磨法能集纵磨法、横磨法的优点为一身，既能提高生产效率，又能提高磨削质量。

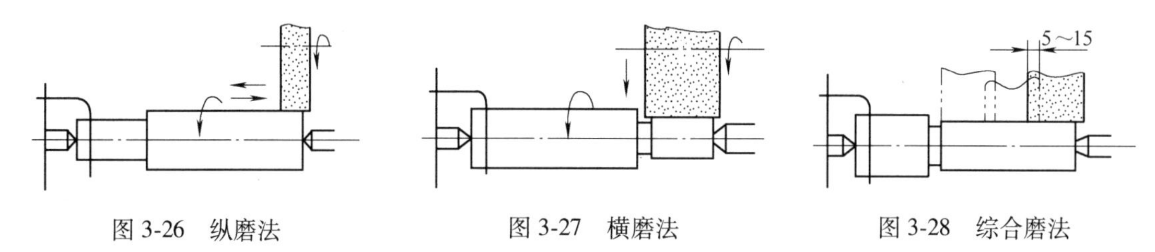

图3-26　纵磨法　　图3-27　横磨法　　图3-28　综合磨法

（2）内圆磨削　内圆磨削方法与外圆磨削相似，只是砂轮的旋转方向与磨削外圆时相反，如图3-29所示。其操作方法以纵磨法应用最广，且生产率较低，磨削质量较低。原因是受工件孔径限制使砂轮直径较小，砂轮圆周速度较低，所以生产率较低。又由于冷却排屑条件不好，砂轮轴伸出长度较长，使得表面质量不易提高。但由于磨孔具有万能性，不需成套刀具，故在单件、小批生产中应用较多，特别是淬火零件，磨孔仍是精加工孔的主要方法。砂轮在工件孔中的接触位置有两种。一种是与工件孔的后面接触，如图3-30a所示。这时切削液和磨屑向下飞溅，不影响操作人员的视线和安全。另一种是与零件孔的前面接触，如图3-30b所示，情况正好与上述相反。通常，在内圆磨床上采用后面接触方式。而在万能外圆磨床上磨孔，应采用前面接触方式，这样可采用自动横向进给；若采用后面接触方式，则只能采用手动横向进给。

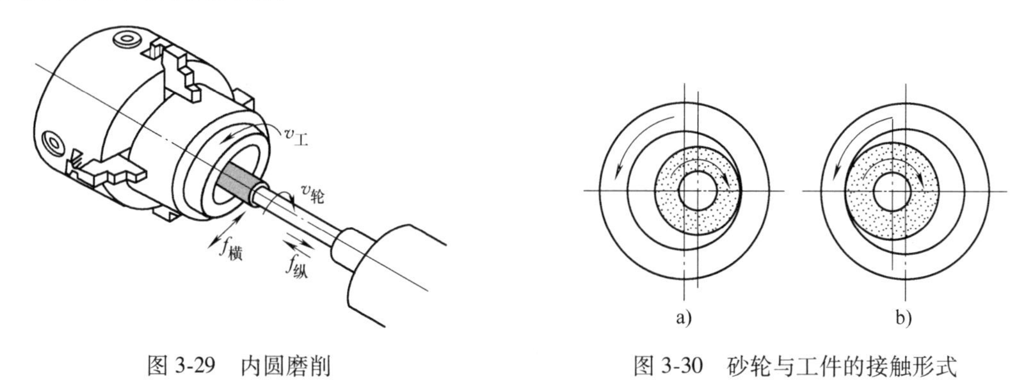

图3-29　内圆磨削　　图3-30　砂轮与工件的接触形式

（3）圆锥面磨削　圆锥面磨削通常有转动工作台法和转动头架法两种。

1）转动工作台法。磨削外圆锥表面如图3-31所示。磨削内圆锥面如图3-32所示。转动工作台法大多用于锥度较小、锥面较长的零件。

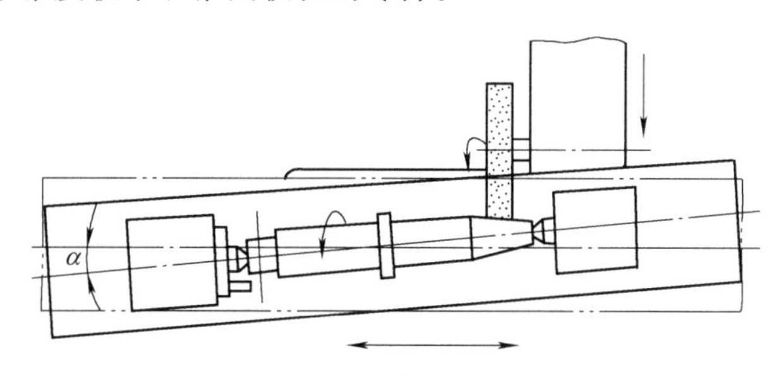

图3-31　转动工作台磨外圆锥面

2）转动头架法。转动头架法常用于锥度较大、锥面较短的内外圆锥面。图 3-33 所示为转动头架磨内圆锥面。

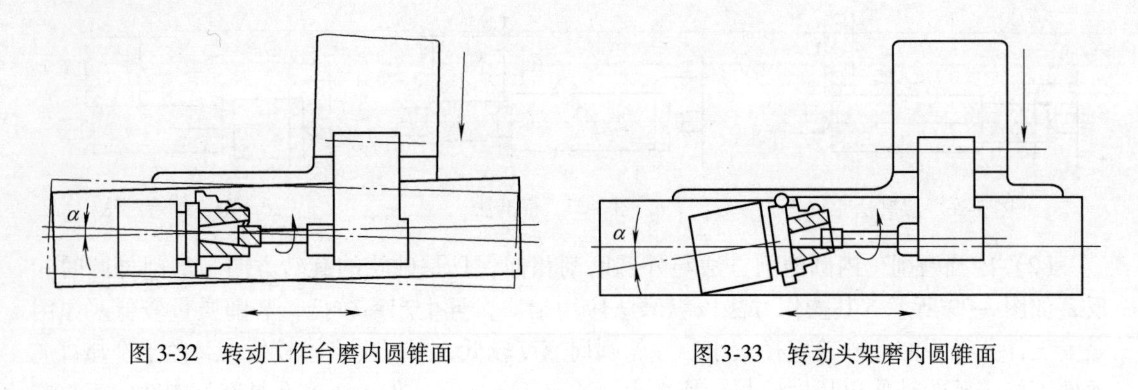

图 3-32　转动工作台磨内圆锥面　　图 3-33　转动头架磨内圆锥面

◇◇◇ 任务 5　磨削加工阶梯轴外圆

一、工作任务

本任务主要是在 MG1420E 外圆磨床上磨削阶梯轴的外圆（ϕ36mm、长 34mm 的部位）。阶梯轴如图 3-34 所示。

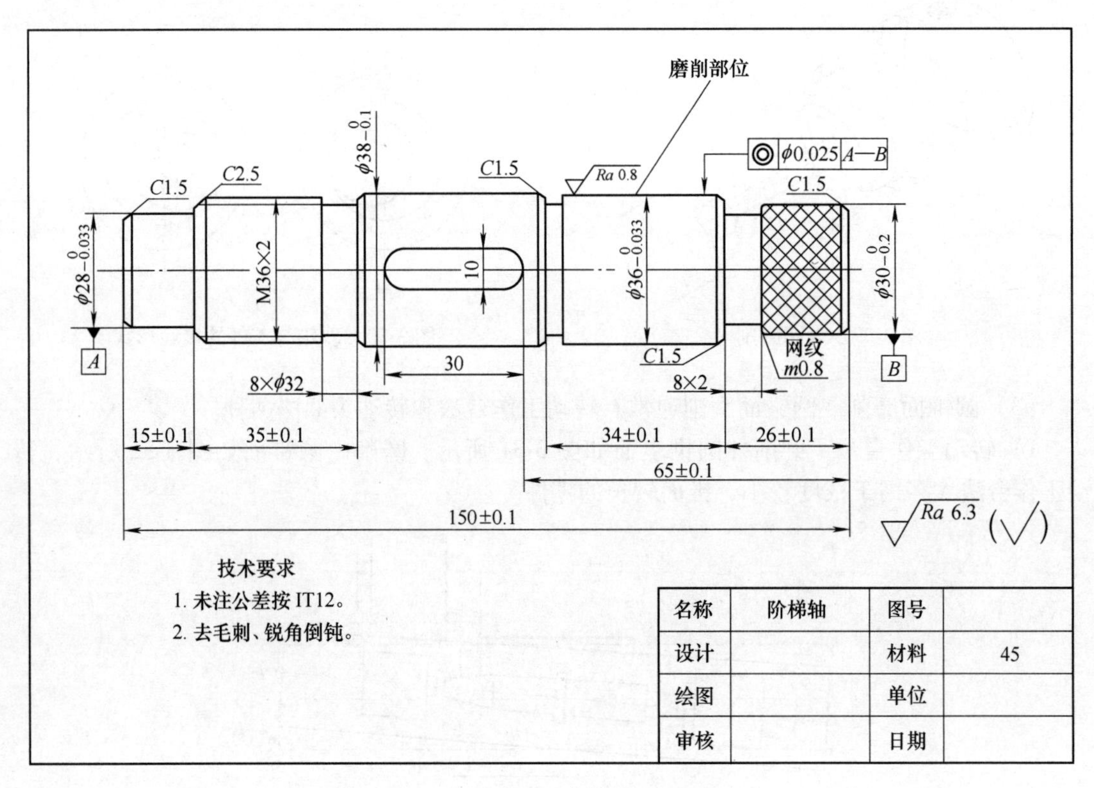

名称	阶梯轴	图号	
设计		材料	45
绘图		单位	
审核		日期	

图 3-34　阶梯轴

二、在 MG1420E 外圆磨床上完成工作任务

1. 阶梯轴的磨削加工工艺分析

（1）零件图工艺分析

1）尺寸精度：工件需磨削部位的尺寸为 $\phi36_{-0.033}^{0}$mm，其尺寸公差等级为 IT8。

2）位置精度：该工件需磨削部位的同轴度要求为 $\phi0.025$mm。

3）表面粗糙度值：该工件需磨削部位外圆表面（$\phi36$mm、长 34mm 部分）精度要求较高，表面粗糙度值为 $Ra0.8\mu m$，磨削加工能达到要求。其余表面粗糙度值为 $Ra6.3\mu m$，车削加工能达到要求。

（2）毛坯选择　该零件材料为 45 钢，无特殊力学性能要求，单件生产，在车床上已完成了工件的半精车。

（3）表面加工方法及定位基准的选择　对于该零件，其需磨削部位的尺寸公差等级为 IT8 和表面粗糙度值为 $Ra0.8\mu m$，可以通过选择合适的切削加工方法保证其要求，即先粗车再半精车最后精磨的方法保证其要求。而其位置精度仅靠选择合适的切削加工方法是不能保证其要求的，应选择合适的装夹方案。该零件在粗加工时在两端钻出中心孔，精加工时用双顶尖装夹，即可满足同轴度公差为 $\phi0.025$mm 的位置精度。

（4）加工设备及刀具、夹具的选用　机床选择 MG1420E 外圆磨床，夹具选用自定心卡盘或单动卡盘车削，磨削选用鸡心夹头和两顶尖装夹工件。

（5）切削用量的选择　精磨外圆 $v_c = 35$m/s，$a_p = 0.005$mm，$f = 8 \sim 16$mm/r，工件转速 $n = 100 \sim 180$r/min。

2. 零件加工

（1）工具准备　磨削加工时的工具、刃具、量具见表 3-6。

表 3-6　工具、刃具、量具表

序号	名称	规格	数量	备注
1	鸡心夹头		1	
2	砂轮片	*p*400×40×203A606V35	1	
3	硬质合金顶尖	莫氏 4 号	1	
4	游标卡尺	0～150mm（分度值为 0.02mm）	1	
5	千分尺	25～50mm（分度值为 0.01mm）	1	
6	其他			按需选用

（2）磨削方法及主要加工步骤

1）修整砂轮。

2）用鸡心夹头和两顶尖装夹工件。

3）选择合适的磨削用量，精磨外圆 $v_c = 35$m/s，$a_p = 0.005$mm，$f = 8 \sim 16$mm/r，工件转速 $n = 100 \sim 180$r/min。

4）对刀调整。

①调整砂轮片和工件之间的距离。

②调整纵向距离。

5）采用横磨法磨外圆。

①粗磨：进给量为0.015~0.03mm/r，并须充分冷却，留下的0.01~0.03mm的精磨余量，用千分尺进行测量。

②精磨：进给量为0.005~0.01mm/r，至尺寸精度要求，并须充分冷却。

6）用千分尺进行测量，检查合格后卸下工件。

3. 检查评价

加工完成后，填写阶梯轴的检测评分表，见表3-7。

表3-7　阶梯轴的检测评分表

项目	序号	技术要求	配分	评分标准	得分
工艺（15%）	1	正确完整	5	不规范每处扣1分	
	2	切削用量选择正确	5	不合理每处扣1分	
	3	工艺过程选择合理	5	不合理每处扣1分	
机床操作（20%）	4	砂轮选择、安装正确	5	不正确每处扣1分	
	5	对刀正确	5	不正确每处扣1分	
	6	机床操作规范	5	不规范每处扣1分	
	7	工件加工不出错	5	出错全扣	
工件质量（35%）	8	尺寸精度符合要求	25	不合格每处扣1分	
	9	表面粗糙度和几何公差符合要求	10	不合格每处扣1分	
文明生产（15%）	10	安全操作	5	出错全扣	
	11	机床维护和保养	5	不合格全扣	
	12	工作场地6S	5	不合格全扣	
相关知识及职业能力（15%）	13	加工基础知识	5	教师抽查	
	14	自学能力	10	教师与学生交流，酌情扣分	
		沟通能力			
		团队精神			
		创新能力			

项目 4

钳工加工工艺与实训

一、实训目的

1. 了解钳工的工艺特点。

2. 掌握钳工主要工作（划线、锯、锉、钻）的基本操作方法，并能独立地选择和使用工具、夹具、量具。

3. 熟悉并严格遵守安全操作规程。

4. 能独立操作，基准选得准确，步骤基本正确，选用划线工具基本合理，划线基本清晰。

5. 掌握锯削过程中锯条安装、锯削操作姿势、锯削方法及锯削安全注意事项，掌握各种材料的锯削方法以及锯条的选择。

6. 掌握工件的外表面、内孔、沟槽和各种复杂形状表面的锉削方法。

7. 掌握钻、扩、铰、锪孔不同的加工方法所得到的精度、表面粗糙度有何不同。

8. 掌握攻螺纹、套螺纹的基本操作方法。

9. 了解装配在机械制造和设备维修中的地位和重要性。

10. 掌握机器部件拆卸和装配的方法。

二、学时及安排

学时及安排见表 4-1 和表 4-2。

表 4-1　钳工加工工艺与实训的学时及安排（普通钳工）

课程名称：金工实训　　　　工种：普通钳工　　　　学时：24 学时

<table>
<tr><th>序号</th><th colspan="2">教学项目</th><th>时间</th><th>教学内容</th></tr>
<tr><td>一</td><td colspan="2">多媒体课件</td><td>1h</td><td>钻、扩、铰、锪孔，攻螺纹</td></tr>
<tr><td rowspan="4">二</td><td rowspan="4">现场讲解</td><td>安全操作常识</td><td>10min</td><td>钳工安全技术</td></tr>
<tr><td>钳工工作范围</td><td>10min</td><td>钳工在机械制造维修的作用和工作范围</td></tr>
<tr><td>钳工工具及操作方法</td><td>20min</td><td>1. 划线的含义，常用的划线工具，划线基本原则
2. 手锯的构成，锉刀的种类，锉削方法，锉平工件的操作要领</td></tr>
<tr><td>按图样讲解加工工艺</td><td>20min</td><td>讲解工艺和加工步骤</td></tr>
<tr><td rowspan="6">三</td><td rowspan="6">学生操作</td><td>下料</td><td>1h</td><td>锯削下料</td></tr>
<tr><td>锉平面</td><td>4h</td><td>锉削平面，交叉锉法，顺锉法，推锉法</td></tr>
<tr><td>划线</td><td>1h</td><td>划斜面线，锯削斜面</td></tr>
<tr><td>锉斜面</td><td>12h</td><td>1. 锉削斜面
2. 划圆弧线，锉圆弧
3. 锉斜面
4. 划倒角线，倒角</td></tr>
<tr><td>钻孔</td><td>30min</td><td>划长孔线，钻孔</td></tr>
<tr><td>锉孔</td><td>2h</td><td>用圆锉、方锉锉长孔</td></tr>
</table>

（续）

序号	教学项目		时间	教学内容
四	操作演示	攻螺纹、套螺纹	1h	攻螺纹前确定钻头 钻底孔 攻螺纹、套螺纹
五		錾削加工方法	30min	1. 讲解錾削的加工工具 2. 讲解錾削操作方法

表 4-2 钳工加工工艺与实训的学时及安排（装配钳工）

课程名称：金工实训　　　　工种：装配钳工　　　　学时：4 学时

序号	教学项目		时间	教学内容
一	多媒体课件		40min	装配方法与技术
二	现场讲解	安全操作常识	10min	讲解装配实习安全技术
		装配的概念和作用	10min	装配在机械制造中的作用
		常用工具的种类和使用方法	20min	纯铜棒、圆头锤、半圆锉、二爪顶拔器、塞尺、一字（十字）槽螺钉旋具、扳手
		装配图	30min	详细讲解主轴箱、装配总装图
三	熟悉装配工具		10min	练习使用各种装配工具
四	学生操作	拆装主轴箱	2h	1. 根据主轴箱的装配图确定装配工艺、拆卸方法和装配方法 2. 拆卸主轴箱 3. 拆卸组件的各个零件 4. 清洗所有零件和标准件 5. 装配主轴箱 6. 检验、测量

◇◇◇ 任务 1　安全知识与操作规程

钳工安全操作规程如下：

1）参加实训的学生必须遵守操作规程，服从指导教师安排。在实训车间内禁止大声喧哗、嬉戏追逐，禁止吸烟；禁止从事一些未经指导教师同意的工作，不得随意触摸、起动各种开关。未经指导教师允许，不能任意开动设备。

2）用台虎钳装夹工件时，要注意夹牢，注意台虎钳手柄的旋转方向。

3）不可使用没有手柄或手柄松动的工具（如锉刀、锤子），如发现手柄松动时必须加以紧固。

4）锯削操作时应注意，锯条安装松紧应适当，工件伸出钳口不应过长，工件要夹紧；锯削时用力要均匀，起锯角度不要超过 15°，锯割将完时注意扶稳将断端。

5）錾削操作时应注意，检查锤子锤柄是否松动，应无油污，操作者应佩戴护目镜，工作地点要有安全网；磨削錾子时錾子要高于砂轮中心。

6）锉削操作时应注意，不用无柄、松柄或裂柄的锉刀，锉刀放置时不能露出工作台外，锉削时不能用有油污的手去摸已锉过的面，清除切屑要用毛刷清扫。

7）钻削操作时应注意，操作者应佩戴护目镜；工件及钻头要夹紧装牢，防止钻头脱落或飞出，运动中严禁变速，变速时必须等停机后待惯性消失再扳动换档手柄；孔将钻穿时要减小进给量，使用手电钻时应戴绝缘手套和穿绝缘鞋。

8）在使用设备后，应把工具、量具、材料等物品整理好，并做好设备清洁和日常设备维护工作。

9）要保持工作环境的清洁，每天下班前 15min，要清理工作场所，必须每天做好防火、防盗工作，检查门窗是否关好，相关设备和照明电源开关是否关好。

10）违反上述规定或实训中心的规章制度，实训指导教师有权停止其操作。

◇◇◇ 任务 2　了解钳工的常用设备与工具

钳工常用的设备有钳工工作台、台虎钳、砂轮机、钻床、手电钻等，常用的工具有划线盘、錾子、手锯、锉刀、刮刀、扳手、螺钉旋具、锤子等。

一、设备

1. 钳工工作台

钳工工作台简称钳台，用于安装台虎钳，进行钳工操作。钳工工作台有单人使用和多人使用的两种，用硬质木材或钢材做成。钳工工作台要求平稳、结实，台面高度一般以装上台虎钳后钳口高度恰好与人手肘齐平为宜。钳工工作台如图 4-1 所示。

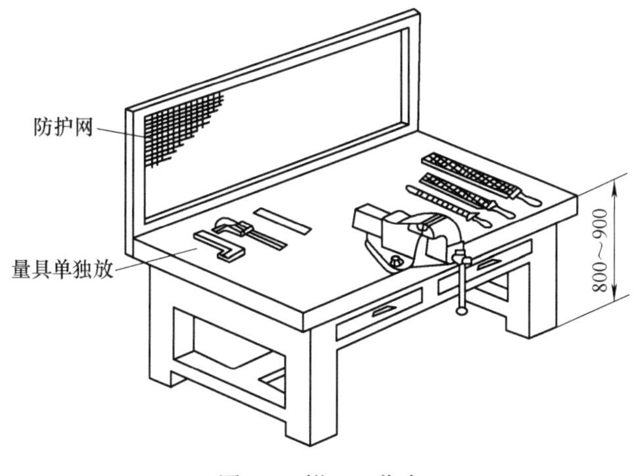

图 4-1　钳工工作台

2. 台虎钳

台虎钳是钳工最常用的一种夹持工具。凿削、锯割、锉削以及许多其他钳工操作都是在台虎钳上进行的。

钳工常用的台虎钳有固定式和回转式两种。图 4-2 所示为回转式台虎钳的结构。台虎钳的主体是用铸铁制成的，由固定部分和活动部分组成。台虎钳固定部分由转盘锁紧螺钉固定在转盘座上，转盘座内装有夹紧盘，放松转盘锁紧手柄，固定部分就可以在转盘座上转动，以变更台虎钳的方向。转盘座用螺钉固定在钳台上。连接手柄的螺杆穿过活动部分旋入固定部分上的螺母内。扳动手柄使螺杆从螺母中旋出或旋进，从而带动活动部分移动，使钳口张开或合拢，以放松或夹紧工件。

为了延长台虎钳的使用寿命，台虎钳上端咬口处用螺钉紧固着两块经过淬硬的钢质钳口。钳口的工作面上有斜形齿纹，使工件夹紧时不致滑动。夹持工件的精加工表面时，应在钳口和工件间垫上纯铜皮或铝皮等软材料制成的护口片（俗称软钳口），以免夹坏工件表面。台虎钳的规格以钳口的宽度来表示，一般为100~150mm。

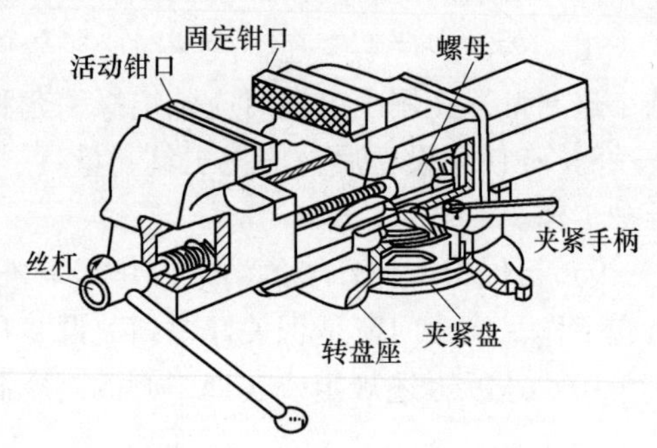

图 4-2　回转式台虎钳的结构

3. 钻床

钻床是用于孔加工的一种机械设备，其规格用可加工孔的最大直径表示，其品种、规格颇多。

（1）台式钻床　台式钻床主要用于加工小型工件上的小孔，孔直径一般在 ϕ13mm 以下。台式钻床小型轻便，安装在钳台面上使用，操作方便且转速高，如图 4-3a 所示。

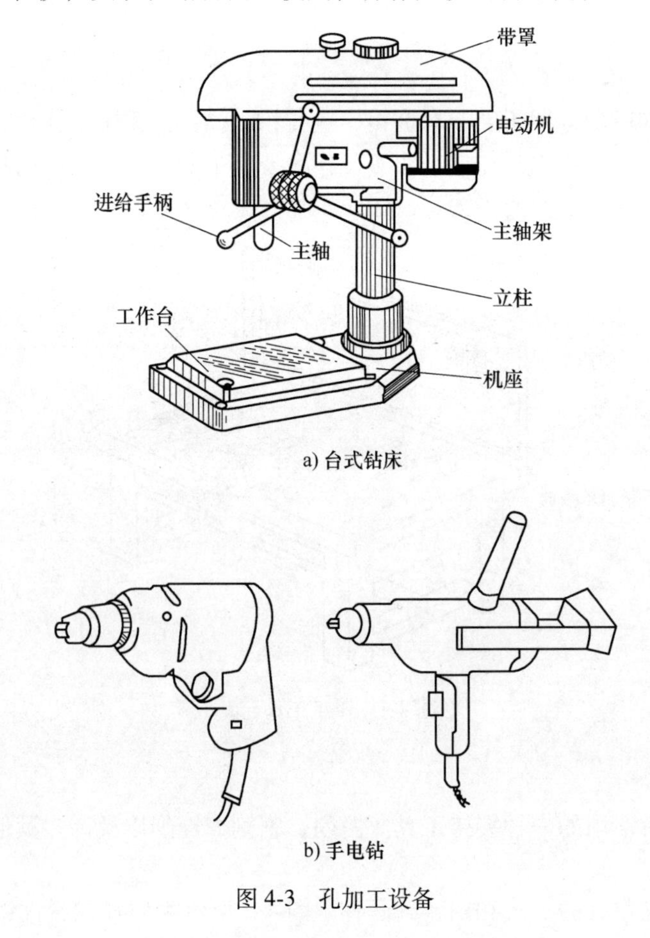

a) 台式钻床

b) 手电钻

图 4-3　孔加工设备

（2）立式钻床　立式钻床主要用于钻中型工件上的孔，孔直径一般在 ϕ50mm 以下。

（3）摇臂钻床　摇壁钻床主要用于钻削大型工件上的各种孔。由于其主轴可以在摇臂上做水平移动，摇臂又可以绕立柱做旋转摆动，所以钻不同位置的孔，对中心时工件不需移动，钻床主轴可以很方便地调整到需要钻孔的中心位置。

4. 手电钻

图 4-3b 所示为两种手电钻的外形。手电钻主要用于钻直径在 ϕ12mm 以下的孔，常用于不便使用钻床钻孔的场合。手电钻的电源有单相（220V、36V）和三相（380V）两种。手电钻携带方便，操作简单，使用灵活，应用较广泛。

二、工具

划线、锯削及锉削是钳工中主要的工序，是机器维修装配时不可缺少的钳工基本操作。

1. 划线

根据图样要求，利用划线工具在毛坯或半成品上划出加工图形、加工界限或加工时的加工余量、尺寸、几何形状、找正用的辅助线称为划线。

划线分平面划线和立体划线两种，如图 4-4 所示。平面划线是在工件的一个平面或几个互相平行的平面上划线。

立体划线是在工件的几个互相垂直或倾斜平面上划线。所划的线在不同的表面上和不同的角度上（包括长、宽、高三个坐标面上），两个坐标面以上进行划线，叫立体划线。

划线多数用于单件、小批生产，新产品试制和工具、夹具、模具制造。划线的精度较低，用划针划线的精度为 0. 25~0. 5mm，用高度尺划线的精度为 0. 1mm 左右。

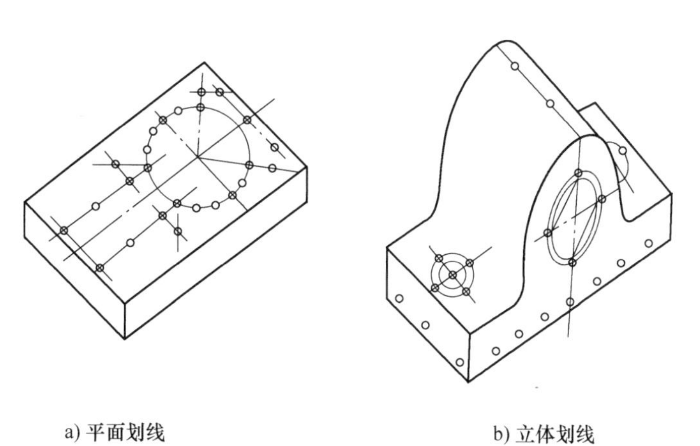

a) 平面划线　　b) 立体划线

图 4-4　划线的种类

2. 划线的目的

1）划出清晰的尺寸界线以及尺寸与基准间的相互关系，既便于工件在机床上找正、定位，又使机械加工有明确的标志。

2）检查毛坯的形状与尺寸，及时发现和剔除不合格的毛坯。

3）合理调整分配各表面上的加工余量（即划线“借料”的方法），使工件加工符合要求。

4）通过划线，可以确定工件孔的加工位置。

3. 划线工具

（1）划线平台 划线平台又称划线平板，用铸铁制成，它的上平面经过精刨或刮削，是划线的基准平面，划线用的工具和工件均放置在上平面。

（2）划针、划线盘与划规　划针是在工件上直接划出线条的工具，如图 4-5 所示，由工具钢淬硬后将尖端磨锐或焊上硬质合金尖头。弯头划针可用于直线划针划不到的地方和找正工件。使用划针划线时必须使针尖紧贴钢直尺或样板。

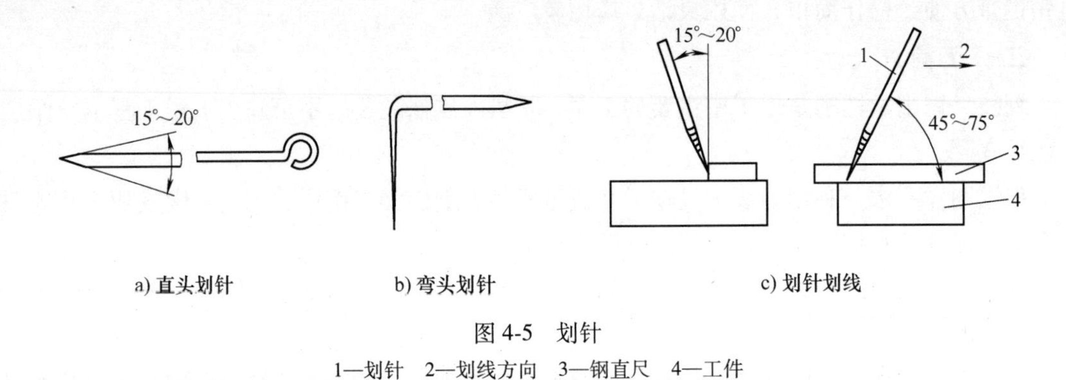

图 4-5　划针

1—划针　2—划线方向　3—钢直尺　4—工件

划线盘如图 4-6 所示，它的直针尖端焊上硬质合金，用来划与针盘平行的直线，另一端弯头针尖用来找正工件用。

常用划规如图 4-7 所示，它适合在毛坯或半成品上划圆。

图 4-6　划线盘

图 4-7　划规

（3）量高尺、高度游标卡尺与直角尺

1）量高尺如图 4-8a 所示，是用来校核划线盘划针高度的量具，其上的钢直尺零线紧贴平台。

2）高度游标卡尺如图 4-8b 所示，它实际上是量高尺与划线盘的组合。划线脚与游标连成一体，前端镶有硬质合金，一般用于已加工面的划线，主要划水平线。

3）直角尺的两个工作面经精磨或研磨后呈精确的直角。直角尺既是划线工具又是精密量具。直角尺有扁直角尺和宽座直角尺两种。前者用于平面划线中在没有基准面的工件上划垂直线，如图 4-9a 所示；后者用于立体划线中，用它靠住工件基准面划垂直线，如图 4-9b 所示，或用它找正工件的垂直线或垂直面。

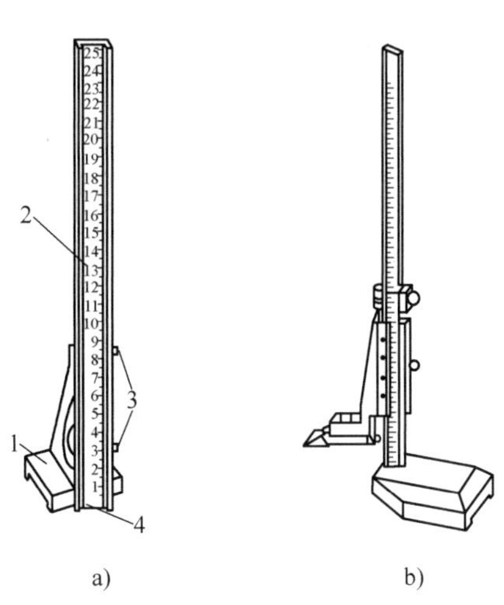

图 4-8　量高尺和高度游标卡尺

1—底座　2—钢直尺　3—锁紧螺钉　4—零线

已经划好的线

a)

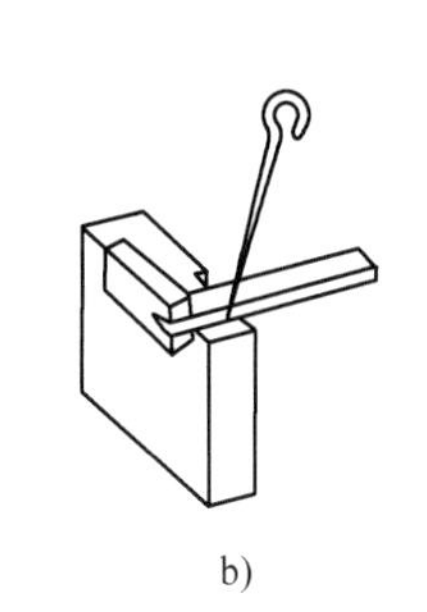

图 4-9　直角尺划线

（4）支承用的工具和样冲

1）方箱如图 4-10 所示，是用灰铸铁制成的空心长方体或立方体。方箱的 6 个面均经过精加工，相对的平面互相平行，相邻的平面互相垂直。方箱用于支承划线的工件。

2）V 形铁如图 4-11 所示，主要用于安放轴、套筒等圆形工件。一般 V 形铁都是两块一副，即平面与 V 形槽是在一次安装中加工的。V 形槽夹角为 90°或 120°。V 形铁也可当方箱使用。如果工件直径大且很长，则同时用三个 V 形铁，但 V 形铁高度要相等。如果工件直径大且长度较短，可用一个 V 形铁。

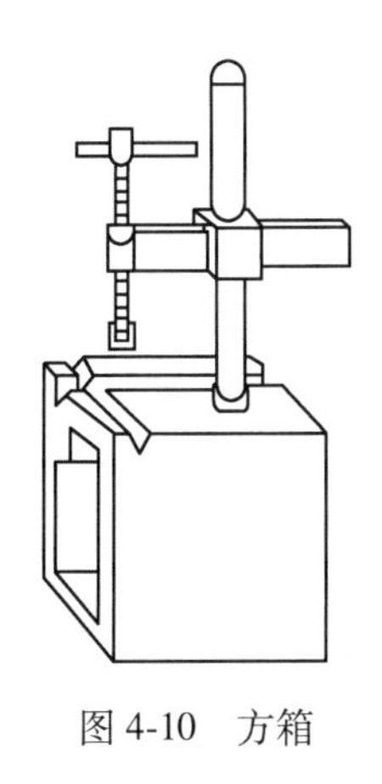

图 4-10　方箱

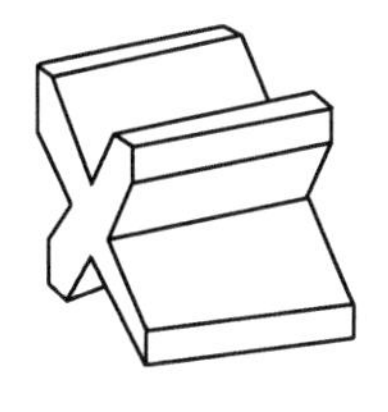

图 4-11　V 形铁

3）千斤顶如图 4-12 所示，常用于支承毛坯或形状复杂的中、大型工件划线。使用时，三个一组顶起工件，调整顶杆的高度便能方便地找正工件。

4）样冲如图 4-13 所示，用工具钢制成并经淬硬。样冲用于在划好的线条上打出小而均匀的样冲眼，以免工件上已划好的线在搬运、装夹过程中因碰、擦而模糊不清，影响加工。

样冲也用于在钻孔的中心位置和工件的形状线上打标记用。

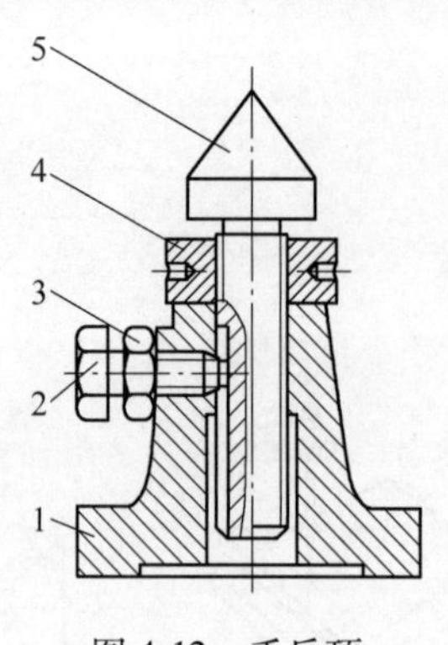

图 4-12　千斤顶

1—底座　2—导向螺钉　3—锁紧螺母　4—圆螺母　5—顶杆

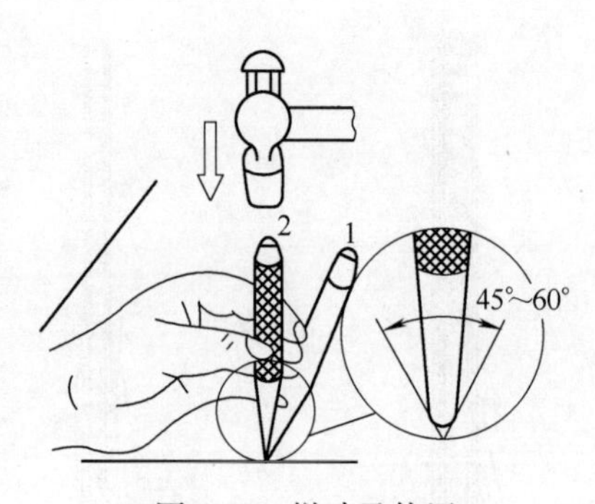

图 4-13　样冲及使用

1—对准位置　2—打样冲眼

◇◇◇ 任务 3　掌握钳工操作的基本知识

一、钳工的工艺特点

钳工是指利用各种手动工具和一些机械设备完成某些零件的加工，部件、机器的装配和调试，以及各类机械设备的维护、修理等任务的工种。钳工的特点是刀具走刀方向不受限制，具有使用工具简单，操作起来机动、多样、灵活、方便和适应面广等，因此它可以完成机械加工中不易完成的工作。

钳工是一个技术工艺比较复杂、加工程序细致、工艺要求高的工种。目前虽然有各种先进的加工方法，但很多工作仍然需要钳工来完成，钳工在保证产品质量中起重要作用。

钳工主要操作方法有划线、錾削、锯削、锉削、刮削、钻孔、扩孔、铰孔、攻螺纹、套螺纹等。

二、划线

平面划线的实质是平面几何作图问题。平面划线是用划线工具将图样按实物大小用 1∶1 的比例划到零件毛坯上去的。平面划线的步骤如下：

1）根据图样要求，选定划线基准。

2）对工件进行划线前的准备（清理、检查、涂色，在零件孔中装中心塞块等）。在工件上的划线部位涂上一层薄而均匀的涂料（即涂色），使划出的线条清晰可见。工件不同，涂料也不同。一般在铸、锻毛坯件上涂石灰水，小的毛坯件上也可以涂粉笔，钢铁半成品上一般涂甲紫（也称“蓝油”）或硫酸铜溶液，铝、铜等有色金属半成品上涂甲紫或墨汁。

3）划出加工界线（直线、圆及连接圆弧）。

4）在划出的线上打样冲眼。

三、锯削

用手锯切割材料或在工件上锯出沟槽的方法叫锯削。

1. 手锯的组成

手锯由锯弓和锯条组成。

（1）锯弓　锯弓有固定式和可调式两种，如图 4-14 所示。

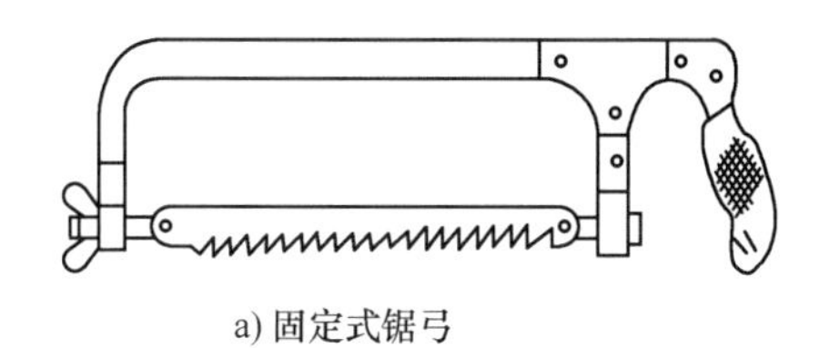

a) 固定式锯弓

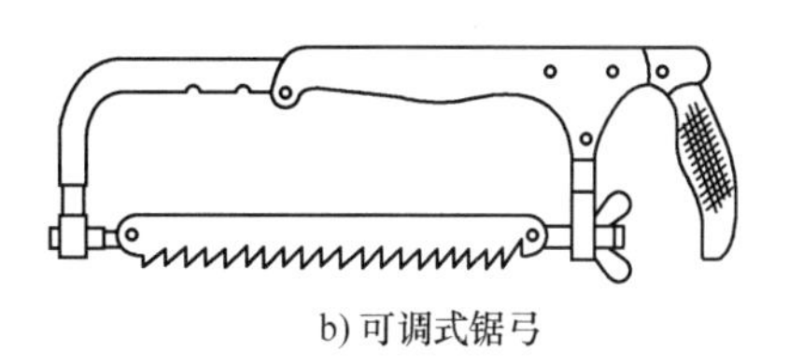

b) 可调式锯弓

图 4-14　手锯

（2）锯条　锯条一般用碳素工具钢制成，并经淬火和低温回火处理。锯条的种类按锯齿的齿距大小，可分为粗齿锯条、中齿锯条和细齿锯条三种。粗齿锯条适用锯削软材料和截面较大的零件，细齿锯条适用于锯削硬材料和薄壁零件。

2. 锯削方法

（1）锯条的安装　锯削时向前推锯可以锯切，所以安装锯条时，锯齿尖应向前。锯条拉得不宜过紧和过松，过紧容易使锯条崩断，过松锯出的锯缝容易歪斜，一般用两个手指的力量能够把调整螺母旋紧为止。

（2）工件安装　工件伸出钳口不能过长，以免锯削时产生振动。锯线应和钳口边缘平行，并夹在台虎钳左边以便于操作。工件应夹紧，但要防止变形和夹坏已加工表面。

（3）手锯的握法　一般右手握住锯柄，左手轻扶锯弓架的前端。

（4）起锯　起锯时锯条应与工件表面稍倾斜一个角度 α（10°~15°），不宜太大，以防崩齿，另外起锯时为防止锯条横向滑动，可以用拇指抵住锯条一侧，起锯时可以快速往复推锯，当锯出一个小的锯缝时，左手离开锯条，轻轻按住锯弓前端进行锯削。

（5）锯削　锯削时，锯弓做往复直线运动，不应出现摇摆现象，防止锯条断裂。向前推锯时，两手要均匀施加压力，进行切削；返回时，锯条要轻轻滑过加工表面，两手不施加压力。锯削时，往复运动不宜过快，每分钟为 30~40 次，并应使锯条全长的 2/3 部分参与锯削工作，以防锯条局部磨损、损坏。

在锯削时，为了润滑和散热，应适当加些润滑剂，如钢件用机油、铝件用水等。

3. 锯削操作要领

（1）握锯及锯削操作　一般握锯方法是右手握稳锯柄，左手轻扶锯弓前端。锯削时站立位置如图 4-15 所示。锯削时推力和压力由右手控制，左手压力不要过大，主要应配合右手扶正锯弓，锯弓向前推出时加压力，回程时不加压力，在工件上轻轻滑过。锯削往复运动速度应控制在 30 次/min 左右。

（2）起锯锯条开始切入工件称为起锯。起锯方式有近起锯（图 4-16a）和远起锯（图 4-16b）两种。起锯时要用左手拇指指甲挡住锯条，起锯角约为 15°。锯弓往复行程要短，压力要轻，锯条要与工件表面垂直，当起锯到槽深为 2~3mm 时，起锯可结束，应逐渐将锯弓改至水平方向进行正常锯削。

钳工工作台

工件

足距

≈30°

≈75°

图 4-15　锯削时站立位置

四、锉削

利用锉刀从工件表面锉掉多余的金属，使工件达到图样要求的尺寸、形状和表面粗糙度的操作叫锉削。锉削可以加工零件的内外表面、沟槽、曲面以及各种复杂的表面。锉削加工

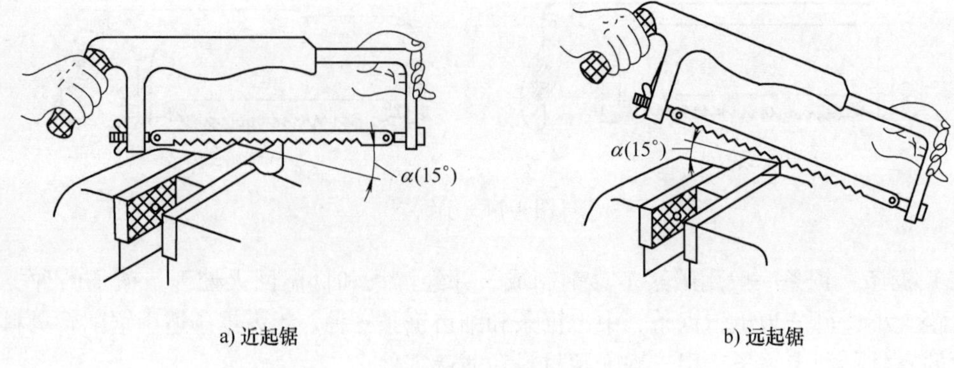

a) 近起锯　　b) 远起锯

图 4-16　起锯

范围包括平面、台阶面、角度面、曲面、沟槽和各种形状的孔等。

1. 锉刀的种类

锉刀由锉刀面、锉刀边、锉刀柄（装手柄）组成，如图 4-17 所示。钳工锉的规格以工作部分的长度表示，分为 100mm、150mm、200mm、250mm、300mm、350mm、400mm 七种。根据尺寸不同，锉刀又分为钳工锉和整形锉两种。钳工锉有扁锉、半圆锉、方锉、三角锉、圆锉，其中以扁锉用得最多。整形锉尺寸较小，通常以 10 把形状各异的锉刀为一组，用于修锉小型工件以及某些难以进行机械加工的部位。锉刀由碳素工具钢 T12、T13、T12A、T13A 制成，热处理后淬硬，硬度可达 62~67HRC。

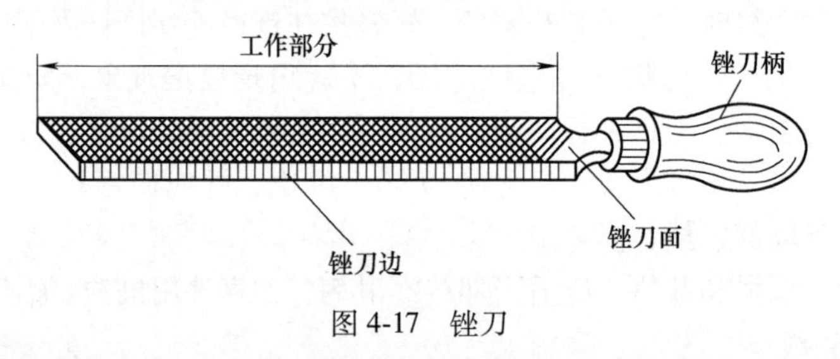

图 4-17　锉刀

1）锉刀按齿纹分为单齿纹锉刀和双齿纹锉刀。单齿纹锉刀的齿纹只有一个方向，与锉刀中心线呈 70°，一般用于锉软金属，如铜、锡、铅等。双齿纹锉刀的齿纹有两个互相交错的排列方向，先剁上去的齿纹叫底齿纹，后剁上去的齿纹叫面齿纹。底齿纹与锉刀中心线呈 45°，齿纹间距较疏；面齿纹与锉刀中心线呈 65°，间距较密。由于底齿纹和面齿纹的角度不同，间距疏密不同，所以，锉削时锉痕不重叠，锉出来的表面平整而且光滑。

2）锉刀按断面形状可分为扁锉（用于锉平面、外圆面和凸圆弧面）、方锉（用于锉平面和方孔）、三角锉（用于锉平面、方孔及 60°以上的锐角）、圆锉（用于锉圆和内弧面）和半圆锉（用于锉平面、内弧面和大的圆孔），如图 4-18a 所示。图 4-18b 为特种锉刀，用于加工各种零件的特殊表面。

3）锉刀按每 10mm 长度内齿数的多少可分为：

①粗齿锉：每 10mm 长度内齿数为 4~12，锉齿间距大，不易被堵塞，适于粗加工或锉铜、铝等有色金属。

②中齿锉：每 10mm 长度内齿数为 13~23，锉齿间距适中，适于粗锉后加工。

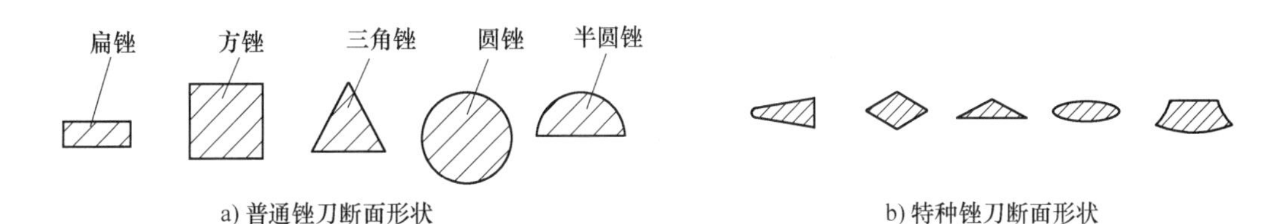

图4-18　锉刀的断面形状

③细齿锉：每10mm长度内齿数为30~40，适于锉光表面或锉硬金属。

④油光锉：每10mm长度内齿数为50~62，适于精加工时修光表面。

2. 锉削步骤

（1）锉刀握法　使用大的平锉时，应右手握锉刀手柄，左手压在锉刀的另一端，应保持锉刀水平；使用中型平锉时，因用力较小，用左手的大拇指和食指捏着锉刀的前端，引导锉刀水平移动；小锉刀用右手握住即可。

（2）施力情况　刚开始往前推锉刀时，即开始位置，左手压力大，右手压力小。推进中两力应逐渐变化，至中间位置时两力相等，再往前锉时右手压力逐渐增大，左手压力逐渐减小。这样使左右手的力矩平衡，使锉刀保持水平运动。否则，开始阶段锉柄下偏，后半段时前段下偏，会形成前后低而中间凸起的表面。

3. 锉削平面的方法

1）顺向锉法：锉刀与工件垂直锉削，用于锉平或锉光。

2）交叉锉法：锉刀与工件呈30°~45°，交替变换，多用于粗加工。

3）推锉法：余量小时用，或用于修光，尤其适用于加工较窄的表面，以及顺向锉法锉刀前进受到阻碍的情况。

4. 锉削曲面的方法

用滚钝法，锉刀运动的轨迹成曲线，按着圆弧进行滚动锉削。

5. 锉削质量的检查

1）用透光法检查锉出的直线度和垂直度。即用钢直尺和直角尺向着光亮，透过一丝灰色、均匀的光线为平、直。

2）用钢直尺或卡尺检查工件的尺寸。

6. 锉削操作要领

（1）握锉　锉刀的种类较多，规格、大小不一，使用场合也不同，故锉刀握法也应随之改变。图4-19a所示为大锉刀的握法；图4-19b所示为中、小锉刀的握法。

（2）锉削操作姿势　锉削操作姿势如图4-20所示，身体重量放在左脚，右膝要伸直，双脚始终站稳不移动，靠左膝的屈伸而做往复运动。开始时，身体向前倾斜10°左右，右肘尽可能向后收缩，如图4-20a所示。在最初1/3行程时，身体逐渐前倾至15°左右，左膝稍弯曲，如图4-20b所示。其次1/3行程，右肘向前推进，同时身体也逐渐前倾到18°左右，如图4-20c所示。最后1/3行程，用右手腕将锉刀推进，身体随锉刀向前推的同时自然后退到15°左右的位置上，如图4-20d所示，锉削行程结束后，把锉刀略提起一些，身体姿势恢复到起始位置。

锉削过程中，两手用力也时刻在变化。开始时，左手压力大、推力小，右手压力

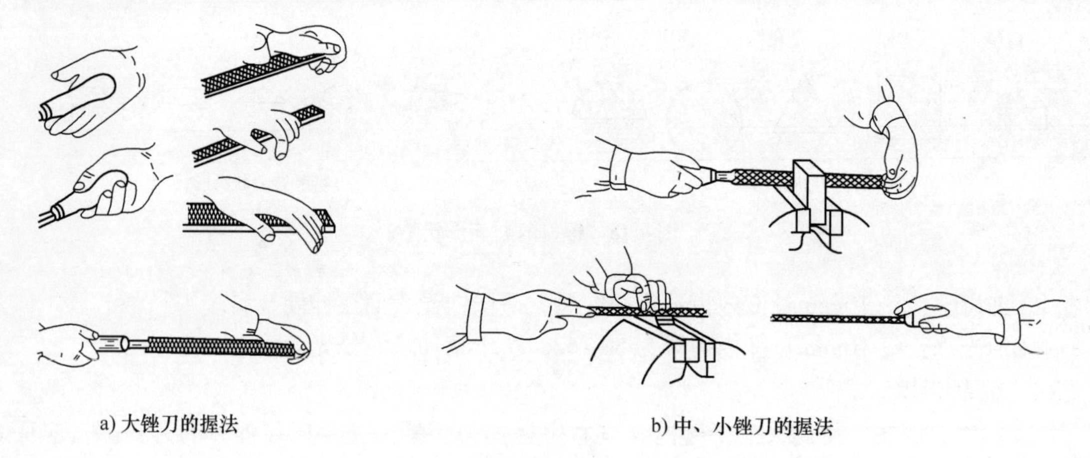

a) 大锉刀的握法　　　　b) 中、小锉刀的握法

图 4-19　握锉

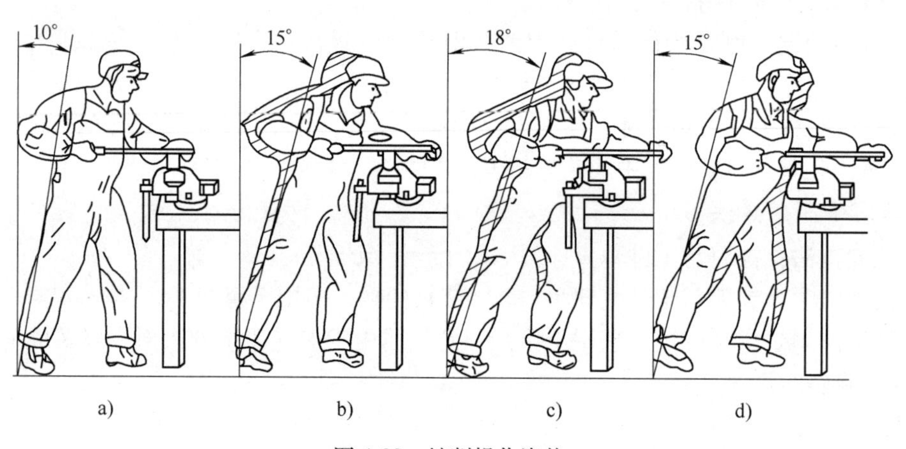

图 4-20　锉削操作姿势

小、推力大。随着推锉过程，左手压力逐渐减小，右手压力逐渐增大。锉刀回程时不加压力，以减少锉齿的磨损。锉刀往复运动速度一般为 30～40 次/min，推出时慢，回程时可快些。

（3）平面锉削　平面锉削的方法有顺向锉法（图 4-21a）、交叉锉法（图 4-21b）和推锉法（图 4-21c）三种。锉削平面时，锉刀要按一定的方向进行锉削，并在锉削回程时稍做平移，这样逐步将整个面锉平。

（4）弧面锉削　外圆弧面一般可采用扁锉进行锉削，常用的锉削方法有顺锉法和滚锉法两种。顺锉法如图 4-22a 所示，是横着圆弧方向锉，可锉成接近圆弧的多棱形（适用于曲面的粗加工）。滚锉法如图 4-22b 所示，锉刀向前锉削时右手下压，左手随着上提，使锉刀在工件圆弧上做转动。

五、孔加工

孔加工是指在钻床上进行钻孔、扩孔、锪孔、铰孔等。

孔加工操作要领：一般情况下，孔加工刀具都应同时完成两个运动，如图 4-23 所示。主运动，即刀具绕轴线的旋转运动（箭头 1 所指方向）；进给运动，即刀具沿着轴线方向对

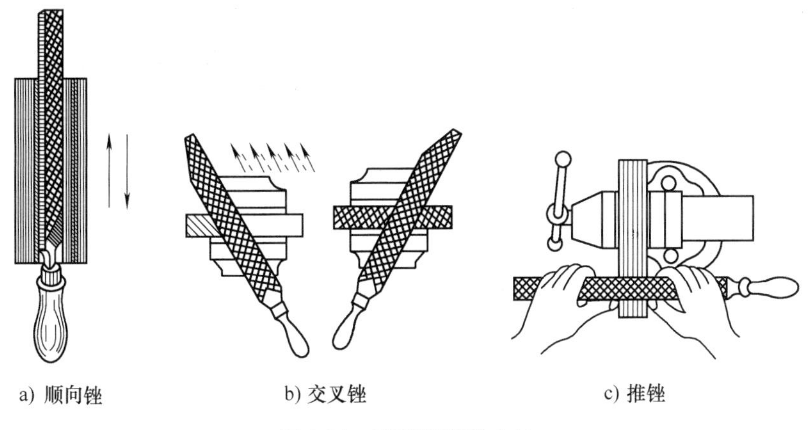

a) 顺向锉　　b) 交叉锉　　c) 推锉

图 4-21　平面锉削的方法

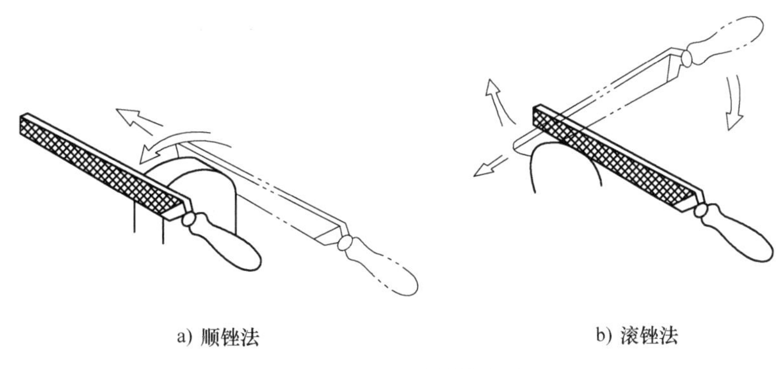

a) 顺锉法　　b) 滚锉法

图 4-22　弧面锉削的方法

着工件的直线运动（箭头 2 所指方向）。

1. 钻孔

（1）标准麻花钻　标准麻花钻如图 4-24 所示，是钻孔的主要刀具。麻花钻用高速工具钢制成，工作部分经热处理淬硬至 62～65HRC。麻花钻由柄部、颈部和工作部分组成。

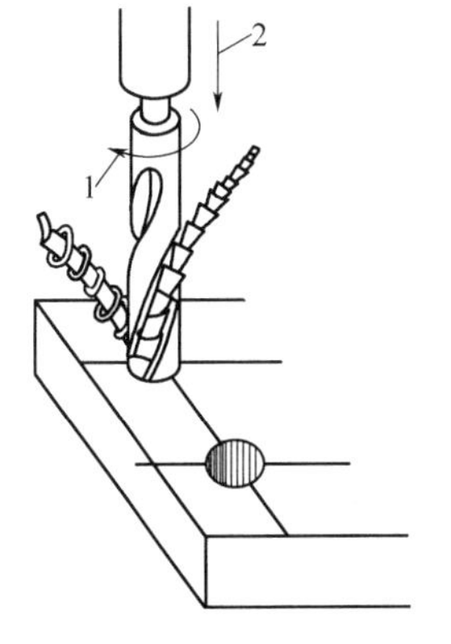

图 4-23　孔加工切削运动图

1—主运动　2—进给运动

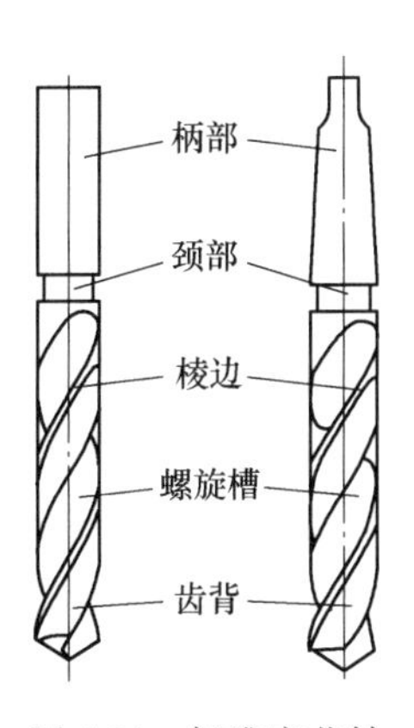

图 4-24　标准麻花钻

1）钻柄。钻柄供装夹和传递动力用，钻柄有直柄和锥柄两种。直柄传递扭矩较小，用于直径在13mm以下的钻头。锥柄对中性好，传递转矩较大，用于直径大于13mm的钻头。

2）颈部。颈部是磨削工作部分和加工钻柄时的退刀槽。钻头直径、材料、商标一般刻印在颈部。

3）工作部分。它分成导向部分与切削部分。

导向部分如图4-24所示，依靠两条狭长的螺旋形的高出齿背0.5~1mm的棱边（刃带）起导向作用。导向部分的直径前大后小，略有倒锥度。倒锥量为0.03~0.12mm/100mm，可以减少钻头与孔壁间的摩擦。导向部分经铣、磨或轧制形成两条对称的螺旋槽，用以排除切屑和输送切削液。

（2）工件夹持　如图4-25所示，钻孔时工件的夹持方法与工件生产批量及孔的加工要求有关。生产批量较大或精度要求较高时，工件一般是用钻模来装夹的；单件小批生产或加工要求较低时，工件经划线确定孔中心位置后，多数装夹在通用夹具或工作台上钻孔。常用的附件有手虎钳、V形块、平口钳和压板及螺栓等，这些工具的选用和工件形状及孔径大小有关。

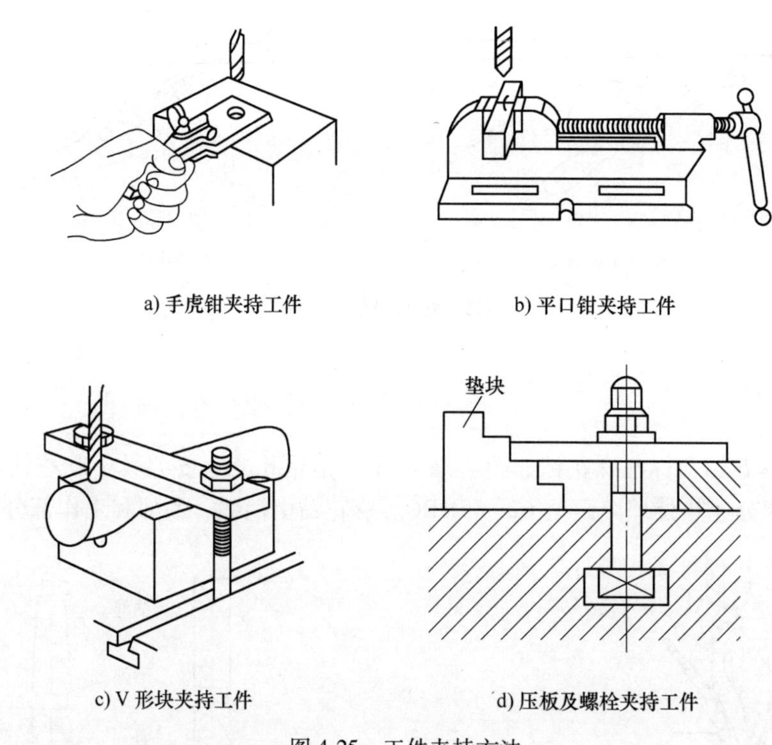

图4-25　工件夹持方法

（3）钻头的装夹　钻头的装夹方法按其柄部的形状不同而异。锥柄钻头可以直接装入钻床主轴锥孔内，较小的钻头可用过渡套筒安装，如图4-26a所示。直柄钻头用钻夹头安装，如图4-26b所示。钻夹头（或过渡套筒）的拆卸方法是将镶条楔铁插入钻床主轴侧边的扁孔内，左手握住钻夹头，右手用锤子敲击镶条楔铁卸下钻夹头，如图4-26c所示。

（4）钻孔方法　钻孔前先用样冲在孔中心线上打出样冲眼，用钻尖对准样冲眼锪一个小坑，检查小坑与所划孔的圆周线是否同心（称试钻）。如稍有偏离，可移动工件找正，若

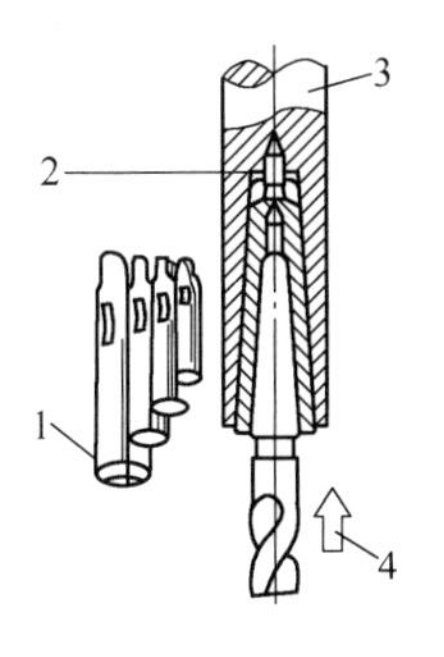

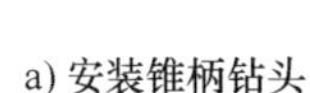

a) 安装锥柄钻头

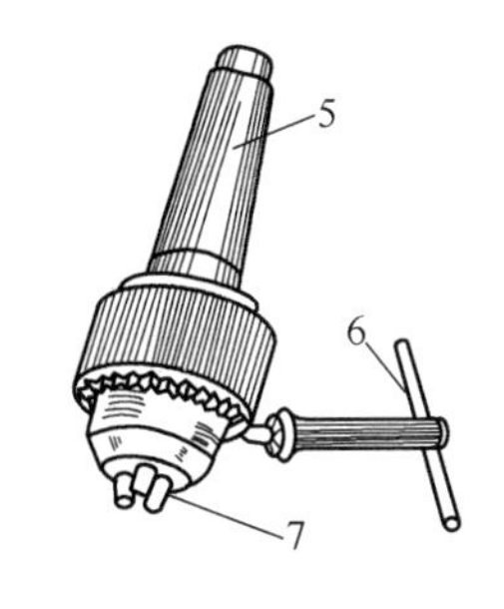

b) 钻夹头

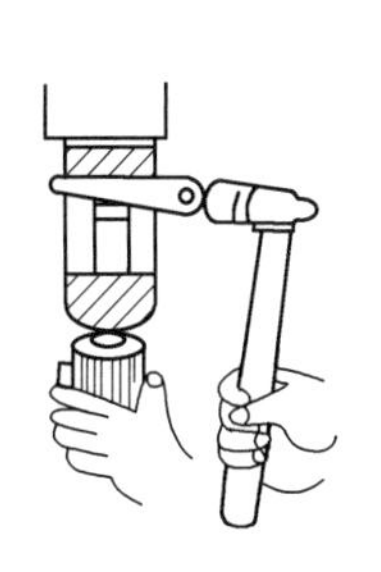

c) 拆卸钻夹头

图 4-26　装拆钻头

1—过渡套筒　2—锥孔　3—钻床主轴　4—安装时将钻头向上推压　5—锥柄　6—紧固扳手　7—自动定心夹爪

偏离较多，可用尖錾或样冲在偏离的相反方向錾几条槽，如图 4-27 所示。对较小直径的孔也可在偏离的方向用垫铁垫高些再钻。直到钻出的小坑完整、与所划孔的圆周线同心重合时才可正式钻孔。

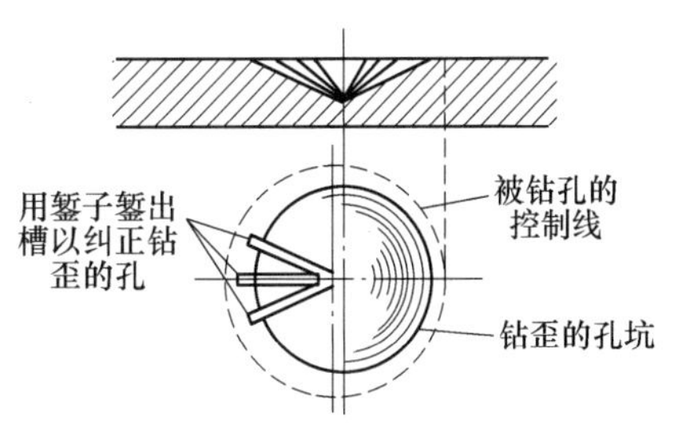

图 4-27　钻孔方法

钻孔时为了防止钻头退火，要加切削液。钢件要用机油或乳化液，铝件用水，铸铁件用煤油。孔将要钻透时，用力应减小。

2. 扩孔

用扩孔钻对已钻出的孔进行扩大加工称为扩孔。专用扩孔钻一般有 3~4 个主切削刃，无横刃，螺旋槽较浅，轴向切削力小，导向性好，如图 4-28 所示，因此钻心粗大，刚度好，不易偏斜。扩孔能得到较高的尺寸精度（尺寸公差等级可达 IT9~IT10）和较小的表面粗糙度值（$Ra3.2 \sim 6.3\mu m$）。扩孔精度高于钻孔。

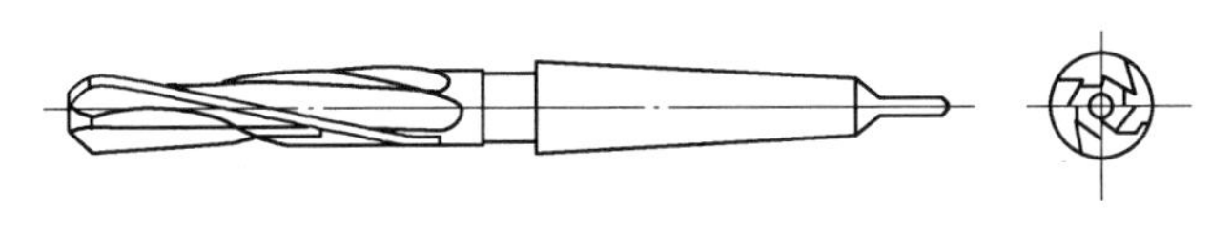

a) 整体式扩孔钻

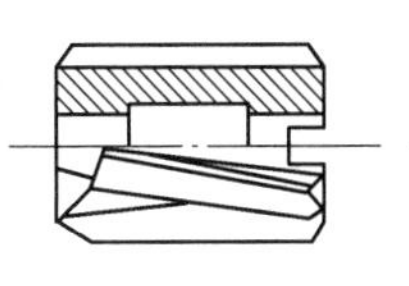

b) 套装式扩孔钻

图 4-28　专用扩孔钻

3. 锪孔

锪孔是指在孔口表面用锪钻加工出一定形状的孔或表面。锪钻分为圆柱形埋头孔锪钻、锥形锪钻以及端面锪钻。

4. 铰孔

用铰刀从工件孔壁上切除微量的金属层，以提高孔的尺寸精度和表面质量的加工方法称为铰孔。铰孔是在扩孔后用铰刀再进一步精加工，可分为粗铰和精铰。铰孔时要留加工余量，一般粗铰留 0.1~0.2mm 的余量，精铰留 0.05~0.15mm 的余量。

钳工常用手用铰刀进行铰孔，铰孔尺寸精度高（尺寸公差等级可达 IT6~IT8）、表面粗糙度值小（$Ra0.4 \sim 1.6\mu m$）。钻孔、扩孔、铰孔时，要根据工作性质、工件材料选用适当的切削液，以降低切削温度，提高加工质量。铰孔时，铰钢件时用乳化油，铰铸铁件时用煤油。

(1) 铰刀　铰刀是孔的精加工刀具，铰刀有 6~12 个切削刃，铰刀分为机用铰刀和手用铰刀两种，机用铰刀为锥柄，手用铰刀为直柄。图 4-29 所示为手用铰刀。铰刀一般是制成两支一套的，其中一支为粗铰刀（它的刃上开有螺旋形分布的分屑槽），一支为精铰刀。

(2) 手用铰刀铰孔方法　将手用铰刀插入孔内，两手握铰杠手柄，顺时针转动并稍加压力，使铰刀慢慢向孔内进给，注意两手用力要平衡，使铰刀铰削时始终保持与工件垂直。铰刀退出时，也应边顺时针转动边向外拔出。

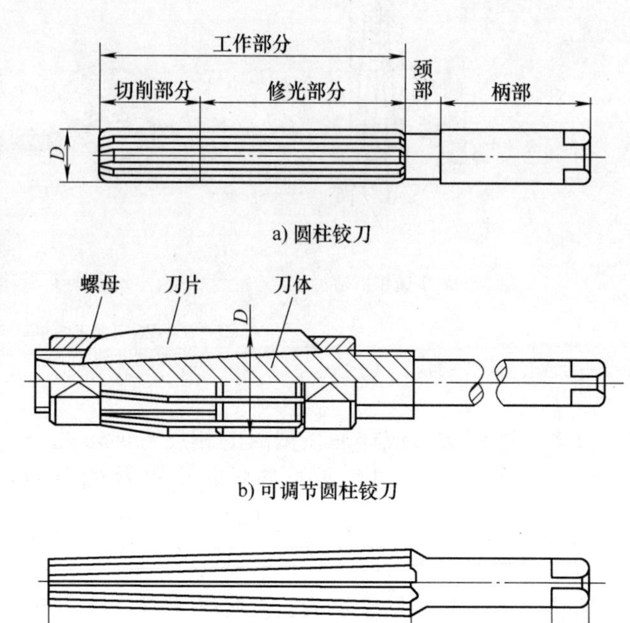

图 4-29　手用铰刀

六、攻螺纹和套螺纹

1. 攻螺纹

攻螺纹是用丝锥加工出内螺纹。

(1) 丝锥的结构　丝锥是加工小直径内螺纹的成形工具，如图 4-30 所示。它由切削部分、校准部分和柄部组成。切削部分磨出锥角，以便将切削负荷分配在几个刀齿上。校准部分有完整的齿形，用于校准已切出的螺纹，并引导丝锥沿轴向运动。柄部有方榫，便于安装和传递转矩。丝锥切削部分和校准部分一般沿轴向开有 3~4 条容屑槽以容纳切屑，并形成切削刃和前角 γ_o，切削部分的锥面上铲磨出后角 α_o。为了减少丝锥的校准部对工件材料的摩擦和挤压，它的外、中径均有倒锥度。

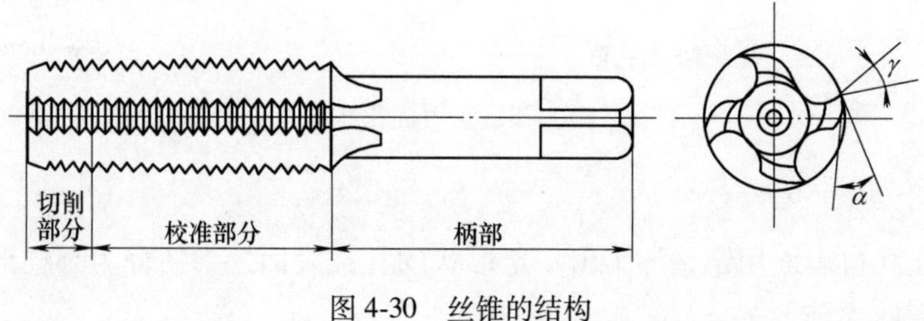

图 4-30　丝锥的结构

丝锥一般为 2 支一套，螺距为 2. 5mm 以上的为 3 支一套。

丝锥为 2 支一套的，分为头锥和二锥。头锥切削部分较长，锥角较小，约有 6 个不完整的齿；二锥切削部分较短，锥角较大，有 2~3 个不完整的齿。第一次切削 60%左右，第二次切削 40%左右，这样丝锥不容易断在工件内，不容易使工件报废。

丝锥为 3 支一套的，头锥大约切削 50%，二锥切削 30%，三锥切削 20%，这样既省力

又不容易折断丝锥。

（2）攻螺纹前底孔的确定　因为丝锥本身不能钻孔，只能切削螺纹，所以在攻螺纹前应该用钻头钻出孔，此孔通常称为“底孔”。

攻螺纹前的孔径 d（钻头直径）略大于螺纹底径。可应用经验公式计算

加工韧性材料时（钢、铜等）$d_2=d-P$

加工脆性材料（铸铁、青铜等）时 $d_2=d-1.1P$。

式中　D——螺纹基本尺寸（mm）；

P——螺距（mm）。

若孔为不通孔，由于丝锥不能攻到底，所以钻孔深度要大于螺纹长度，其尺寸按下式计算：孔的深度=螺纹长度+0.7D。

（3）攻螺纹的方法

1）将丝锥装入铰杠内，再将丝锥放在底孔内。手用丝锥铰杠是扳转丝锥的工具，如图4-31所示。常用的铰杠有固定式和可调节式，以便夹持各种不同尺寸的丝锥。

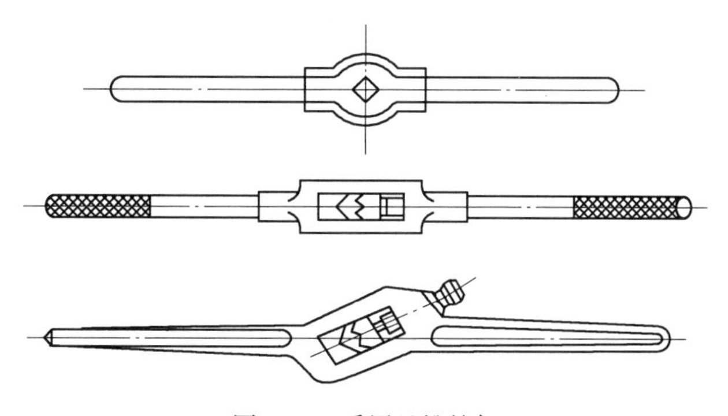

图4-31　手用丝锥铰杠

2）双手转动铰杠，如图4-32所示，并轴向加压力，当丝锥切入工件1~2牙时，用直角尺检查丝锥是否歪斜，如丝锥歪斜，要纠正后再往下攻。当丝锥位置与螺纹底孔端面垂直后，轴向就不再加压力。两手均匀用力，为避免切屑堵塞，要经常倒转1/2~1/4转，以达到断屑的目的。头锥攻完后，换上二锥用上述方法攻出要求的内螺纹。为了减小工件的表面粗糙度值，减小阻力，攻螺纹时要加润滑剂，钢件用机油，铝件用水，灰铸铁件用煤油等。

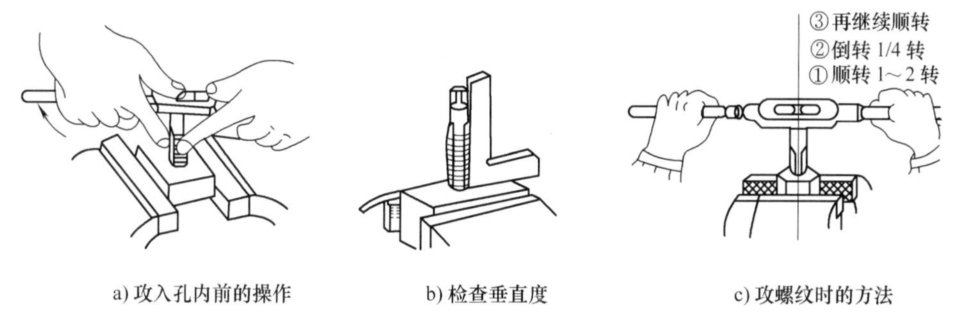

a) 攻入孔内前的操作　　b) 检查垂直度　　c) 攻螺纹时的方法

图4-32　手工攻螺纹的方法

2. 套螺纹

用板牙在圆杆上加工外螺纹的方法叫套螺纹。

（1）板牙和板牙架　板牙是加工外螺纹的工具，如图4-33所示板牙。就像一个圆螺母，但上面钻有几个排屑孔并形成切削刃。板牙两端带2ϕ的锥角部分是切削部分。它是铲磨出来的阿基米德螺旋面，有一定的后角。当中一段是校准部分，也是套螺纹时的导向部分。板牙一端的切削部分磨损后可调头使用。

用板牙套螺纹的精度比较低，可用它加工尺寸公差带为 8h、表面粗糙度值为 $Ra3.2$~$6.3\mu m$ 的螺纹。板牙一般用合金工具钢 9SiCr 或高速工具钢 W18Cr4V 制造。

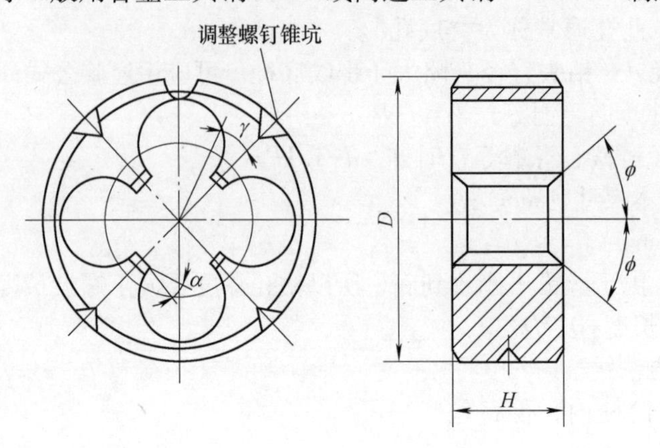

图 4-33　板牙

手工套螺纹时需要用板牙架，如图 4-34 所示。

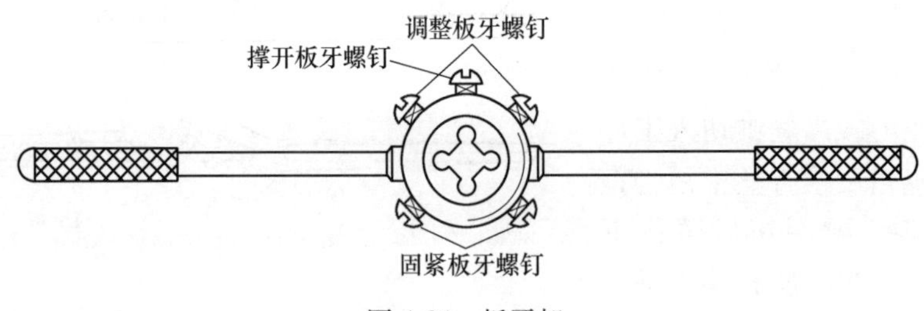

图 4-34　板牙架

（2）套螺纹的方法

1）确定套螺纹圆杆的直径　确定螺杆的直径可直接查表，也可按零件直径 $d=D-0.13P$ 的经验公式计算。对于精度要求不高的螺纹圆杆直径≈螺纹外径$-0.2P$。

2）将圆杆套螺纹处倒出 60°角，便于定位。

3）将板牙装入板牙架中，拧紧固定螺钉。

4）将板牙套在圆杆头部倒角处，如图 4-35 所示，并保持板牙与圆杆垂直，右手握住板牙架的中间部分，加适当压力，左手将板牙架的手柄顺时针方向转动，在板牙切入圆杆 2~3 牙时，应检查板牙是否歪斜，发现歪斜，应纠正后再套，当板牙位置正确后，再往下套就不再加压力了。套螺纹和攻螺纹一样，应经常倒转以切断切屑。套螺纹应加切削液，以保证螺纹的表面粗糙度要求。

3. 攻螺纹和套螺纹产生废品的原因

其原因有底孔直径和圆杆直径选择不合适；刀具与工件不垂直，使加工出的螺纹歪斜。

七、检验工具及其使用

检验工具有刀口形直尺、直角尺、游标万能角度尺等。刀口形直尺、直角尺可检验工件的直线度、平面度及垂直度。下面介绍用刀口形直尺检验工件平面度的方法。

1）将刀口形直尺垂直紧靠在工件表面，并在纵向、横向和对角线方向逐次检查，如图 4-36所示。

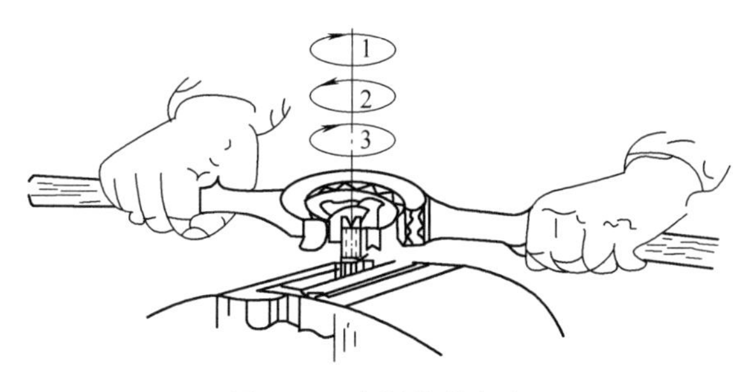

图 4-35　套螺纹的方法

2）检验时，如果刀口形直尺与工件平面透光微弱而均匀，则该零件的平面度合格；如果透光强弱不一，则说明该工件平面凹凸不平，可在刀口形直尺与工件紧靠处用塞尺插入，根据塞尺的厚度即可确定平面度的误差，如图 4-37 所示。

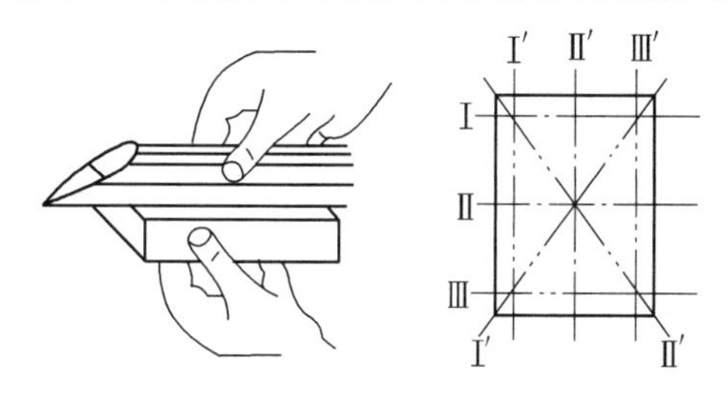

图 4-36　用刀口形直尺检验平面度

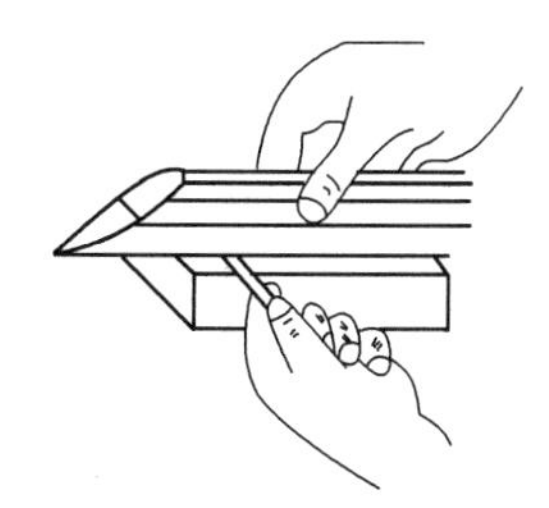

图 4-37　用塞尺测量平面度误差值

◇◇◇ 任务 4　加工锤头

一、工作任务

本任务主要是掌握锤头的加工工艺和加工方法。锤头如图 4-38 所示。

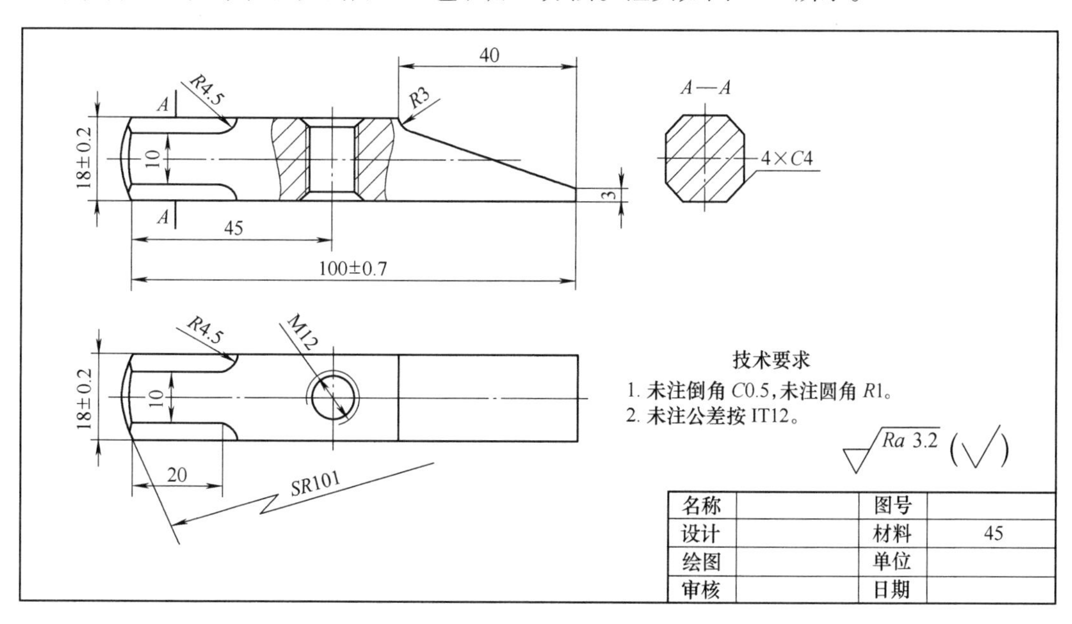

名称		图号	
设计		材料	45
绘图		单位	
审核		日期	

图 4-38　锤头

二、锤头加工工艺

1. 工艺分析

依据图4-38，该锤头由四方、内孔、斜面、内螺纹、圆弧面和倒角组成。工件为手工制做，毛坯为 ϕ30mm×105mm 的棒料，主要技术要求：

1）尺寸精度：(18±0. 2) mm、(100±0. 7) mm，其余未注公差尺寸的公差等级按 IT12。

2）表面粗糙度：工件各表面粗糙度值为 *Ra*3. 2μm。

2. 加工工艺过程

锉削一个端面与工件轴线垂直→划线→锯锉削另一端面→划线→錾削→锯削四面到 20mm×20mm→锉削出一个垂直的表面作为划线基准面→划线→锉削其余三个表面→划线→锯削并锉削斜面及过渡圆弧→锉削四个倒角及过渡圆弧→锉削球面 *SR*101→钻孔→攻螺纹→修光。

综上所述，锤头的加工工艺过程见表 4-3。

表 4-3 锤头的加工工艺过程

序号	加工简图	加工内容	工具、量具
1	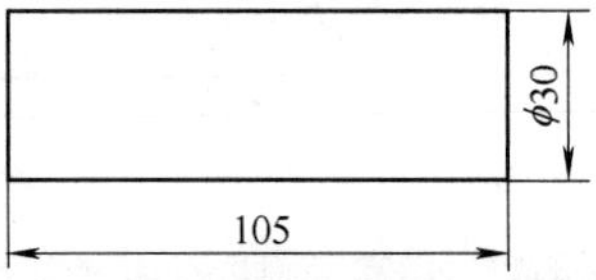 φ30 105	下料：ϕ30mm × 105mm 的棒料	钢直尺
2	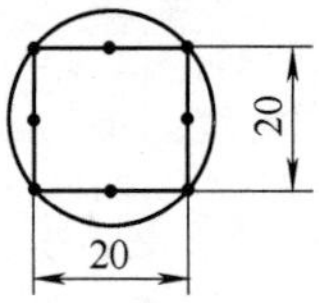 20 20	划线：在 ϕ30mm 的圆柱两端面上划 20mm × 20mm 的加工界线，并打样冲眼	划线盘、直角尺、划针
3	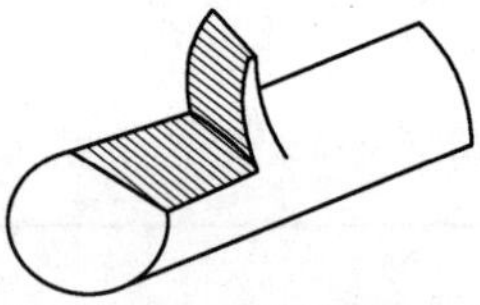	錾削	錾子、锤子、钢直尺
4	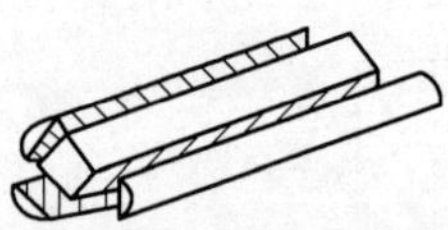	锯削三个面：要求锯痕整齐，对边距离不小于 18. 5mm，各面平直，对边平行，邻边垂直	手锯
5	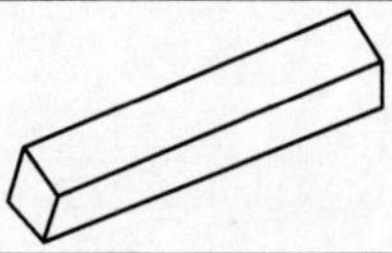	锉削六个面：要求各面平直，断面呈正方形，边长为 18mm	粗齿、中齿平锉，游标卡尺
6	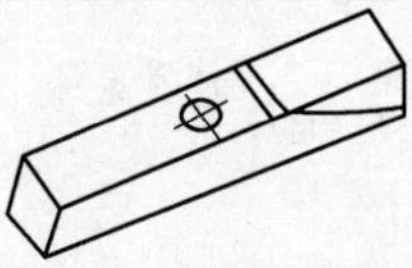	划线：按工件图样尺寸全部划出加工界线，并打样冲眼	划针
7	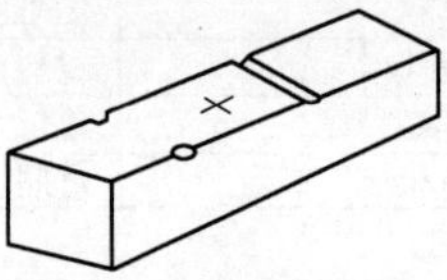	锉削五个圆弧面：圆弧半径符合图样要求	圆锉

（续）

序号	加工简图	加工内容	工具、量具
8		锯削斜面：要求锯痕整齐	手锯
9		锉削四个圆柱面和一个球面：要求符合图样要求	粗齿、中齿平锉
10		钻孔：用 ϕ10.3mm 钻头	ϕ10.3mm 钻头
11		攻螺纹：用 M12 丝锥攻螺纹，要求符合图样要求	M12 丝锥
12		修光：用细齿平锉和砂布修光各平面，用圆锉和砂布修光各圆柱面	细齿平锉、砂布

3. 选用工具

加工锤头的工具、刃具、量具见表 4-4。

表 4-4　加工锤头的工具、刃具、量具

序号	名　称	规　格	数量	备注
1	钢直尺	150mm、300mm	1	
2	游标卡尺	0~150mm（分度值为 0.02mm）	1	
3	钻头	ϕ10.3mm	1	
4	划线盘		1	
5	划针		1	
6	样冲		1	
7	锤子		1	
8	錾子	扁錾	1	
9	锯弓		1	
10	锉刀	粗齿、细齿平锉，圆锉	各 1	
11	铰杠	M6~M12，长 280mm	1	
12	板牙架	M12	1	

（续）

序号	名　称	规　格	数量	备注
13	板牙	M12	1	
14	丝锥	M12	1	
15	游标高度卡尺	0~300mm（分度值为0.02mm）	1	
16	整形锉	6~10件	1套	
17	砂布	0号	2	
18	宽座直角尺	1级，125mm×200mm	1	
19	锯条	中齿	5根	
20	刀口形直尺	1级，100mm	1	

三、检查评价

加工完成后对零件进行去毛刺和检测，锤头的检测评分表见表4-5。

表4-5　锤头的检测评分表

项目	序号	技术要求	配分	评分标准	得分
工艺（15%）	1	正确完整	5	不规范每处扣1分	
	2	切削用量选择正确	5	不合理每处扣1分	
	3	工艺过程选择合理	5	不合理每处扣1分	
机床操作（20%）	4	刀具选择、安装正确	5	不正确每处扣1分	
	5	对刀正确	5	不正确每处扣1分	
	6	机床操作规范围	5	不规范每处扣1分	
	7	工件加工不出错	5	出错全扣	
工件质量（35%）	8	尺寸精度符合要求	25	不合格每处扣1分	
	9	表面粗糙度和几何公差符合要求	10	不合格每处扣1分	
文明生产（15%）	10	安全操作	5	出错全扣	
	11	机床维护和保养	5	不合格全扣	
	12	工作场地6S	5	不合格全扣	
相关知识及职业能力（15%）	13	加工基础知识	5	教师抽查	
	14	自学能力	10	教师与学生交流，酌情扣分	
		沟通能力			
		团队精神			
		创新能力			

◇◇◇ 任务5　加工燕尾槽装配件

一、工作任务

本任务主要是掌握燕尾槽装配件的加工工艺和加工方法。燕尾槽装配件如图4-39所示。燕尾槽装配件由凸模、凹模组成。

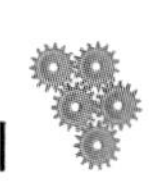

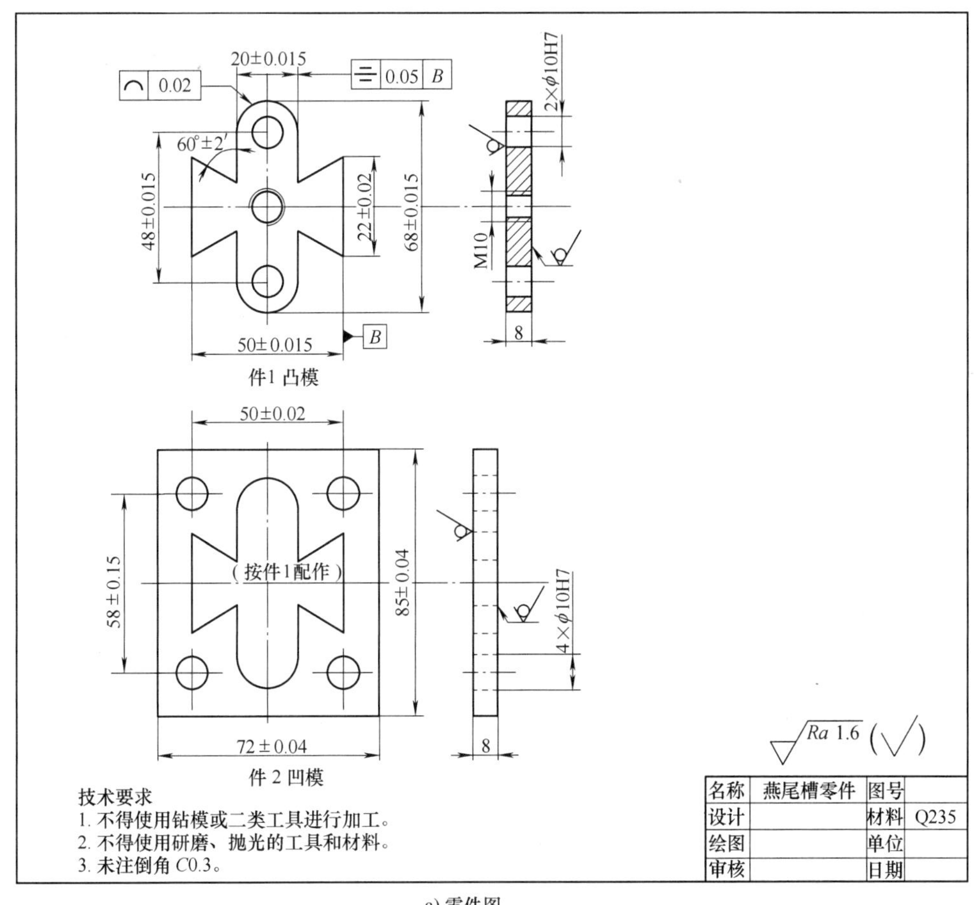

a) 零件图

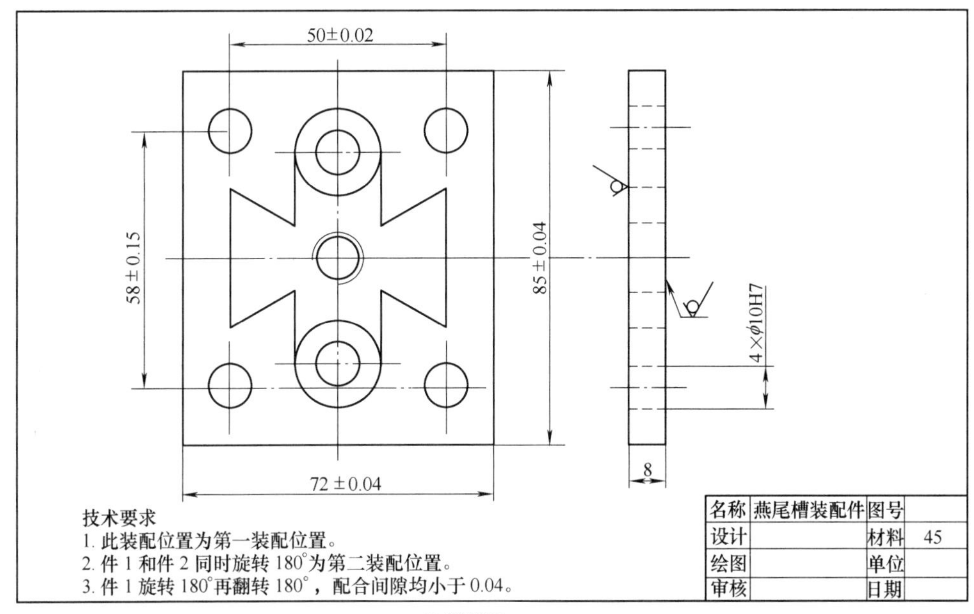

b) 装配图

图 4-39　燕尾槽装配件

二、凸模、凹模的加工工艺

1. 工艺分析

依据样 4-39，凸模、凹模的毛坯材料为 Q235，其尺寸分别为 85.5mm×72.5mm×8mm 和 68.5mm×50.5mm×8mm。凸模有两个燕尾、两个外圆弧、两个 ϕ10H7 的孔、一个 M10 的内螺纹。凹模有两个燕尾槽、两个内圆弧、四个 ϕ10H7 的孔。形状公差线轮廓度要求 0.02mm，位置公差对称度要求 0.05mm，表面粗糙度为 Ra1.6μm，配合间隙均小于 0.04mm，装配位置分第一位置和第二位置，旋转 180°装配，翻转 180°再装配。有一定的工艺难度，内角需要钻工艺孔 ϕ3mm 已达到配合精度，加工精度较高。凸模是关键，直接影响与凹模的配合精度。

2. 加工工艺过程

应先加工凸模，凹模按凸模配作，其工艺过程：检验毛坯加工余量→锉削出两个 90°基准面→划线→做标记→锯削→锉削外轮廓→钻孔→攻螺纹→铰孔→修光→测量。加工凹模时，同样锉削出两个 90°基准面→划线→钻工艺孔→锯削→锉削内轮廓→钻 4 个定位孔→铰孔→测量→修光→与凸模装配→修正。

三、凸模的加工过程

1）首先测量毛坯材料是否符合尺寸要求，然后找出一个基准面，锉削出另一个基准面，相互垂直呈 90°。用直角尺测量垂直度，用刀口形直尺测量直线度。在毛坯上划线部位涂上一层薄而均匀的涂料（即涂色），使划出的线条清晰可见。

2）根据图样要求，选定划线基准。

3）划出加工界线，如直线、圆及连接圆弧、孔的位置。

4）在划出的线上打样冲眼。

5）钻孔。燕尾槽内角钻工艺孔 ϕ3mm 四个，ϕ9.8mm 的孔两个，ϕ8.5mm 的孔一个。为了保证孔的位置度，先用 ϕ3.15mm 的中心钻钻孔，然后用 ϕ5mm 的钻头，再用 ϕ9.8mm 扩孔。钻 M10 内螺纹的底孔 ϕ8.4mm，钳工套螺纹底孔可钻 ϕ8.5mm 的孔。

6）锯削燕尾槽和圆弧，去除多余的材料，锯削时离开加工界线大约 0.5mm，留有锉削余量，不要锯过加工界线。

7）锉削。先加工燕尾槽后加工圆弧部分。粗锉→精锉→再用油光锉，最后将细砂纸垫在锉刀上修光，用磨石也可以。锉削时，应勤检验直线度、垂直度、对称度，以便及时修正误差。

8）铰孔。

9）攻内螺纹 M10。

四、凹模的加工过程

凹模按凸模配作，方法与凸模的步骤一样，不同的地方如下：

1）凸模是外轮廓，凹模是内轮廓。首先考虑如何将锯条穿过工件进行锯削，把内轮廓的多余材料锯下来。

2）依据使用锯条的宽度钻工艺孔，采用锯条长度为 300mm，宽度为 10.7mm，钻工艺孔 ϕ12mm。

3）钻两内圆弧的工艺孔，先用 ϕ8mm 的钻头钻孔，然后再扩孔到 ϕ18mm。

4）锯削路线要确定为最短，以减少锯削时间。先从任意 ϕ18mm 孔穿过锯条锯长方体，然后再锯两个燕尾槽，这样方便下锯。

5）边锉削边与凸模配合，应勤检验以防间隙超差。

五、使用设备（见表 4-6）

表 4-6　设备准备

名　称	规　格	数　量	要求
台式钻铣床	Z16	2 台	
落地式钻床	ZLD4122	2 台	
台式钻床	Z412	6 台	
平板	400mm×600mm	8 块	
台虎钳	200mm	6 台	
平口钳	150mm	10 台	
砂轮机	ϕ200mm	2 台	
高度游标尺	200mm	8 把	
V 形铁	90°、120°，60mm×60mm	8 个	
方箱	150mm×150mm	8 个	

六、使用工具、刃具、量具（见表 4-7）

表 4-7　工具、刃具、量具

序号	名称	规格	（分度值）	数量	序号	名称	规格	精度（分度值）	数量
1	高度游标卡尺	0~300mm	0.02mm	1	13	扁锉	300mm	2 号	1
2	游标卡尺	0~150mm	0.02mm	1	14		200mm	3 号	1
3	外径千分尺	0~25mm	0.01mm	1	15		150mm	4 号	1
4		25~50mm	0.01mm	1	16		100mm	5 号	1
5		50~75mm	0.01mm	1	17	整形锉			1 套
6		75~100mm	0.01mm	1	18	圆柱销	ϕ10mm	h6	4
7	游标万能角度尺	0°~320°	±2′	1	19	直柄麻花钻	ϕ3mm		2
8	游标直角尺	100mm×63mm	1 级	1	20		ϕ8.4mm		1
9	刀口形直尺	100mm	1 级	1	21		ϕ9.8mm		1
10	塞尺	0.02~0.5mm		1	22	工具	划线工具、手锯、锤子、錾子、锯条、软钳口等		
11	圆柱形手用铰刀（带铰刀）	ϕ10mm	H7	1					
12	丝锥	M10		1	23				

注：其他常用工具、量具根据需要准备。

七、检验评分标准（见表4-8）

表4-8　检验评分表

序号	考核内容	考核要求	配分	评分标准	扣分	得分	备注
1	件1	(20±0.015) mm	4	超差不得分			
2		(32±0.02) mm	6	超差不得分			
3		(50±0.015) mm	4	超差不得分			
4		⌒ 0.02	4	超差不得分			
5		⌯ 0.05 *B*	4	超差不得分			
6		60°±2′	6	超差不得分			
7		M10	2	超差不得分			
8		(48±0.15) mm	2	超差不得分			
9		2×ϕ10H7	1	超差不得分			
10		*Ra*1.6μm	6	超差不得分			
11	件2	(85±0.04) mm	2	超差不得分			
12		(72±0.04) mm	2	超差不得分			
13		(50±0.02) mm	2	超差不得分			
14		(58±0.15) mm	2	超差不得分			
15		4×ϕ10H7	2	超差不得分			
16		*Ra*1.6μm	8	超差不得分			
17	第一装配位置	(85±0.04) mm	2	超差不得分			
18		(72±0.04) mm	2	超差不得分			
19		配合间隙≤0.04mm	12	超差不得分			
20	第二装配位置	(85±0.04) mm	2	超差不得分			
21		(72±0.04) mm	2	超差不得分			
22	件1(圆弧)旋转180°	配合间隙≤0.04mm	6	超差不得分			
23	件1(燕尾)翻转180°	配合间隙≤0.04mm	6	超差不得分			
24	安全文明生产	按国家颁发的有关法规或企业自定的有关规定	5	每违反一项规定扣1分			
25	其他要求	考件局部无缺陷	5	酌情扣1~5分			

◇◇◇ 任务6　装配机床主轴箱

任何机器都是由许多零件装配而成的。装配是机器制造中的最后一个阶段，它包括装配、调试、试验等工作。机器的质量最终是通过装配保证的，在装配过程中，可以发现机器设计和零件的加工质量所存在的问题，并加以改进，以保证机器的质量。

装配的主要工作是将若干个合格零件按照设计要求和装配工艺组装在一起，调试成合格的产品。

机械产品的精度要求最终是靠装配实现的。用合理的装配方法来达到规定的装配精度，以实现用较低的零件精度达到较高的装配精度，用最少的装配劳动量来达到较高的装配精度，即合理地选择装配方法，这是装配工艺的核心问题。

1. 典型零件的装配方法

（1）多个螺钉的拧紧　零件用螺钉联接时，若有六个螺钉，那么应以对角线方式依次拧紧。这样可以保证零件贴合面受力均匀，对于每个螺钉应分 2~3 次拧紧，这样可使每个螺钉承受均匀的负荷。

（2）滚动轴承的装配　当轴承欲装到轴上时，应用套管、锤子或压力机，力作用在内环上。若轴承装在孔内，则力应作用在外环（套）上，如果作用力用反，会损坏轴承。

2. 拆装车床主轴箱

1）揭开主轴箱盖，根据机床传动系统图，看清各档传动路线及传动件的构造，零、部件间的相互装配关系、相互位置、相互配合、相互运动的关系，然后再拆卸。卧式车床主轴箱的传动关系如图 4-40 所示。

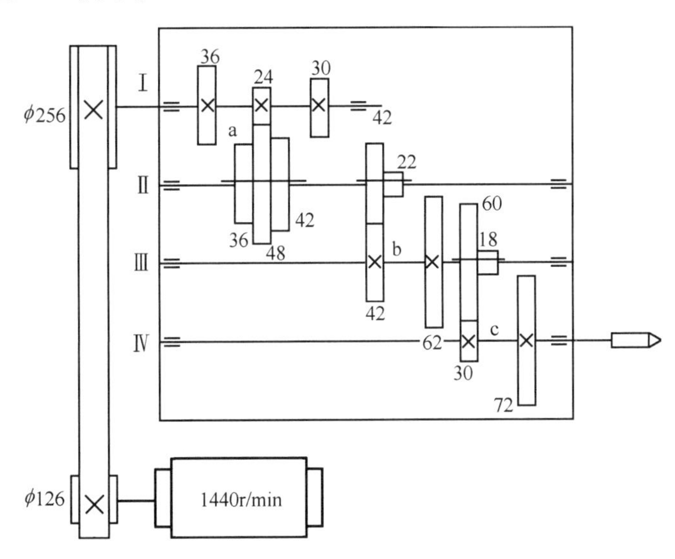

图 4-40　卧式车床主轴箱的传动关系

2）主轴箱中轴Ⅰ的构造及拆装方法。Ⅰ轴的拆卸从主轴箱的左端开始。轴Ⅰ的左端有带轮，先用销冲把锁紧螺母拆下，然后用内六角扳手把带轮上的端盖螺钉卸下，用锤子配合铜棒把端盖卸下，拆下带轮上的另一个锁紧螺母，使用撬杠把带轮卸下，然后用锤子配合铜棒把轴承套从主轴箱的右端向左端敲击，直到卸下为止，此时轴Ⅰ整体就可以一同拆卸到箱体外面。装在轴Ⅰ上的零件较多，拆装麻烦，所以通常是在箱体外安装好后再将轴Ⅰ装到箱体中。

轴Ⅰ上的零件首先从两端开始拆卸，两端各有一个轴承，拆卸轴承时，应用锤子配合铜棒敲击齿轮，连带轴承一起卸下，敲击齿轮时注意用力应均匀，卸下轴承后，把轴Ⅰ上的空套齿轮卸下，然后把摩擦片取出，此时整个轴 I 上的零件已全部卸下。

轴 I 的装配在箱体外进行。在装配过程中应注意轴承的位置和轴 I 上的滑套是否能在半圆键上比较通顺地滑动，否则应视为装配不合理，应重新进行装配。

轴 I 装好后，再从箱体外装到箱体中。

3. 主轴的拆装方法

主轴的拆装应从主轴两端的端盖开始，然后从箱体左侧向右侧拆卸，左侧箱体外有端盖和锁紧调整螺母，卸下后，把主轴上的卡簧松下退后，此时用锤子配合垫铁将主轴从左端向右端敲击。在敲击的过程中，应注意随时调整卡簧的位置。

卸下主轴后，主轴上的零件应用铁棒穿上，放在清洗液中清洗干净后才可以装配。主轴的装配应从箱体的左侧向右侧进行，在装配的过程中，应注意：①主轴前轴承应该均匀地装在轴承圈中，否则会损坏轴承；②齿轮的装配应啮合均匀，无顶齿现象；③装配后，主轴应能正常旋转。

主轴箱装配中使用的工具、量具主要有游标卡尺、铜棒、锤子、套筒、卡簧钳、内六角扳手等。

项目 5

维修电工操作实训

一、实训目标

1. 掌握安全用电常识、安全操作规程。
2. 了解电气元件。
3. 掌握电动机的正转、停转、反转电路控制原理和接线方法。
4. 掌握电动机的减压起动电路控制原理和接线方法。
5. 掌握 CA6140 型卧式车床电路控制原理和接线方法。

二、学时及安排

学时及安排见表 5-1。

表 5-1　维修电工操作实训的学时及安排

课程名称：金工实训　工种：维修电工　学时：16 学时

<table>
<tr><th>序号</th><th colspan="2">教学项目</th><th>时间</th><th>教学内容</th></tr>
<tr><td>一</td><td colspan="2">多媒体课件</td><td>1h</td><td>电气元件连接方法</td></tr>
<tr><td rowspan="5">二</td><td rowspan="5">现场讲解</td><td>安全操作常识</td><td>20min</td><td>安全用电常识与操作规程</td></tr>
<tr><td>了解电气元件</td><td>1h</td><td>常用电气元件</td></tr>
<tr><td rowspan="2">电路连接方法</td><td rowspan="2">3h</td><td>1. 常用工具使用方法</td></tr>
<tr><td>2. 电路设计、电路连接、电路控制</td></tr>
<tr><td>根据电路图讲解连接工艺</td><td>2h</td><td>连接工艺、连接步骤和注意事项</td></tr>
<tr><td rowspan="5">三</td><td rowspan="5">学生操作</td><td>准备工作</td><td>1h</td><td>工具、电线、电气元件</td></tr>
<tr><td>设计电路板</td><td>2h</td><td>设计电路板</td></tr>
<tr><td>连接主电路</td><td>2h</td><td>连接主电路</td></tr>
<tr><td>控制电路</td><td>4h</td><td>1. 连接控制线路
2. 连接冷却泵的控制电路
3. 快进、快退控制电路、照明电路</td></tr>
<tr><td>通电试验</td><td>40min</td><td>通电试验</td></tr>
</table>

◇◇◇ 任务 1　安全知识与操作规程

维修电工安全操作规程如下：

1）未经安全培训和安全考试不合格者严禁上岗。

2）电工必须持电气作业许可证上岗。

3）电工不准酒后上班，更不可在班中饮酒。

4）上岗前必须穿戴好劳动保护用品，否则不准许上岗。

5）检修电气设备时，参照有关技术规程，不了解该设备规范注意事项，不允许私自操作。

6）严禁在电线上搭晒衣服和各种物品。

7）高空作业时，必须系好安全带。

8）正确使用电工工具，所有绝缘工具应妥善保管，严禁他用，并应定期检查、校验。

9）当有高于人体安全电压的电压存在时，严禁带电作业进行维修。

10）电气检修、维修作业及危险工作严禁单独作业。

11）电气设备检修前，必须由检修项目负责人召开检修前安全会议。

12）在未确定电线是否带电的情况下，严禁用钳子或其他工具同时切断两根及以上电线。

13）严禁带电移动高于人体安全电压的设备。

14）严禁手持高于人体安全电压的照明设备。

15）手持电动工具必须使用剩余电流断路器，使用前需按其试验按钮来检查是否正常。

16）潮湿环境或金属箱体内照明必须用行灯变压器，且不准高于人体安全电压（36V）。

17）必须熟练掌握触电急救方法，有人触电应立即切断电源，按触电急救方案实施抢救。

18）配电室除电气人员外严禁入内，配电室值班人员有权责令其离开现场，以防发生事故。

19）电工在进行事故巡视检查时，应始终认为该线路处在带电状态，即使该线路确已停电，也应认为该线路随时有送电可能。

20）工作中所有拆除的电线要处理好，不使用的裸露线头要包好，以防发生触电。

21）在巡视检查时如发现有故障或隐患应立即通知生产方，然后采取全部停电或部分停电及其他临时性安全措施进行处理，避免事故扩大。

22）电流互感器禁止二次侧开路，电压互感器禁止二次侧短路和以升压方式运行。

23）在有电容器设备停电工作时，必须放出电容余电后，方可进行工作。

24）电气操作顺序：停电时应先断断路器，后断隔离开关，送电时与上述操作顺序相反。

25）严禁带电拉合隔离开关，拉合隔离开关前先验电，且应迅速果断到位。操作后应检查三相接触是否良好（或三相是否断开）。

26）严禁拆开电器设备的外壳进行带电操作。

27）现场施工用高低压设备以及线路应按施工设计及有关电器安全技术规定安装和架设。

28）每个电工必须熟练牢记备用电源倒切的全过程。

29）正确使用消防器材，电器着火应立即将有关电源切断，然后视装置、设备及着火性质使用干粉、1211、二氧化碳等灭火器或干沙灭火，严禁使用泡沫灭火器。

30）合大容量断路器或刀开关时，先关好柜门，严禁带电手动合刀开关。

31）万用表用完后，打到电压最高档再关闭电源，养成习惯，预防烧坏万用表。

32）严禁在配电柜、电缆沟放无关杂物。

33）光纤不允许打硬弯，防止折断。

34）生产中任何人不准拉拽DP头线，防止造成停机。

35）换DP头应停掉装置及PLC电源，如有特殊情况，需带电更换，必须小心，不能连电。

36）生产中更换柜内接触器时，必须谨慎，检查好电源来路是否可关断，严禁带电更换，防止发生危险。

37）不允许带电焊接有电压敏感元件的线路板，应待烙铁烧热后拔下电源插头或烙铁头做好接地，再进行焊接。

38）拆装电子板前，必须先放出人体静电。

39）用电焊机时，不允许用生产线机架作为地线，防止烧坏PLC，发现有违章者立即阻止。

40）焊接带轴承、轴套设备时，严禁使电焊机电流经过轴承、轴套，以免造成损坏。

41）在变电室内进行动火作业时，要履行动火申请手续，未办手续，严禁动火。

42）生产中不要紧固操作台的按钮或指示灯，如需急用必须谨慎，防止螺钉旋具与箱体连电造成停机。

43）生产中如需更换按钮，应检查电源侧是否是跨接的，拆卸后是否会造成停机或急停等各种现象，无把握时，可先临时把控制线改到备用按钮上，待有机会时恢复。

44）换编码器，需将电源关断（整流及24V）或将电源线挑开，拆编码器线做好标记，装编码器时，严禁用力敲打，拆风机外壳时要小心防止将编码器线拽断，在装风机后必须检查风机罩内编码器线是否缠在风机扇叶上。

45）电气设备烧毁时，需检查好原因再更换，防止再次发生事故。

46）更换接触器时，额定线圈电压必须一致，如电流无同型号的可选稍大一些。

47）变频器等装置保险严禁带电插拔且要停电5min以上再进行操作。

48）严禁带电插拔变频器等电子板，防止烧毁。

49）更换变频器或内部电路板时必须停整流电源5min以上再进行操作，接完线必须仔细检查无误后方可上电，且防止线号标记错误烧毁设备。

50）经电动机维修部新维修回的电动机必须检查电动机是否良好并将电动机出线紧固后再用。

51）接用电设备电源时，先检查用电设备的额定电压是否合适，确认断路器处于关断状态，再检查旁边是否有触电危险再进行操作。

52）更换MCC抽屉时，必须检查好抽屉是否一样，防止换错烧坏PLC。

53）安装或更换电器设备必须符合规定标准。

54）严禁用手触摸转动的电动机轴。

55）严禁用手摆动带电大功率电缆。

56）烧毁电动机要拆开确认查明原因，防止再次发生。

57）热继电器跳闸，应查明原因并处理再进行复位。

58）在检修工作时，必须先停电验电，留人看守或挂警告牌，在有可能触及的带电部分加装临时遮挡或防护罩，然后验电、放电、封地。验电时必须保证验电设备的良好。

59）检修结束后，应认真清理现场，检查携带工具有无缺少，检查地线是否拆除，短接线、临时线是否拆除，拆除遮挡等，通知工作人员撤离现场，取下警告牌，按送电顺序送电。

60）工作完成后，必须收好工具，清理工作场地，做好环境卫生。

61）不要靠近高压带电体（室外、高压线、变压器旁），不接触低压带电体。

62）安装、检修电器应穿绝缘鞋，站在绝缘体上，且要切断电源。

63）要注意保持电线绝缘部分干燥，不要用湿抹布擦拭灯泡，不要用湿手扳开关、插入和拔出插头。

64）在电器中安装漏电保护装置。

65）发生触电事故时，在保证救护者本身安全的同时，必须首先设法使触电者迅速脱离电源进行抢救工作：解开影响触电者呼吸的紧身衣服，检查触电者的口腔，清除口腔黏液，立即就地急救。

◇◇◇ 任务2 连接CA6136型卧式车床正转、停转、反转控制电路

在实际生产中，生产机械的上升下降、前进后退都要通过改变电动机的转向来实现。实现简单的电动机的正转、反转、停转功能的控制，常常需要交流接触器、热继电器、开关、按钮等控制电器。此外，电路还应具有完善的保护功能，例如过载保护、短路保护、失电压保护等。

一、分析电路图

1）看懂电路图：首先要了解电路图中各符号代表的是哪个电气元件，然后要了解这些电气元件的名称、构造、作用以及工作原理，最后要了解电路图中哪一部分控制哪一部分，再带动哪一部分工作。

2）对电路图进行深入了解，重点了解电路中的几个基础概念（自锁、互锁、换向）。

3）根据电路图安装配电盘，了解安装配电盘的具体要求和操作注意事项。

4）认真审阅图5-1所示的CA6136型卧式车床主电路图。

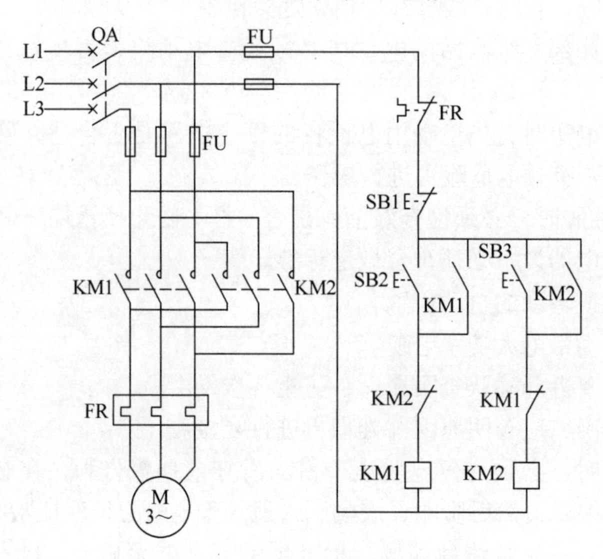

图5-1 CA6136型卧式车床主电路

二、技术要求

1）根据给定的主电路图连接主电路，设计辅助控制电路图——冷却水泵、照明电路图，在规定的时间内制作完成控制配电盘。

2）线路布设规则美观、清晰。

3）电气元件布局合理。

4）接通电源后主电路实现正转、停转，反转起动。辅助控制电路图——冷却水泵、照明电路使用正常。

三、接线提示

正转、停转、反转主线路接线提示图如图 5-2 所示。

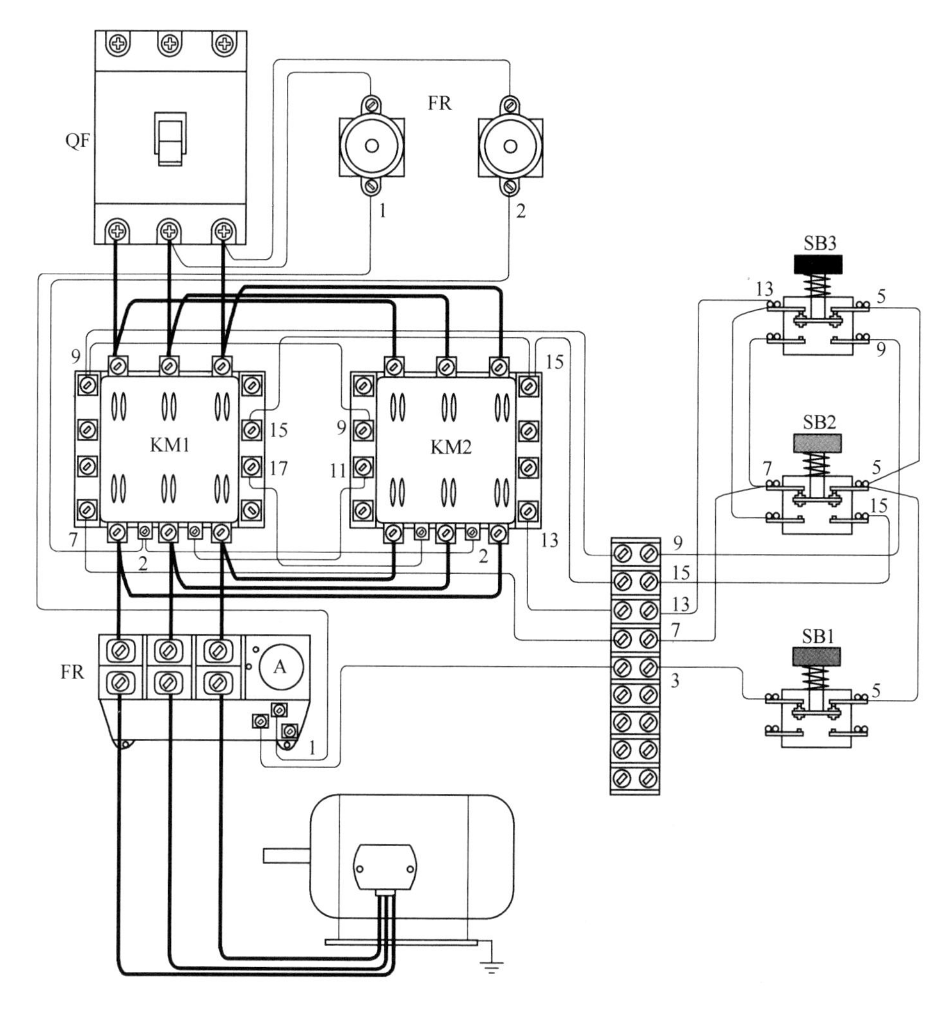

图 5-2　正转、停转、反转主线路接线提示图

四、准备配电盘面板及电气元件和工具

电气元件、工具、量具见表 5-2。

表 5-2 电气元件、工具、量具

序号	名称	规格	数量	备注
1	配电板	400mm×320mm	1	
2	总开关	40A	1个	
3	熔断器	2A	5个	
4	接触器（KM1、KM2）	380V	2个	
5	电线	2.5mm^2	20m	
6	软线	1.5mm^2	5m	
7	热继电器	16A	1个	
8	控制变压器	输入380V，输出36V、24V、6V	1个	
9	灯泡	24V	1个	
10	灯座		1个	
11	电动机	4.5kW	1个	
12	正转、停转、反转按钮	SB1、SB2、SB3	1个	
13	接线板	12对一组，19对一组	各1个	
14	凹形轨	700mm		
15	十字槽螺钉旋具	1×5.5	1个	
16	一字槽螺钉旋具	1×5.5	1个	
17	断线钳	550V	1个	
18	剥线钳		1个	
19	验电器		1支	
20	万用表		1个	
21	自攻螺钉	30mm	20个	

五、检验评分标准

检验评分标准见表5-3。

表 5-3 正转、停转、反转评分表

工种	维修电工		姓名		总得分		
序号	考核项目	考核内容及要求	配分	评分标准	结果	扣分	得分
1	安全操作	在接通线路前是否检查电压，是否断开总电源开关	20分	根据现场操作酌情扣3~5分			
2	文明操作	工具摆放整齐，不浪费电线，未损坏电气元件	10分	根据现场操作酌情扣1~2分			
3	线路布局	布局合理、美观，电线不弯曲	20分	布局不合理扣5分，线路弯曲扣5分			
4	主电路	电源接通后正转、停转、反运转正常	40分	电源接通后不能正常使用不得分			
5	辅助控制电路	冷却水泵正常，照明灯亮	10分	冷却水泵不正常扣5分，照明灯不亮扣5分			

◇◇◇ 任务 3　进行减压起动电路控制

对于大功率（13kW）的电动机，为了减小起动电流，常常采用减压起动，同时也可减少对设备的起动冲击。

一、分析电路图

1）自动控制Y-△减压起动电路如图 5-3 所示。首先要了解线路图中各符号代表的是哪个电气元件，然后要了解这些电气元件的名称、构造、作用以及工作原理，最后要了解电路图中哪一部分控制哪一部分，再带动哪一部分工作。

2）对电路图进行深入了解，重点了解电路中的几个基础概念（自锁、互锁、换向）。

3）根据电路图安装配电盘，了解安装配电盘的具体要求和操作注意事项。

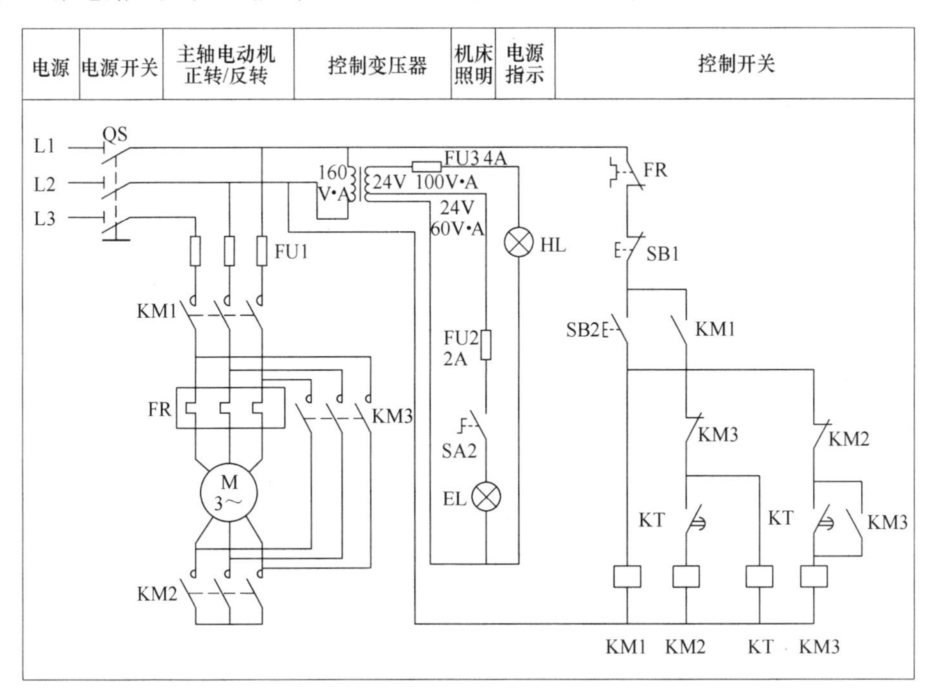

图 5-3　自动控制Y-△减压起动电路

二、技术要求

1）根据自动控制Y-△减压起动电路，在规定时间内连接完成线路连接。

2）线路布设规则美观、清晰。

3）电气元件布局合理。

4）接通电源后达到正反转起动正常，照明灯及指示灯工作正常。

5）自己设计辅助功能电路，如冷却水泵、照明线路。

三、接线提示

Y-△减压起动线路接线提示如图 5-4 所示。

工作时，合上电源开关 QS，电源引入，按下起动按钮 SB2，KM1、KM2、KT 线圈通电，

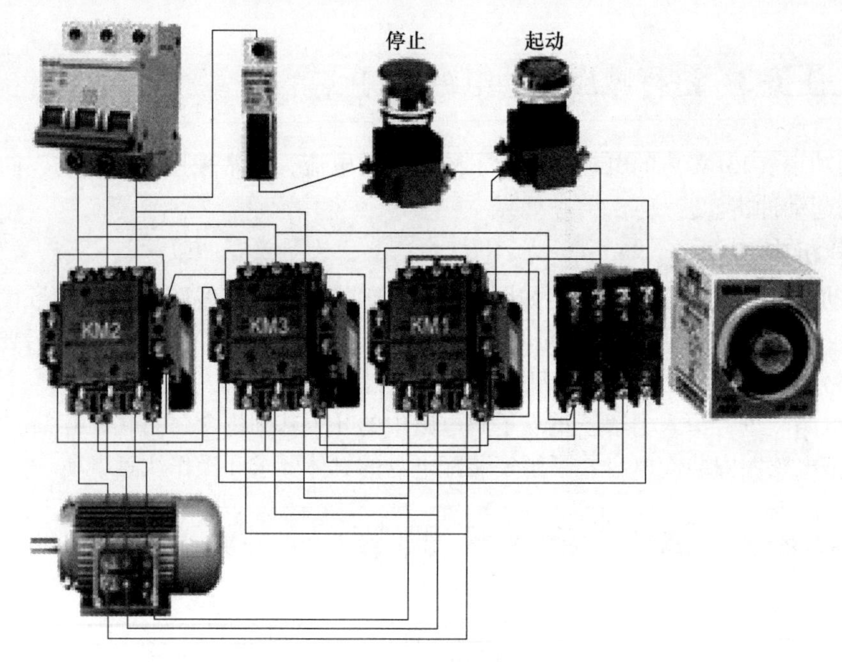

图 5-4 Y-△减压起动电路接线提示

KM2 的动断辅助触点先断开，KM3 的电路实现互锁，KM1 的动合辅助触点闭合自锁，KM1 的动合主触点闭合。KM2 的动合主触点闭合，电动机定子绕组Y联结起动，时间继电器 KT 起动后进行起动过程计时，计时时间到，其动断触点 KT 先断开，使 KM3 的电圈先断电，KT 动合触点闭合，使 KM3 的线圈断电，KM3 的动断触点先断开，使 KM2 的电路实现互锁，然后其动合主触点 KM3 闭合，将电动机定子绕组接成△全压运转，停止工作时按下 SB1 即可。

四、电气元件、工具、量具（见表 5-4）

表 5-4 电气元件、工具、量具

序号	名称	规格	数量	备注
1	配电板	400mm×320mm	1	
2	总开关	40A	1 个	
3	熔断器	2A	3 个	
4	接触器（KM1、KM2、KM3）	CJ10-A 额定电流 10A 或 CJX1-9/22，380V	3 个	
5	电线	2. 5mm^2	10m	
6	软线	1. 5mm^2	10m	
7	热继电器	FR TR16B-20/3 或 JRS3-25/F-2A，10~16A，380V	1 个	
8	时间继电器	KT JS7-A，50Hz，0. 4~60s，380V	2 个	
9	控制变压器	JBK2-16 或 NDK（BK）-100，输入 380V，输出 36V、24V、6V	1 个	
10	按钮、开关	FR	1 个	
11	电源开关	QS DZ15B-40/3902，40A，380V	1 个	

（续）

序号	名称	规格	数量	备注
12	灯泡	24V	2 个	
13	灯座		2 个	
14	电动机	YD132M-8/4，B5，绝缘等级 B. IP44，7. 5kW	1 个	
15	正转、停转、反转按钮	SB1、SB2	1 个	
16	接线板	12 对一组，19 对一组	各一个	
17	凹形轨	700mm		
18	十字槽螺钉旋具	1×5. 5	1 个	
19	一字槽螺钉旋具	1×5. 5	1 个	
20	断线钳	550V	1 个	
21	剥线钳		1 个	
22	验电器		1 支	
23	万用表		1 个	
24	自攻螺钉	30mm	20 个	

五、检验评分标准（见表 5-5）

表 5-5　减压起动评分表

工种	维修电工		姓名		总得分			
序号	考核项目	考核内容及要求		配分	评分标准	结果	扣分	得分
1	安全操作	在接通线路前是否检查电压，是否断开总电源开关		20 分	根据现场操作酌情扣 3～5 分			
2	文明操作	工具摆放整齐，不浪费电线，未损坏电气元件		10 分	根据现场操作酌情扣 1～2 分			
3	线路布局	布局合理、美观，电线不弯曲		20 分	布局不合理扣 5 分，线路弯曲扣 5 分			
4	主电路	电源接通后按下正转按钮延时 5s 后正常运转		40 分	电源接通后不能正常使用不得分，延时不正常扣 5 分			
5	辅助控制电路	电源指示、照明灯亮正常		10 分	照明灯不亮扣 5 分，电源指示灯不亮扣 5 分			

◇◇◇ 任务 4　进行 CA6140 型卧式车床电路控制

一、分析电路图

1）看懂电路图：首先要知道电路图中各符号代表的是哪个电气元件，然后要了解这些电气元件的名称、构造、作用以及工作原理，最后要了解电路图中哪一部分控制哪一部分，再带动哪一部分工作。

2）对电路图进行深入了解，重点了解电路中的几个基础概念（自锁、互锁、换向）。

3）根据电气原理图安装配电盘，了解安装配电盘的具体要求和操作注意事项。

4）认真审阅图 5-5 所示的 CA6140 型卧式车床的配电柜基本电路。

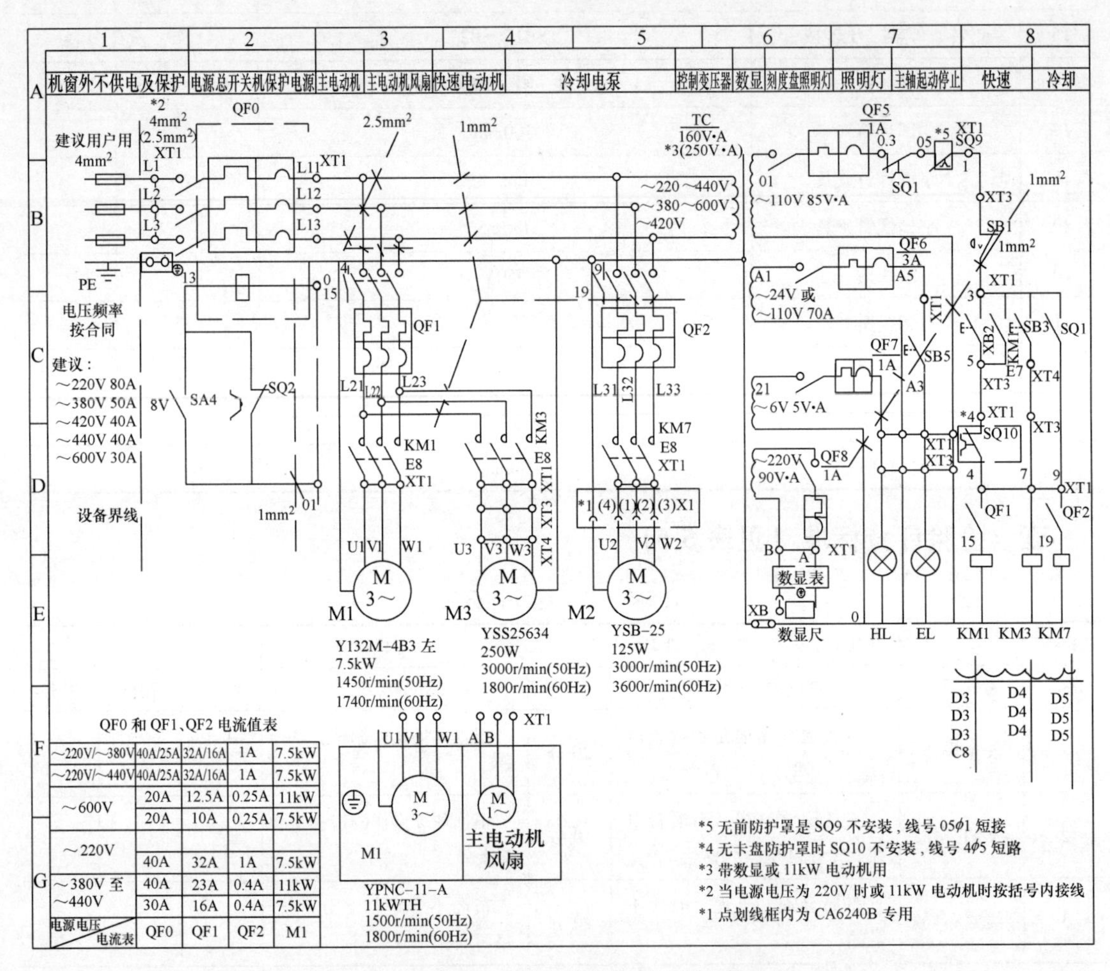

电源电压 \ 电流表		QF0	QF1	QF2	M1
～220V/～380V		40A/25A	32A/16A	1A	7.5kW
～220V/～440V		40A/25A	32A/16A	1A	7.5kW
～600V		20A	12.5A	0.25A	11kW
		20A	10A	0.25A	7.5kW
～220V		40A	32A	1A	7.5kW
～380V 至～440V		40A	23A	0.4A	11kW
		30A	16A	0.4A	7.5kW

图 5-5　CA6140 型卧式车床的配电柜基本电路

二、技术要求

1）根据 CA6140 型卧式车床的基本线路图组装配电盘，并能正常使用。

2）线路布设规则美观、清晰。

3）电气元件布局合理。

4）接通电源后主电路达到正转起动、停止，辅助控制线路图——冷却水泵、电源指示、照明线路图使用正常。

三、接线提示

CA6140 型卧式车床的主电路接线提示如图 5-6 所示。

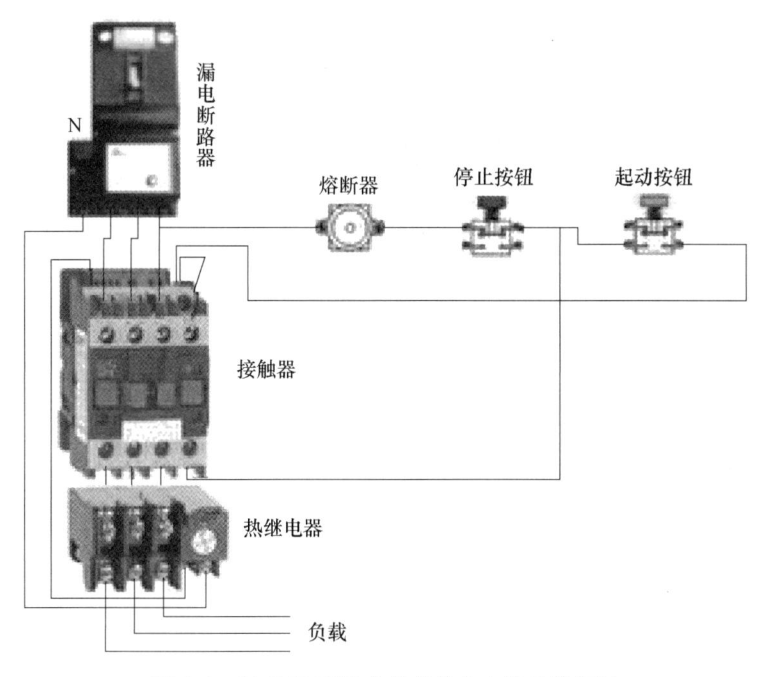

图 5-6　CA6140 型卧式车床的主电路接线提示

四、电气元件、工具、量具（见表 5-6）

表 5-6　电气元件、工具、量具

序号	名称	规格	数量	备注
1	配电板	400mm×320mm	1	
2	总开关	40A	1 个	
3	熔断器	2A	3 个	
4	接触器（KM1、KM2）	380V	4 个	
5	电线	2. 5mm^2	20m	
6	软线	1. 5mm^2	15m	
7	热继电器	16A	2 个	
8	控制变压器	输入 380V，输出 36V、24V、6V	1 个	
9	灯泡	24V	2 个	
10	电源指示灯	6V	1 个	
11	灯座		2 个	
12	电动机	7. 5kW	1 个	
13	正转、停转、反转按钮	SB1、SB2、SB3	1 个	
14	接线板	12 对一组，19 对一组	各一个	
15	凹形轨	700mm	1	
16	冷却泵	120W　380V	1 个	
17	十字槽螺钉旋具	1×5. 5	1 个	

（续）

序号	名称	规格	数量	备注
18	一字槽螺钉旋具	1×5.5	1个	
19	断线钳	550V	1个	
20	剥线钳		1个	
21	验电器		1支	
22	万用表		1个	
23	自攻螺钉	30mm	20个	

五、检验评分标准（见表5-7）

表5-7　CA6140型卧式车床配电柜评分表

工种	维修电工		姓名：		总得分			
序号	考核项目	考核内容及要求	配分	评分标准	结果	扣分	得分	
1	安全操作	在接通线路前是否检查电压，是否断开总电源开关	20分	根据现场操作酌情扣3~5分				
2	文明操作	工具摆放整齐，不浪费电线，未损坏电气元件	10分	根据现场操作酌情扣1~2分				
3	线路布局	布局合理、美观，电线不弯曲	20分	布局不合理扣5分，线路弯曲扣5分				
4	主线路	电源接通后正转、停转、反运转正常	40分	电源接通后不能正常使用不得分				
5	辅助控制电路	冷却水泵正常，指示灯、照明灯亮	10分	冷却不正常扣4分，照明灯不亮扣4分，电源指示灯不亮扣2分				

项目 6

焊接加工工艺及实训

一、实训目的

1. 遵守焊接安全操作规程。
2. 了解焊接工艺过程、特点和应用范围。
3. 了解工程中常用的各种焊接设备的种类、结构、性能和使用。
4. 了解工程中常用的各种具体焊接工艺方法。
5. 了解焊条的组成和作用，熟悉常用结构钢焊条的种类、牌号及应用。
6. 掌握焊条电弧焊的引弧、运条和收弧操作，以及气焊的操作。

二、学时安排

学时及安排见表 6-1。

表 6-1　焊接加工工艺及实训的学时及安排

课程名称：　金工实训　工种：焊工　学时：6 学时

<table>
<tr><th>序号</th><th colspan="2">教学项目</th><th>时间</th><th>教学内容</th></tr>
<tr><td>一</td><td colspan="2">多媒体课件</td><td>1h</td><td>1. 焊条电弧焊、埋弧焊、电弧焊、钎焊
2. 电渣焊、等离子弧焊、电子束焊、摩擦焊
3. 激光焊</td></tr>
<tr><td>二</td><td rowspan="2">现场讲解</td><td>焊接安全常识</td><td>10min</td><td>焊接生产安全技术</td></tr>
<tr><td>三</td><td>气割</td><td>20min</td><td>1. 讲解氧气切割原理、金属气割条件
2. 讲解气焊设备的组成及使用方法
3. 讲解气焊火焰的种类和应用
4. 示范演示气割操作过程</td></tr>
<tr><td>四</td><td colspan="2">学生操作</td><td>20min</td><td>实际操作切割薄板、厚板</td></tr>
<tr><td rowspan="4">五</td><td rowspan="4">现场讲解</td><td>焊接简介</td><td>10min</td><td>讲解焊接生产工艺过程、特点和应用</td></tr>
<tr><td>焊机的介绍</td><td>10min</td><td>讲解焊机的种类（交流弧焊机和直流弧焊机）、结构、性能及使用</td></tr>
<tr><td>焊条的介绍</td><td>10min</td><td>讲解焊条的组成及作用，酸性焊条和碱性焊条的性能特点，焊条牌号及其含义</td></tr>
<tr><td>操作示范</td><td>10min</td><td>示范演示焊条电弧焊的操作方法和步骤</td></tr>
<tr><td>六</td><td colspan="2">学生操作</td><td>3. 5h</td><td>1. 操作引弧、运条和收弧操作
2. 气焊的操作
3. 分析焊接缺陷</td></tr>
</table>

◇◇◇ 任务1　安全知识与操作规程

焊条电弧焊的安全操作规则如下：

1. 防止触电

1）焊前检查焊机外壳接地是否良好。

2）检查焊钳和电缆绝缘是否良好。

3）焊接操作前应穿好绝缘鞋，戴好电焊手套。

4）人体不要同时触及焊机输出两端。

5）使用电焊机，需截好绝缘手套，且不允许一手拿焊钳 ，一手拿地线，防止发生意外触电。

2. 防止弧光伤害

1）穿好工作服，戴好电焊面罩，以免弧光伤害皮肤。

2）施焊时必须使用面罩，保护眼睛和脸部。

3. 防止烫伤

清渣时注意渣的飞出方向，防止渣烫伤眼睛和脸部。

4. 焊接安全常识

电焊属于带电作业，焊接过程会产生弧光辐射、烟尘和有害气体。所以，必须掌握焊接安全技术，并遵守安全操作规程，以避免安全事故的发生。

5. 安全用电

1）电焊机空载电压为60~85V，工作时电压一般小于36V，但电流对人体危害大。

2）触电的产生原因及安全措施。手或身体和带电的焊条、焊钳、破损的电缆线等接触，若没有很好的绝缘措施，就极可能触电。所以，操作时必须穿戴好工作服、绝缘鞋和焊工手套；弧焊设备的外壳必须接地或接零，不可私自拆修电焊机；更换焊条时，应避免身体与焊件接触；焊钳应有可靠的绝缘，工作中断时，切记不可将焊钳放在焊架或焊件之上，以免发生短路。

触电急救：切断电源、人工抢救。

6. 预防弧光辐射的安全知识

弧光辐射是指电弧燃烧时，产生强烈的弧光，辐射到人体上造成组织发生急性或慢性的损伤。

弧光辐射主要产生红外线、可见光、紫外线三种射线，都属电磁波范畴内，其中紫外线波长更短（频率高），红外线波长长一些，可见光介于之间。

紫外线主要造成对皮肤和眼睛的伤害，会引起电光性眼炎、皮肤发红、脱皮等；红外线会造成身体灼伤和灼痛；可见光的强度比肉眼能承受的强度大约大1万倍，所以会造成对眼睛的伤害。

7. 主要防范措施

1）按规定使用面罩，注意改进常见不良习惯：引弧时未及时戴好面罩及熄弧前提早揭开面罩等。

2）扎紧袖口和领口，肉体不要裸露。

3）工作鞋选用绝缘好、不易燃、防滑的鞋子，工作服不应选用化纤类面料。

4）其他。主要有烟尘、有毒气体等。注意通风及改善作业场地条件。

◇◇◇ 任务 2　了解焊接的基本知识

一、焊接的定义、特点及方法

1. 焊接的定义

焊接是通过加热或加压，或者两者并用，并且用或不用填充材料，使焊件达到原子结合的一种加工方法。所以焊接是一种把分离的金属件连接成为不可拆卸的一个整体的加工方法。加压用以破坏结合面上的氧化膜或其他吸附层，并使接触面发生塑性变形，以扩大接触面。在变形足够时，也可直接形成原子间结合，得到牢固的接头；加热是对连接处进行局部加热，使之达到塑性或熔化状态，激励并加强原子的能量，从而通过扩散、结晶和再结晶的形成与发展，以获得牢固的接头。

2. 焊接的特点

在焊接被广泛应用以前，不可拆卸连接的主要方法是铆接。与铆接相比，焊接具有节省金属、生产率高、致密性好、操作条件好、易于实现机械化和自动化等特点。所以，现在焊接已基本取代铆接。

3. 焊接的方法

焊接的方法很多，按焊接过程的特点不同可分为熔焊、压焊和钎焊三大类。

（1）熔焊　焊接过程中，将焊件接头加热至熔化状态，不加压力完成焊接的方法称为熔焊。根据热源不同，这类焊接方法有气焊、电弧焊、电渣焊、激光焊、电子束焊、等离子弧焊等。

（2）压焊　焊接过程中，必须对焊件施加压力（加热或不加热），以完成焊接的方法称为压焊。属于这类焊接的方法有电阻焊、摩擦焊、超声波焊、冷压焊等。

（3）钎焊　钎焊是采用比母材熔点低的金属材料作为钎料，将焊件和钎料加热到高于钎料熔点、低于母材熔点的温度，利用液态钎料润湿母材、填充接头间隙并与母材相互扩散实现连接焊件的方法。属于这类焊接方法的有硬钎焊与软钎焊等。

二、焊条电弧焊

焊条电弧焊是一种发展较早的焊接方法，在目前仍然是应用最广泛的一种焊接方法。其特点是设备简单、成本低、工艺灵活、适应性强（适用于多种材料、长距离及不规则的焊缝）；但其劳动强度大、效率低（手工操作及不能连续焊接）。

1. 焊条电弧焊的工具

（1）焊钳　其作用是夹持焊条和传导电流。

（2）电弧面罩和手套　它们均属于保护用具，防止脸部、皮肤受到弧光及其他损害。电弧面罩有掌上型和头盔式两种。

（3）其他工具　如清除焊缝表面及渣壳的清渣焊锤和钢丝刷等。

2. 焊条电弧焊的主要设备

焊条电弧焊的主要设备是弧焊机。弧焊机按其供给的焊接电流种类的不同可分为交流弧焊机和直流弧焊机两类。

（1）交流弧焊机　交流弧焊机供给焊接时的电流是交流电，是一种特殊的降压变压器，它具有结构简单、价格便宜、使用可靠、工作噪声小、维护方便等优点，所以焊接时常用交流弧焊机，其主要缺点是焊接时电弧不够稳定。

（2）直流弧焊机　直流弧焊机供给焊接时的电流为直流电。它具有电弧稳定、引弧容易、焊接质量较好的优点，但是直流弧焊发电机的结构复杂、噪声大、成本高、维修困难。

3. 焊条（图 6-1）

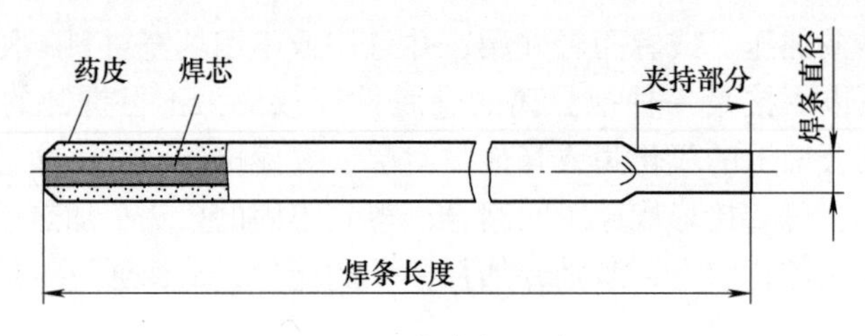

图 6-1　焊条的组成

涂有药皮的供焊条电弧焊用的焊条由焊芯和药皮两部分组成。

焊芯是具有一定长度及直径的金属丝（碳素结构钢、合金钢、不锈钢、铸铁、铜及铜合金、铝及铝合金等）。焊芯有两个作用，一是传导电流并产生电弧，二是本身熔化与母材形成焊缝，焊芯直径一般为 2.5mm、3.2mm、4.0mm。

药皮由多种材料组成，内含稳弧剂（主要使用易于电离的钾、钠、钙的化合物）、造渣剂（形成熔渣覆盖在熔池表面，不让大气侵入熔池，且起冶金作用）、造气剂（分解出 CO_2 和 H_2 等气体包围在电弧和熔池周围，起到隔绝大气、保护熔滴和熔池的作用）等。药皮的主要作用是保证使电弧容易引燃并使电弧稳定燃烧以及隔离空气。药皮有酸性、碱性之分。

焊条按用途不同可分为结构钢焊条、耐热钢焊条、不锈钢焊条、铸铁焊条、铜及铜合金焊条、铝及铝合金焊条等。本实训用的焊条型号为 E4303，属于碳素结构钢焊条，药皮为酸性、钛钙型，直径为 2.5mm。

4. 焊条电弧焊的焊接原理（图 6-2）

由弧焊机、焊接电缆、焊钳、焊条、焊件和电弧构成焊接回路，采用接触短路引弧法引燃电弧，在高温作用下，焊条和焊件局部被熔化形成熔池，随着电弧的不断移动，熔池逐渐冷却结晶后便形成了焊缝。

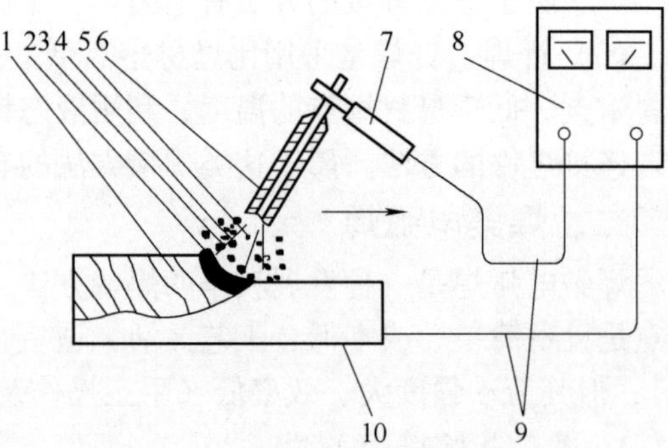

图 6-2　焊条电弧焊的焊接原理

1—焊缝　2—熔池　3—保护气体　4—电弧　5—熔滴　6—焊条　7—焊钳　8—焊机　9—电缆　10—焊件

5. 焊条电弧焊的焊接参数

焊条电弧焊的焊接参数包括焊接电源种类和极性、焊条直径、焊接电流、电弧电压、焊接速度、焊接层数等。

三、气焊和气割

1. 气焊的特点和应用

气焊是利用气体火焰作为热源来熔化母材和填充金属的一种焊接方法。乙炔利用纯氧助燃，与在空气中相比，能大大提高火焰温度（达 3000℃ 以上）。

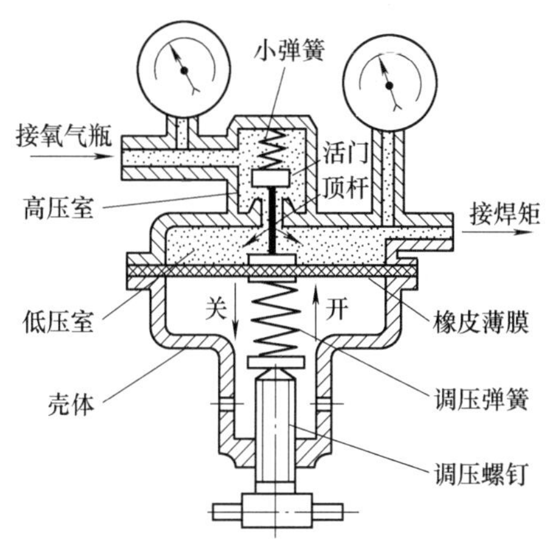

图 6-3　减压器

2. 气焊的设备与工具以及辅助器具与防护用具

（1）氧气瓶　氧气瓶是贮存和运输高压氧气的容器。其容积为 40L，贮氧的最大压力为 15MPa。按规定，氧气瓶外表漆成天蓝色，并用黑漆标明“氧气”字样。

（2）减压器（图 6-3）　减压器的作用是将高压氧气瓶中的高压氧气减压至焊炬所需的工作压力（0. 1~0. 3MPa），供焊接使用。

（3）乙炔瓶　乙炔瓶是贮存和运输乙快的容器。其外形与氧气瓶相似，但其表面涂成白色，并用红漆写上“乙炔”字样。在乙炔瓶内装有浸满丙酮的多孔性填料。

（4）焊炬（图 6-4）　焊炬是使乙炔和氧气按一定比例混合，并获得稳定气焊火焰的工具。

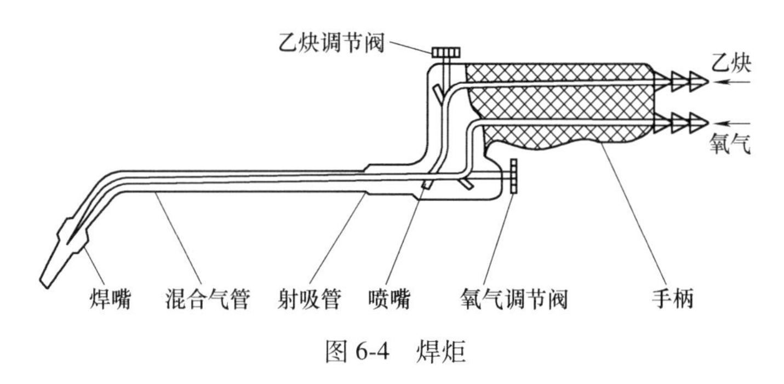

图 6-4　焊炬

射吸式焊炬包括乙炔接头、氧气接头、手柄、乙炔阀门、氧气阀门、射吸式管、混合管、喷嘴等。

（5）辅助器具与防护用具　辅助器具有通针、橡皮管、点火器、钢丝刷、敲渣锤、锉刀等，防护用具有气焊眼镜、工作服、手套、工作鞋、护脚布等。

3. 气焊火焰（氧乙炔焰）

氧与乙炔混合燃烧所形成的火焰称为氧乙炔焰。通过调节氧气阀门和乙炔阀门，可改变氧气和乙炔的混合比例得到三种不同的火焰，即中性焰、氧化焰和碳化焰，如图 6-5 所示。

（1）中性焰（图 6-5a）　当氧气与乙炔的体积比为 1~1. 2 时，所产生的火焰称为中性焰，又称为正常焰。中性焰是焊接时常用的火焰，用于焊接低碳钢、中碳钢、合金钢、纯铜、铝合金等材料。

（2）碳化焰（图 6-5b）　当氧气和乙炔的体积比小于 1 时，则得到碳化焰。

（3）氧化焰（图 6-5c）　当氧气和乙炔的体积比大于 1. 2 时，则形成氧化焰。

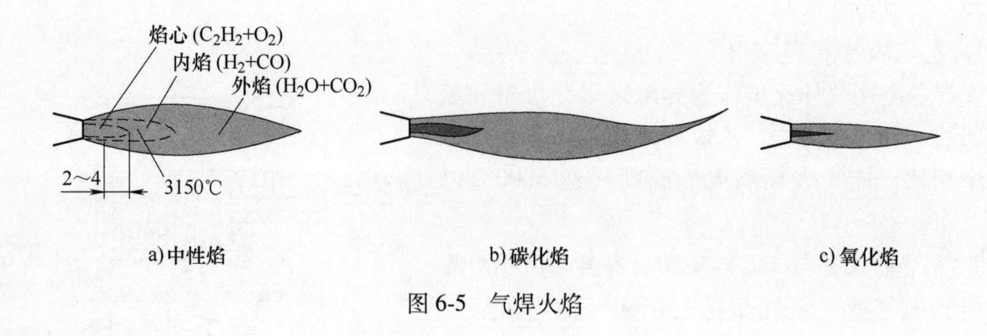

图 6-5　气焊火焰

4. 气焊的基本操作技术

气焊操作时，一般右手持焊炬，大拇指位于乙炔开关处，食指位于氧气开关处，以便于随时调节气体流量，用其他三指握住焊炬手柄，左手拿焊丝。气焊的基本操作有点火、调节火焰、施焊和熄火等几个步骤。

（1）点火、调节火焰与熄火　点火时先微开氧气阀门，然后打开乙炔阀门，用明火（可用电子枪或低压电火花等）点燃火焰。这时的火焰为碳化焰，然后逐渐开大氧气阀，将碳化焰调整为中性焰，如继续增加氧气（或减少乙炔）就可得到氧化焰。

焊接完毕需熄火时，应先关乙炔阀门，再关氧气阀门，以免发生回火和减少烟尘。

（2）正常焊接　为了获得优质而美观的焊缝和控制熔池的热量，焊炬和焊丝应做出均匀协调的运动，即沿焊件接缝的纵向运动，焊炬沿焊缝做横向摆动，焊丝在垂直焊缝方向送进并做上下移动，如图 6-6 所示。

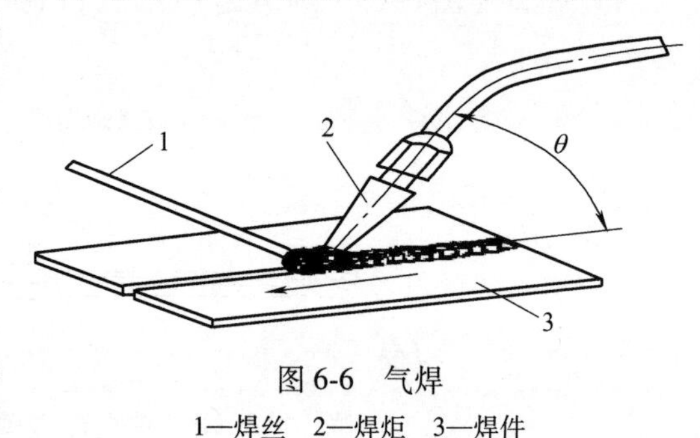

图 6-6　气焊

1—焊丝　2—焊炬　3—焊件

（3）焊缝收尾　当焊到焊缝终点时，由于端部散热条件差，应减小焊炬与焊件的夹角（20°~30°），同时要增加焊接速度和多加一些焊丝，以防熔池扩大，形成烧穿。

5. 气割

气割是利用气体火焰的热能将工件切割处预热到一定温度后，喷出高速切割氧气流，使其燃烧并放出热量实现切割的方法。它与气焊是本质不同的过程，气焊是熔化金属，而气割是金属在纯氧中燃烧。

（1）金属氧气切割的条件　金属材料的燃点必须低于其熔点。燃烧生成的金属氧化物的熔点应低于金属本身的熔点。金属燃烧时释放大量的热，而且金属本身的导热性要低。

只有满足上述条件的金属材料才能进行气割，如铸铁。高合金钢、铜、铝等均难进行气割。

（2）气割过程　气割时用割炬代替焊炬，其余设备与气焊相同。割炬的外形与结构如图 6-7 所示。气割时先用氧乙炔焰将切口附近的金属预热到燃点（约 1300℃，呈黄白色），然后打开割炬上的切割氧气阀，高压氧气射流使高温金属立即燃烧，生成的氧化物（即氧化铁，呈熔融状态）同时被氧气流吹走，如图 6-8 所示。

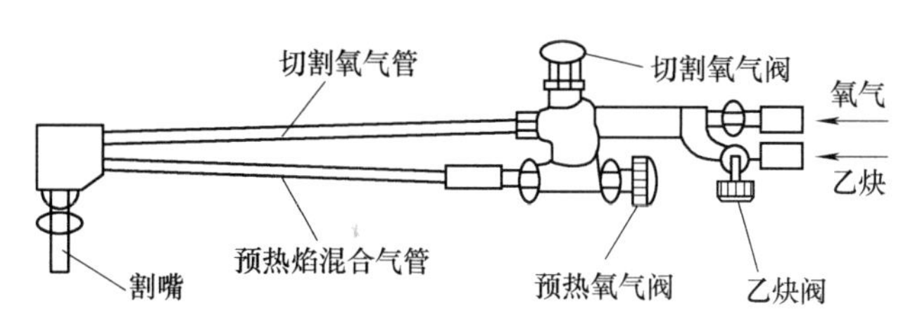

图 6-7　割炬的外形与结构

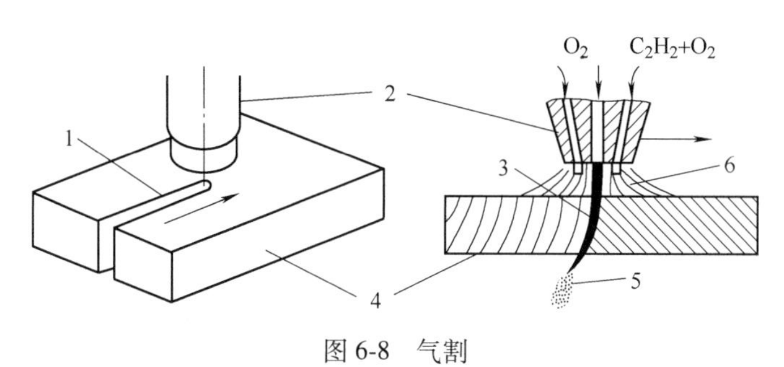

图 6-8　气割

1—切口　2—割嘴　3—氧气流　4—工件　5—氧化物　6—预热火焰

四、气体保护焊

利用外加气体作为电弧介质并保护电弧和熔池的电弧焊方法称为气体保护焊。常用的保护气体有氩气和 CO_2 两种。

1. 氩弧焊

用氩气作为保护性气体的气体保护焊称为氩弧焊。

（1）氩弧焊的基本原理　利用从氩弧焊枪体喷嘴中匀速喷出的氩气，在电弧及熔池周围形成连续封闭的气流把空气排开，保护焊丝和熔池不与空气相接触。由于氩气是惰性气体，它不与液态金属起化学反应，也不溶于金属。同时氩气气流对电弧还有一定的冷却和压缩作用，所以氩弧的能量比较集中，加热速度快。因此氩弧焊的焊缝质量较高。

（2）氩弧焊的特点　氩气是惰性气体，能有效地保护液态金属不被氧化；电弧热量集中，热影响区小，焊件变形小；操作明弧可见，比较直观、容易；电弧稳定、飞溅小、焊缝致密，力学性能和耐蚀性都比较好，表面无渣，焊缝外形美观；容易实现机械化和自动化。

（3）氩弧焊的应用　氩弧焊是一种高质量的焊接方法，具有很多优点，因此在造船、航空、航天、化工、机械及电子等工业部门都得到了广泛的应用。但氩弧焊设备复杂、焊接成本较高，目前主要用于焊接一些较贵重金属，如高合金钢、钛合金、不锈钢、铝及铜合金和一些稀有金属等材料。

（4）氩弧焊的设备及工艺　此处应根据实训现场的实际设备，介绍现有的设备、工艺及操作要领。

（5）氩弧焊操作　典型工件：不锈钢的氩弧焊操作。

2. CO_2 气体保护焊

利用 CO_2 作为保护气体的气体保护焊称为 CO_2 气体保护焊。它一般可分为半自动焊和自动焊两种。

（1）CO_2气体保护焊的基本原理　它是用焊丝和工件之间产生电弧来熔化金属的一种熔化极气体保护焊。CO_2气体匀速流过焊丝和熔融焊缝周围的空间，把空气中的氧气与焊缝隔离，起到保护焊缝的作用。

（2）CO_2气体保护焊的特点　CO_2气体价格低廉，和电弧焊相比生产效率高（不用清渣及换焊条），焊接成本较低；焊接时电流密度大，电弧热利用率高，焊后不需清渣，生产率高；电弧热量集中，焊件受热面积小，变形小，焊缝抗裂性好，焊接质量较高，明弧焊接。

◇◇◇ 任务3　了解焊接加工的工艺知识

一、焊接接头和坡口

为了保证焊透工件，厚板焊接时则需要开坡口。坡口形状根据工件的板厚而定。平板焊接常用的四种接头形式有对接接头、搭接接头、角接接头和T形接头，常用的四种坡口形状有I形坡口、V形坡口、X形坡口及U形坡口。

二、焊条电弧焊基本操作技术

1. 引弧

引弧就是引燃焊接电弧的过程。引弧时，首先将焊条末端与工件表面形成短路，然后迅速向上提起2~4mm，电弧即被引燃。引弧方法有两种，即敲击法和划擦法。电弧引燃后，为了维持电弧的稳定燃烧，应不断向下送进焊条。焊条送进速度应和焊条熔化速度相同，以保持电弧长度基本不变。

2. 平敷焊

平敷焊是在平焊位置上堆敷焊道的一种操作方法，是焊条电弧焊最基本的操作。施焊中焊条角度为60°~90°，电弧长度一般为2~3mm，焊条沿中心线均匀向下送进，保持电弧长度约等于焊条直径；焊接速度要均匀，沿焊接方向前移的焊条应使焊接过程中熔池宽度保持基本不变。

3. 对接平焊

对接平焊在生产中最常用，厚度为4~6mm钢板的对接平焊步骤如下：

1）装配：将两板水平放置对齐并留出1~2mm的间隙。注意防止错边。错边允许值应小于板厚的10%。

2）定位焊：用焊条点固，固定两工件的相对位置，定位焊后须除渣。如工件较长，可每隔300mm左右定位焊一次。

3）焊接：选择合适的焊接参数；先焊定位焊面的反面，使熔深大于板厚的一半，焊后除渣；翻转工件，焊另一面。

4）焊后清理：用钢丝刷等工具把焊件表面的渣壳和飞溅物等清除干净。

5）检验：焊完后焊缝应形成一条直线，焊缝表面无焊接缺陷，焊缝宽度误差应控制在1~2mm，焊缝波纹平整，工件形变小于3mm。

三、焊条电弧焊工艺

选择合适的焊接参数是获得优良焊缝的前提，并直接影响劳动生产率。焊条电弧焊工艺是根据焊接接头形式、焊件材料、板材厚度、焊缝焊接位置等具体情况制订的，包括焊条牌号、焊条直径、电源种类和极性、焊接电流、焊接电压、焊接速度、焊接坡口形式和焊接层数等内容。

焊条牌号主要根据焊件材质选择，并参考焊接位置情况决定。电源种类和极性又由焊条牌号而定。焊接电压取决于电弧长度，它与焊接速度对焊缝成形有重要影响，一般由焊工根据具体情况灵活掌握。

1. 焊接位置

在实际生产中，由于焊接结构和焊件移动的限制，焊缝在空间的位置除平焊外，还有立焊、横焊、仰焊，如图 6-9 所示。平焊操作方便，焊缝成形条件好，容易获得优质焊缝并具有高的生产率，是最合适的位置；其他三种又称空间位置焊，焊工操作较平焊困难，受熔池液态金属重力的影响，需要对焊接规范控制并采取一定的操作方法才能保证焊缝成形，其中焊接条件仰焊位置最差，立焊、横焊次之。

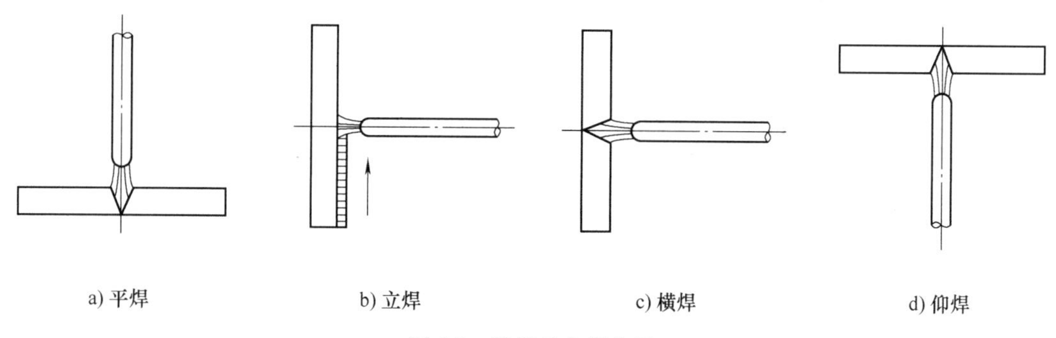

a) 平焊　　b) 立焊　　c) 横焊　　d) 仰焊

图 6-9　焊缝的空间位置

2. 焊接接头形式和焊接坡口形式

焊接接头是指用焊接的方法连接的接头，它由焊缝、熔合区、热影响区及其邻近的母材组成。根据接头的构造形式不同，可分为对接接头、T 形接头、搭接接头、角接接头、卷边接头五种类型。前四种类型如图 6-10 所示，卷边接头用于薄板焊接。

熔焊接头焊前加工坡口，其目的在于使焊接容易进行，电弧能沿板厚熔敷一定的深度，保证接头根部焊透，并获得良好的焊缝成形。焊接坡口形式有 I 形坡口、V 形坡口、U 形坡口、X 形坡口、J 形坡口等多种。常见焊条电弧焊接头的坡口形状和尺寸如图 6-10 所示。对焊件厚度小于 6mm 的焊缝，可以不开坡口或开 I 形坡口；中厚度和大厚度板对接焊，为保证熔透，必须开坡口。V 形坡口便于加工，但焊件焊后易发生变形；X 形坡口可以避免 V 形坡口的一些缺点，同时可减少填充材料；U 形及双 U 形坡口，其焊缝填充金属量更小，焊后变形也小，但坡口加工困难，一般用于重要焊接结构。

3. 焊条直径、焊接电流

一般焊件的厚度越大，选用的焊条直径 d 也越大，同时可选择较大的焊接电流，以提高工作效率。板厚在 3mm 以下时，焊条 d 取值小于或等于板厚；板厚为 4～8mm 时，d 取 3.2～4mm；板厚为 8～12mm 时，d 取 4～5mm。此外，在中厚板焊件的焊接过程中，焊缝往往采用多层焊或多层多道焊完成。低碳钢平焊时，焊条直径 d 和焊接电流 I 的对应关系有经验公式作为参考，即

$$I=kd$$

式中，k 为经验系数，取值范围为 30~50。当然焊接电流值的选择还应综合考虑各种具体因素。空间位置焊，为保证焊缝成形，应选择较小直径的焊条，焊接电流比平焊位置小。在使用碱性焊条时，为减少焊接飞溅，可适当降低焊接电流。

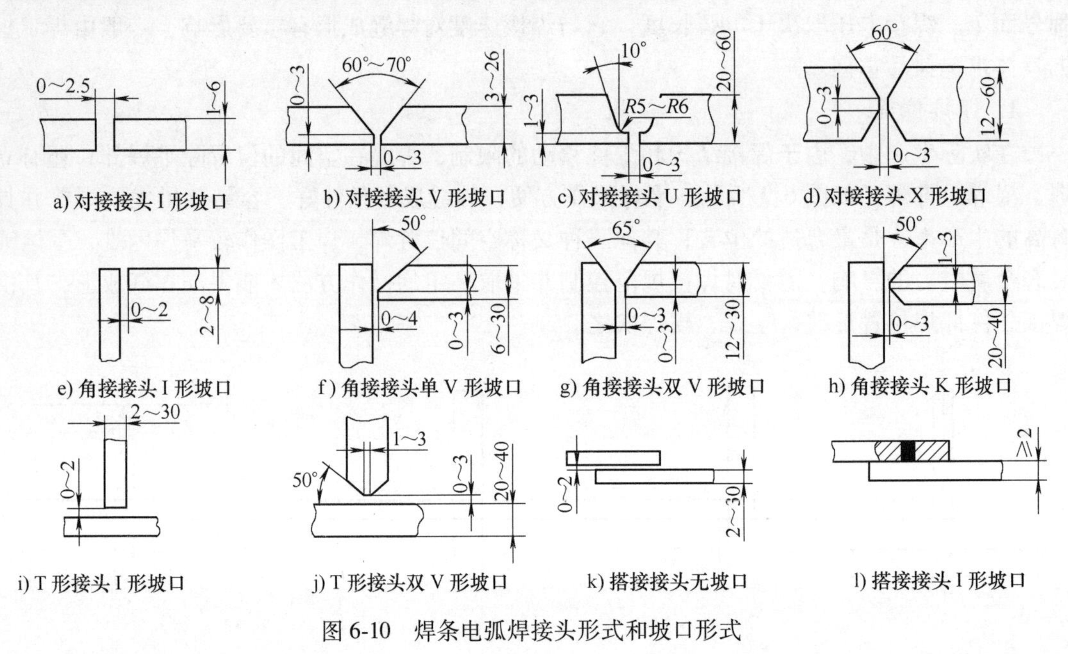

a) 对接接头 I 形坡口　b) 对接接头 V 形坡口　c) 对接接头 U 形坡口　d) 对接接头 X 形坡口

e) 角接接头 I 形坡口　f) 角接接头单 V 形坡口　g) 角接接头双 V 形坡口　h) 角接接头 K 形坡口

i) T 形接头 I 形坡口　j) T 形接头双 V 形坡口　k) 搭接接头无坡口　l) 搭接接头 I 形坡口

图 6-10　焊条电弧焊接头形式和坡口形式

4. 焊条电弧焊的常见缺陷

焊条电弧焊的常见缺陷包括气孔、裂纹、夹渣、未焊透、未熔合、咬边、烧穿及焊缝表面成形不良等。

◇◇◇ 任务 4　掌握焊接加工的操作方法

一、工作任务

本任务主要是用 BX3-300 型焊机完成焊接练习，焊条电弧焊加工工件如图 6-11 所示。

二、完成工作任务

1. 焊条电弧焊加工工艺

1）焊条电弧焊加工零件的加工工艺分析。

2）零件图工艺分析。

3）焊接设备：BX3-300 型焊机。

4）焊条：E4303 型或 E5015 型，焊条直径为 2.5mm、3.2mm 或 4.0mm。

5）焊件：Q235 钢板，尺寸为 200mm×150mm×10mm。

2. 焊接工艺设计

（1）画线　在工件上用石笔以 10mm 的间距画出焊缝位置线，然后用划擦法引弧。

（2）电流选择　使用直径为 3.2mm 的焊条在 90~120A 的范围内适当调节焊接电流，使用直径为 4.0mm 的焊条在 140~180A 的范围内适当调节焊接电流。

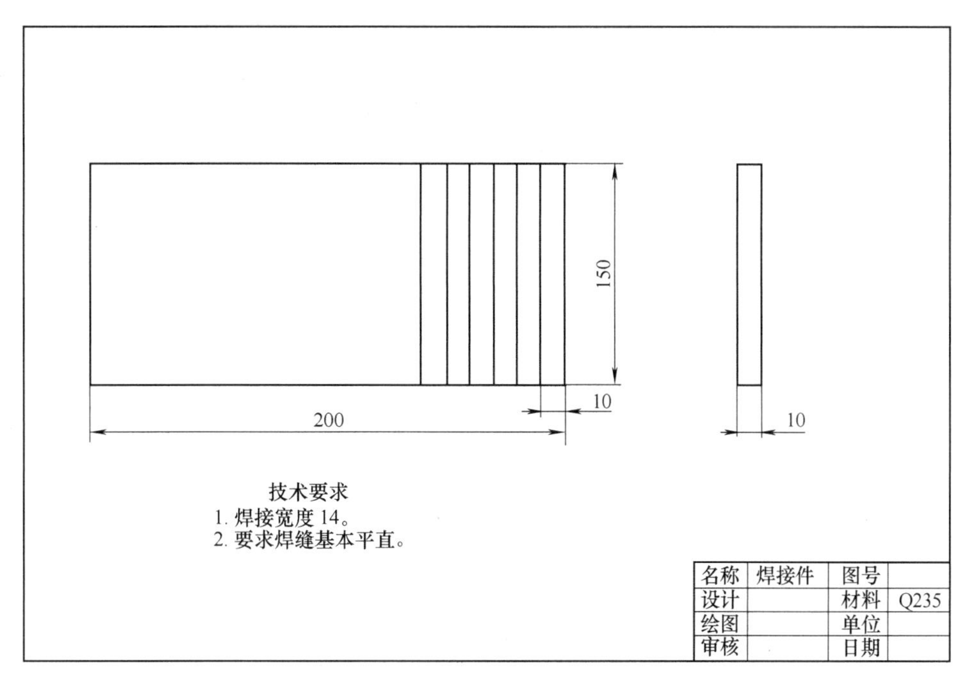

图 6-11　焊条电弧焊加工件

3. 焊条电弧焊操作练习

（1）引弧　焊条电弧焊有两种引弧方式，即划擦法和敲击法。划擦法操作是在焊机电源开启后，将焊条末端对准焊缝，并保持两者的距离在 15mm 以内，依靠手腕的转动，使焊条在焊件表面轻划一下，并立即提起 2～4mm，电弧引燃，然后开始正常焊接。敲击法是在焊机开启后，先将焊条末端对准焊缝，然后稍点一下手腕，使焊条轻轻撞击焊件，随即提起 2～4mm，电弧引燃，然后开始焊接。

（2）引弧注意事项

1）操作时，左手持面罩，右手握住焊钳手柄。切记只有在面罩遮住脸部后，才可开始引弧。

2）引弧处应无油污、锈迹和杂物。

3）为便于引弧，焊条末端应裸露焊芯，未裸露可轻轻对地敲击。

4）引弧时，发生焊条与焊件粘在一起（即短路）时，可左右扭摆焊钳，即可脱离，或立即将焊钳松开脱离焊条来切断焊接电路，待焊件稍冷后再做处理。

5）无引弧现象可能是焊条距离提得太高或提升太快、焊条未夹好等原因。

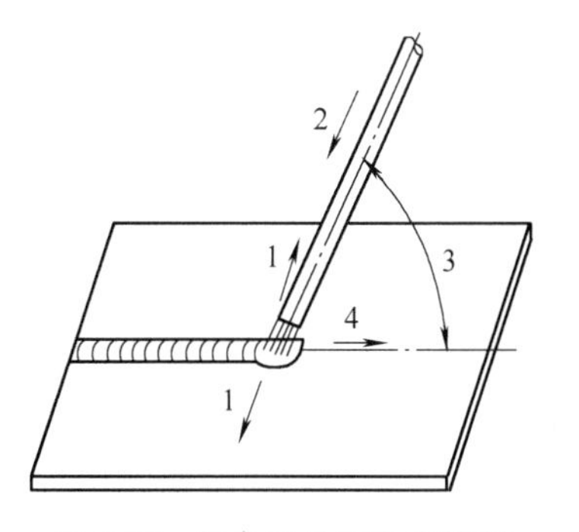

图 6-12　焊条运动和角度控制
1—横向摆动　2—送进　3—焊条与焊件夹角为 70°～80°　4—焊条前移

（3）运条 焊条电弧焊是依靠人手工操作焊条运动实现焊接的，此种操作也称运条。运条包括控制焊条角度、焊条送进、焊条摆动和焊条前移，如图 6-12 所示。运条技术的具体运用根据焊件材质、接头形式、焊接位置、焊件厚度等因素决定。常见的焊条电弧焊运条方法如图 6-13 所示，直线形运条法适用于板厚为 3~5mm 的不开坡口对接平焊；锯齿形运条法多用于厚板的焊接；月牙形运条法对熔池加热时间长，容易使熔池中的气体和熔渣浮出，有利于得到高质量的焊缝；正三角形运条法适合于不开坡口的对接接头和 T 形接头的立焊；正圆圈形运条法适合于焊接较厚焊件的平焊缝。

（4）运条注意事项

1）操作的关键是要平稳和匀速。

2）焊条送进要及时，保持弧长 2~4mm。

3）移动速度宜慢不宜快。

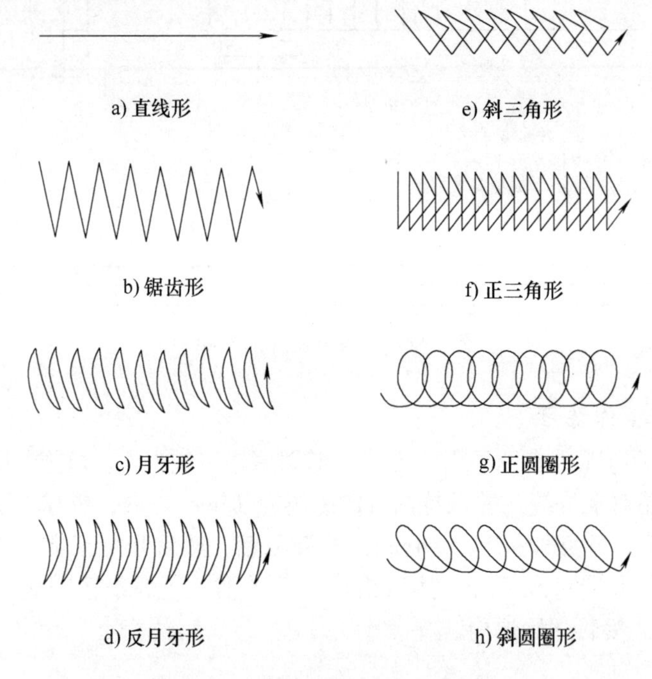

图 6-13　常见焊条电弧焊的运条方法

（5）焊缝的起头、接头和收尾

1）焊缝的起头是指焊缝起焊时的操作。由于此时焊件温度低、电弧稳定性差，焊缝容易出现气孔、未焊透等缺陷，为避免此现象，应该在引弧后将电弧稍微拉长，对焊件起焊部位进行适当预热，并且多次往复运条，达到所需要的熔深和熔宽后再调到正常的弧长进行焊接。

2）在完成一条长焊缝焊接时，往往要消耗多根焊条，这里就有前后焊条更换时焊缝接头的问题。为不影响焊缝成形，保证接头处焊接质量，更换焊条的动作越快越好，并在接头弧坑前约 15mm 处起弧，然后移到原来弧坑位置进行焊接。

3）焊缝的收尾是指焊缝结束时的操作。焊条电弧焊一般熄弧时都会留下弧坑，过深的弧坑会导致焊缝收尾处缩孔、产生弧坑应力裂纹。焊缝收尾时，应保持正常的熔池温度，做无直线运动的横摆点焊动作，逐渐填满熔池后再将电弧拉向一侧熄灭。此外还有三种焊缝收尾的操作方法，即划圈收尾法、反复断弧收尾法和回焊收尾法，也在实践中常用。

（6）焊道的连接　焊道的连接有四种方式：重叠法、回头填补法、分段头尾相连重复熔化法及分段头尾相连填满法。第一种方式最常用。

4. 焊接设备、焊条、焊接材料的选用

焊接设备、焊条、焊接材料的选用见表 6-2。

表 6-2　焊接设备、焊条、焊接材料的选用

序号	名称	规格	数量	备注
1	电焊机	BX3-300		
2	焊条	E4303、E5015，ϕ2.5mm、ϕ3.2mm、ϕ4.0mm		
3	焊把线			
4	焊钳			
5	面罩		1	
6	敲渣锤		1	
7	焊条烘箱		1	
8	焊条保温筒		1	
9	钢丝刷		1	
10	绝缘手套		1	
11	游标卡尺	0~150mm	1	
12	其他			按需选用

5. 零件加工

（1）焊接方法

按焊缝位置线用划擦法引弧，然后用直线运条法（锯齿形运条法、正圆圈形运条法）运条。注意焊条角度为 75°左右。

（2）主要加工步骤

1）操作过程中，变换不同的弧长、运条速度和焊条角度以了解诸因素对焊道的影响。

2）进行起头、接头、收尾的操作训练。

3）每条焊缝焊完后，清理焊渣，分析焊接中的问题。

6. 检查评分标准

焊接结束后，对工件进行焊接加工检验，填写加工评价，见表 6-3。

表 6-3　焊接加工评价表

项目	序号	实训要求	配分	评分标准	检验结果	得分
实践操作	1	操作姿势	10	酌情扣分		
	2	焊道起头	10			
	3	运条方法	10			
	4	焊道接头	10			
	5	焊缝宽度（10±2）mm	15	1 处不合格扣 2 分		
	6	焊缝余高（3±1）mm	15	1 处不合格扣 2 分		
	7	焊道收尾	10			
	8	焊接工艺、安全生产	20	酌情扣分		
	9	总分	100		总得分	

项目 7

铸造加工工艺及实训

一、实训目的

1. 了解铸造生产工艺过程及其特点。

2. 了解常用的特种铸造方法及其特点。

3. 了解砂型的结构，了解工件、模样和铸件之间的关系。

4. 能正确采用常用工具进行简单的整模两箱造型、分模两箱造型及挖砂造型，并浇注一种铸件。

5. 了解常见铸件的缺陷及其产生原因。

二、学时及安排

学时及安排见表 7-1。

表 7-1　铸造加工工艺及实训的学时及安排

课程名称：金工实训　工种：铸造工　学时：16 学时

<table>
<tr><th>序号</th><th colspan="2">教学项目</th><th>时间</th><th>教学内容</th></tr>
<tr><td>一</td><td colspan="2">多媒体课件</td><td>1h</td><td>1. 型芯制造
2. 特种铸造
3. 铸件常见缺陷</td></tr>
<tr><td rowspan="3">二</td><td rowspan="3">现场讲解</td><td>安全操作常识</td><td>10min</td><td>铸造生产安全技术</td></tr>
<tr><td>铸造工艺知识</td><td>20min</td><td>1. 铸造生产工艺过程、特点和应用
2. 砂型的结构，工件、模样和铸件之间的关系</td></tr>
<tr><td>手工造型方法</td><td>1. 5h</td><td>1. 手工两箱造型、整模造型、分模造型、挖砂造型、活块造型
2. 造型的操作方法</td></tr>
<tr><td rowspan="2">三</td><td rowspan="5">学生操作</td><td>两箱分模造型</td><td>2. 5h</td><td>1. 独立完成简单铸件的两箱造型
2. 了解其特点及应用</td></tr>
<tr><td>实操考核</td><td>1h</td><td>根据评分标准打分</td></tr>
<tr><td rowspan="2">四</td><td>两箱整模造型</td><td>2. 5h</td><td>1. 独立完成简单铸件的两箱造型
2. 了解其特点及应用</td></tr>
<tr><td>实操考核</td><td>1h</td><td>根据评分标准打分</td></tr>
<tr><td>五</td><td>挖砂造型</td><td>1h</td><td>1. 掌握挖砂造型的操作方法
2. 了解其特点级应用</td></tr>
<tr><td>六</td><td colspan="2">活块造型</td><td>1h</td><td>1. 示范演示活块造型的操作方法和过程
2. 讲解其特点和应用</td></tr>
<tr><td>七</td><td colspan="2">熔炼及浇注工艺</td><td>4h</td><td>1. 浇注实际操作
2. 分析常见铸造的缺陷及产生原因</td></tr>
</table>

◇◇◇ 任务 1　安全知识与操作规程

一、操作规程

1）实训时应穿好工作服，冬天不得穿大衣、风衣和带长围巾，夏天不得赤脚、赤臂。

2）按照实训内容，检查和准备好自用设备和工具。

3）造型中，要保证分型面平整、吻合，同时要有足够的气孔排气，以防气爆伤人。

4）造型中，清除散砂应用吹风器（皮老虎），不得用嘴吹，同时要注意吹风的方向上有无人，以防将砂粒吹入他人眼中。不准把吹风器当玩具开玩笑。

5）要文明实训，每天实训完毕，将造型工具清点好，摆放在工具箱内，并清理好现场。

6）不得擅自动用设备及电源开关。

二、炉工

1）炉工进入作业现场必须穿戴劳保用品，不允许非操作人员在炉台上逗留。炉工除面部外，不允许有裸露部位。

2）起动设备前，必须先检查电路、线路、水路、仪器、仪表和一些事故多发位置，确认正常后，方可进行作业。

3）起动设备前，必须先下料（不少于炉子容积的 1/2），方可起动。操作过程中（下料、挑渣等）必须站在绝缘物（干燥木板或橡胶）上，并且随时注意电柜工作时所发出的蜂鸣声，如不正常，立即停机检查，确保设备安全运行。

4）熔炼过程中须用渣棍不断地晃动炉内的金属，使其慢慢下移，不允许固体和液体分开，以免造成喷溅；金属开始熔化后，下料应特别注意，不允许冷铁和液体直接接触，防止钢液喷溅。

5）出炉前，必须根据炉前样化验结果补加元素量，含量超出规定上限范围不允许浇注；脱氧必须彻底，炉口冒火花不允许出炉浇注。而且要注意提前烘烤钢包，不允许黑包出钢。

6）倒钢液时，抬包人员必须站在干木板上，在包中加入适量脱氧剂后，将包抬起并对准炉嘴，方可倾炉倒钢液。

7）必须保证钢包内钢液倒入量，最多不得超过钢包容积的 4/5，防止抬包和浇注过程中钢液溅出 。

8）开炉和配料必须很好地配合，随时对周围炉衬进行观察，对料进行鉴定，保证有问题早发现。

9）热炉下料时，必须用小料垫底，体积要不超过炉子全部容积的 1/2，不允许直接下大料，避免对炉壁和炉底造成损伤。

10）当日结束熔炼后，必须将炉内钢液倒净，仔细检查炉衬，若需次日补炉，必须在衬里处于高温状态时迅速将衬里表面铲去，露出新肉。

11）补炉时，必须认真检查衬里是否夹带有金属，若有，必须彻底清除后方可补炉。

12）整个操作过程必须做到：眼疾手快、判断准确、反应迅速，及时发现事故隐患，果断处理突发事故，将损失降到最低限度。如有故障发生，必须先切断电源，再采取排除措施，杜绝带电作业。

13）打炉衬前，必须保证所搅拌炉料的干湿度，认真检查感应圈各绕组之间是否搭连，确认后，按150mm厚度做出炉底，在感应圈中心置入坩埚，四周用定位楔固定，按每层60mm左右均匀舂实。

14）钢液的化学成分（质量分数,%）①复合铸渗（C：0.32~0.38，Si：0.4~0.6，Mn：0.7~0.9，S<0.04，P<0.04）；②整体合金（基本元素含量偏差不超过0.3%；合金元素含量偏差不超过0.05%，且取下限）。

三、混砂工

1）必须穿戴整齐劳保用品后，方可进入工作岗位。

2）开始混砂前，必须先空载运转检查混砂机是否运转正常，确认正常后，方可进行作业。

3）每次石英砂的装入量不得超过最大核载的10%，必须保证运转时砂不能飞出机盆外。

4）黏结剂加入量必须控制在3.5%~4.5%，根据气候情况适当调节。混制时间：面砂为5~7min，背砂为3~5min。

5）面砂和背砂交换混制时，必须将机盆内清净后方可混制，不允许背砂（水分含量过高）残留部分混入面砂之中。

6）机器运转全过程不允许将手和工具放入机盆内。

7）混制好的面砂和背砂必须分开堆放，距离不小于1m，并用塑料布掩盖，不允许大面积与大气接触。

8）混砂和造型属交叉作业，应尽量避免碰撞。

四、造型工

1）必须穿戴整齐劳保用品后，方可进入工作岗位。

2）开始造型前，必须认真检查木模、冒口、外浇口、定位销和其他附件是否完整、齐全，确认后，方可造型。

3）木模放在托板上要平稳，按工艺要求位置放好外浇口、冒口后，才可依次摆箱、加入面砂、背砂，加面砂时，必须保证木模在托板上不能窜动。

4）木模表面必须用面砂覆盖，厚度大约为30mm，必须保证木模的所有表面完全由面砂覆盖，然后加入背砂，背砂应将整个砂箱填满。

5）捣砂时，必须先用尖头将吃砂量较小的位置捣实，然后用平头将整个砂型捣实，大型应该分层捣实，一般每层厚度不超过150mm。

6）扎吹气孔时，应让开模型，尽量扎深且分布合理，以保证用最小的用气量达到最好的固化效果。此间，起模难度较大的木模须适当采用活型，但必须保证活型量不大于1mm。

7）出气孔扎得好坏将直接影响工件质量。扎孔原则：在保证不出现跑火的情况下，尽量贴近铸型表面；并且要有足够的数目，以保证在铸造过程中，所产生的气体能够顺利排出。

8）砂型硬化时，吹气必须先小后大，最大时不允许吹气孔周围有可视的白雾存在，以免造成浪费。

9）起模时，起模针应尽量扎在木模的中间位置，向外拔出时，用橡胶锤轻击模型慢慢拔出。不允许用硬器击打木模，以免造成损坏。

10）砂型要求平整，如有大于20mm的缺陷，必须进行修补，凡修补位置必须低于分型面，以免形成批缝，引起漏钢液。

11）砂箱必须按工艺要求摆放整齐，保证路道畅通。

12）砂箱摆放必须整齐，需上合金的平放于地面，与其相配的另半箱立于该箱的一端。

五、合型工

1）必须穿戴整齐劳保用品后，方可进入工作岗位。

2）合型前，必须将铸型里面的浮砂抹掉吹净，然后扣合砂型，继续打开、吹净，重新扣合，确认无批缝后，方可合型。

3）上卡子必须对称加力，要求每对箱把卡子必须上紧，不许少卡子。

◇◇◇ 任务2　了解铸造的基本知识

铸造是熔炼金属，制造铸型，并将熔融金属浇入铸型，凝固后获得具有一定形状尺寸和性能金属零件毛坯的方法。铸件是指用铸造方法获得的金属制品。铸造生产工艺具有如下特点：

1. 铸造生产适应性强

铸件尺寸和质量不受限制，铸件形状可以非常复杂，特别是可以获得具有复杂内腔的铸件，适于铸造生产的金属材料范围广，生产批量不受限制。

2. 铸造生产成本低

铸造生产使用的原材料来源广泛，价格便宜，铸件形状、尺寸与零件相近，节省大量的金属材料和加工工时，废金属回收利用方便，因此铸造生产成本低廉。

铸造是一种古老的生产金属件的方法，也是现代工业生产制取金属制品的必不可少的重要方法。在一般机器中铸件占总质量的40%~80%。铸件一般作为毛坯用，经过切削加工后才能成为零件。现在的一些特种铸造方法，可以直接铸出某些零件，是少无切削加工的重要发展方向。

但是铸造也存在一些问题，如铸件的力学性能比较差，质量不稳定，生产条件差，工人劳动强度高等。所以对于承受动载荷的重要零件通常不宜采用铸件。

铸造按生产方式不同，可分为砂型铸造和特种铸造。砂型铸造是用型砂紧实制成铸型生产铸件的铸造方法。砂型铸造是目前生产中最基本的而且是用得最多的铸造方法。用砂型铸造生产的铸件，占铸件总产量80%以上。本次实训的铸造方法就是砂型铸造。砂型铸造的生产过程如图7-1所示。其中，制作铸型和熔炼金属是核心环节。对大型铸件的铸型和型芯，在合型前还要进行烘干。

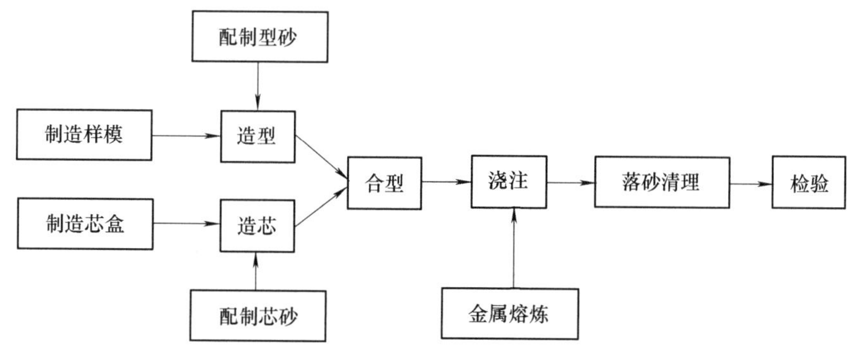

图7-1　砂型铸造的生产过程

◇◇◇ 任务3 了解造型材料知识

用来制造型砂和型芯的材料，统称为造型材料。造型材料包括型砂、芯砂和涂料等。它们性能的好坏直接影响铸件的质量。因此，应合理选用和配制造型材料。

一、型砂

型砂分为面砂和背砂。与铸件接触的那层型砂应具有较好的性能，称为面砂，需要专门配制。不与铸件接触，而只作为填充用的型砂称为背砂。

1. 型砂应具备的性能

配制好的型（芯）砂应具有一定的黏性和可塑性，可在外力作用下舂紧并塑造成砂型。浇注时型砂与高温液体金属接触，承受高温金属液流的冲刷及烘烤，因此，型砂应具有较高的强度和耐火性，以保证砂型不被冲坏和不被烧熔，避免产生冲砂、黏砂等缺陷。型砂还应具有透气性，使浇注时产生的气体能顺利地从砂粒间的孔隙排出型外，以防止产生气孔缺陷。此外，型砂还应具有退让性，以保证铸件冷却收缩时，不致因阻碍收缩使铸件产生裂纹。型砂的质量直接影响铸件的质量。在铸件废品中约50%废品的产生与型砂质量有关，因此要对型砂质量进行控制。

2. 型砂的组成

（1）原砂　原砂为型砂中的基本成分，铸造生产中用的原砂广泛采用石英砂。石英的化学成分是二氧化硅（SiO_2），它的熔点高达1700℃。砂中SiO_2含量越高，其耐火性越好。铸造用砂SiO_2含量为85%~97%（质量分数）。砂粒的形状可分为圆形、多角形和尖角形。一般湿型砂多采用颗粒均匀的圆形或多角形的天然石英砂或石英长石砂。砂粒越大，耐火性和透气性越好。粒度分布一般在0.015~1mm范围内，高熔点金属铸件应选用粗砂，以保证耐火性。

（2）黏结剂　用来黏结砂粒的材料称为黏结剂，可分为黏土黏结剂和特殊黏结剂。黏土黏结剂价廉且资源丰富，有一定的黏结强度，应用广泛。黏土又分为普通黏土和膨润土。湿型砂普遍采用黏结性较好的膨润土，而干型多采用普通黏土。特殊黏结剂包括水玻璃、桐油、干性植物油、树脂和黏土等，性能优于黏土黏结剂，但价格贵，且来源不广，因此除特殊要求的型砂，一般不用。

（3）附加物　为改善型砂的某些特殊性能而加入的少量材料称为附加物，如煤粉、油、木屑等。

3. 型砂的成分和性能

根据铸造合金的种类和铸件大小的不同，所用型砂的成分和性能也不相同。常用的几种铸造型砂的成分和性能见表7-2。

表7-2　型砂成分与性能

型砂用途	新砂（%）	旧砂（%）	黏土（%）	水（%）	氟填料（%）	硫黄（%）	煤粉（%）	透气性	湿强度/MPa
铝合金（湿型砂）	30	70	1~2	5~6				>40	5~8

（续）

型砂用途	新砂（%）	旧砂（%）	黏土（%）	水（%）	氟填料（%）	硫黄（%）	煤粉（%）	透气性	湿强度/MPa
镁合金（湿型砂）	40	60	2	5~6	6~8	1.0~2.0		>40	5~8
铸铁（湿型砂）	40~50	50~60	4~5	4~4.5			3~4	>60	6~10
铸钢（干型砂）	100		7~8	7~8	纸浆 1.5~2			>100	5~7

注：百分数表示质量分数，并以新砂与旧砂之和为基数（100%）。

4. 型砂的配制过程

型砂的组成物按一定比例配制，以保证其性能。型砂质量的好坏不仅取决于其材料的性质，还与其成分的配比和配制方法有密切关系，如加料次序、混碾时间等。混碾时间越长的型砂性能越好，但时间太长影响生产。

型砂的制备过程可分为两个阶段：

（1）原料的制备　原砂、黏结剂和辅助材料必须先过筛，大块的要破碎。旧砂过筛前应先除去金属块屑。

（2）混砂及松砂　型砂和芯砂的混制是在混砂机中进行的，现在工厂一般采用碾轮式混砂机。混砂的次序如下：

1）开动碾轮，使中心轴转动，碾轮及刮板在碾盘上绕着中心轴转动。

2）在混砂机里按比例加干的新砂、旧砂、黏土及煤粉等材料，先干混2~3min。

3）加入水，湿混5~12min，混匀后从混砂机中放出即为型砂。

4）用松砂机（或筛砂机）松散该批型砂。

5）松散后的型砂应用湿麻布盖好静置一段时间（4~5h）方可使用。这种使用黏土膜中水分均匀的过程称为调匀，以使黏土充分湿润，最大限度地发挥作用，从而使型砂达到最高性能。使用前，还要用筛砂机或松砂机进行松砂，以打碎砂团和提高型砂性能，使之松散好用。

已配好的型砂必须通过性能检验后才能使用。产量大的铸造车间常用型砂试验仪检验，小批量生产的车间多用手捏法检验型砂，如图7-2所示。

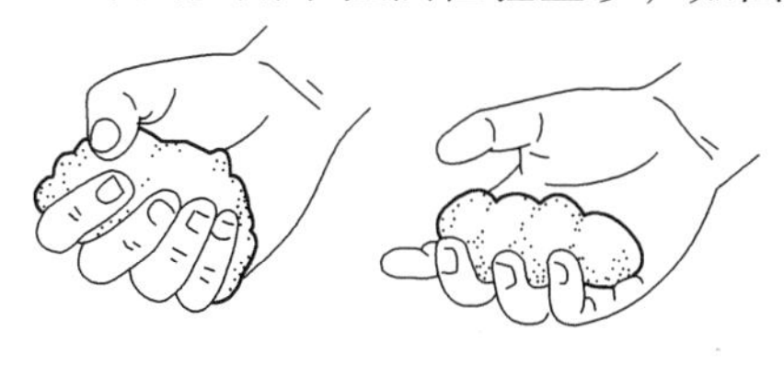

a) 型砂湿度适当时可用手捏成砂团　b) 手放开后可看出清晰的手纹

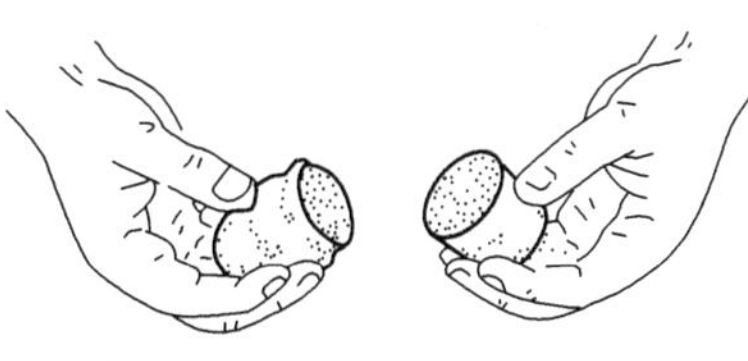

c) 折断时断隙没有碎裂状，同时有足够的强度

图7-2　手捏法检验型砂

二、芯砂

（1）芯砂的基本性能　与型砂相比，对芯砂的耐火性、透气性、退让性等要求更高。

（2）芯砂的成分　小型复杂型芯用的芯砂成分与性能见表 7-3。

表 7-3　芯砂的成分与性能（小型复杂型芯）

芯砂用途	石英砂（%）	T99-1（%）	糖浆（%）	水（%）	硫黄（%）	硼酸（%）	透气性	干强度/MPa
铝合金	>93	2~3	1.5~0	3~4	—	—	100	6~10
镁合金	>91	1.5	2.0	适量	1.0	0.5	>50	5~8
铸铁	>96	桐油 2~2.5	—	1~1.5	—	—	>100	10~15

注：百分数表示质量百分数。

大型的型芯用芯砂成分基本上与型砂成分相近。大多数型芯都要烘干，有些型芯也可使用湿型芯。

（3）芯砂的配制　芯砂的配制是先在混砂机里加入原砂（或掺入其他干料）混碾 3~5min，再加入黏结剂，混碾 5~12min。如要加入水溶性黏结剂，则加水后混碾 4~6min。混好的芯砂要注意存放，采用油类的芯砂应存放于砂桶内，用湿麻袋盖好，存放 1.5~2h 后方可使用，但有效存放时间不应超过 48h。

在砂型铸造中，型砂用量很大。生产 1t 合格的铸件需 4~5t 型砂，其中新砂为 0.5~1t。为了降低成本，在保证质量的前提下，应尽量回收利用旧砂。

三、其他造型材料

其他造型材料有分型砂、涂料、黏胶和黏膏等。

◇◇◇ 任务 4　掌握铸型的组成与造型方法

一、铸型的组成

铸型是用金属或其他耐火材料制成的组合整体，是金属液凝固后形成铸件的地方。以两箱砂型铸造为例，典型铸型的组成如图 7-3 所示，它由上砂型、下砂型、浇注系统、型腔、型芯和通气孔组成。型砂被舂紧在上、下砂箱中，连同砂箱一起，称为上砂型（上箱）和下砂型（下箱）。取出模样后砂型中留下的空腔称为型腔。上、下砂型的分界面称为分型面，一般位于模样的最大截面上。型芯是为了形成铸件上的孔或局部外形，用芯砂制成。型芯上用来安放和固定型芯的部分称为型芯头，型芯头放在砂型的型芯座中。

浇注系统是为了将熔融金属填充入型腔而开设于铸型中的一系列通道。金属液从外浇口浇入，经直浇道、横浇道、内浇道而流入型腔。因此，浇注系统包括外浇口、直浇道、横浇道、内浇道。型腔最高处开出气孔，以观察金属液是否浇满，也可排出型腔中的气体。被高温金属包围后型芯产生的气体则由型芯通气孔排出，而型砂中的气体及部分型腔中的气体则由通气孔排出。有的铸件为了避免产生缩孔缺陷，应在铸件后大部分或最高部分加有补缩冒口。典型的浇注系统如图 7-4 所示。

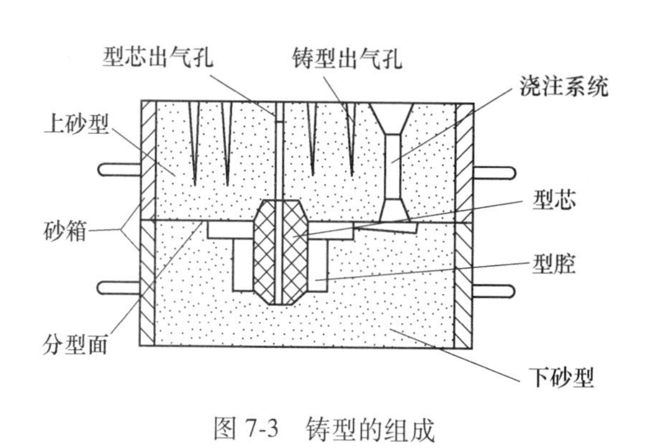

图 7-3　铸型的组成

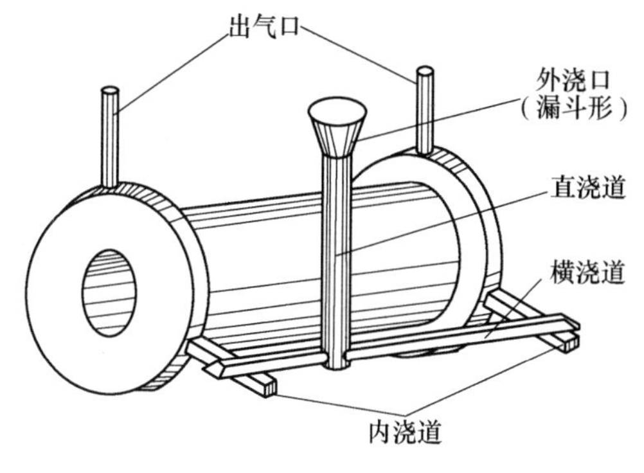

图 7-4　典型的浇注系统

二、手工造型方法

制作砂型的方法分为手工造型和机器造型两种。后者制作的砂型型腔质量好，生产效率高，但只适用于成批或大批量生产条件。手工造型具有机动、灵活的特点，应用仍较为普遍。

手工造型是全部用手工或手动工具制作铸型的造型方法。根据铸件结构、生产批量和生产条件，可采用不同的手工造型方案。手工造型根据模样特征分整模造型、分模造型、活块造型、挖砂造型、假箱造型和刮板造型等，手工造型根据砂箱特征分两箱造型、三箱造型等。两箱造型是铸造中最常用的一种造型方法，其特点是方便灵活，适应性强。当零件的最大截面在端部，并选它作为分型面时，采用整体模样，模样截面由大到小，放在一个砂箱内，可一次从砂箱中取出，则采用整模两箱造型方法。当铸件截面不是由大到小逐渐递减时，将模样在最大水平截面处分开，模样分成两半，使其能在不同的砂型中顺利取出，就是分模两箱造型。

1. 整模造型

整模造型的特点是模样为一整体结构，型腔完全放在一个砂箱内，分型面都开在模样最大截面处且为一个平面。整体模样容易制造，铸件的尺寸精度高。整模造型如图 7-5 所示。

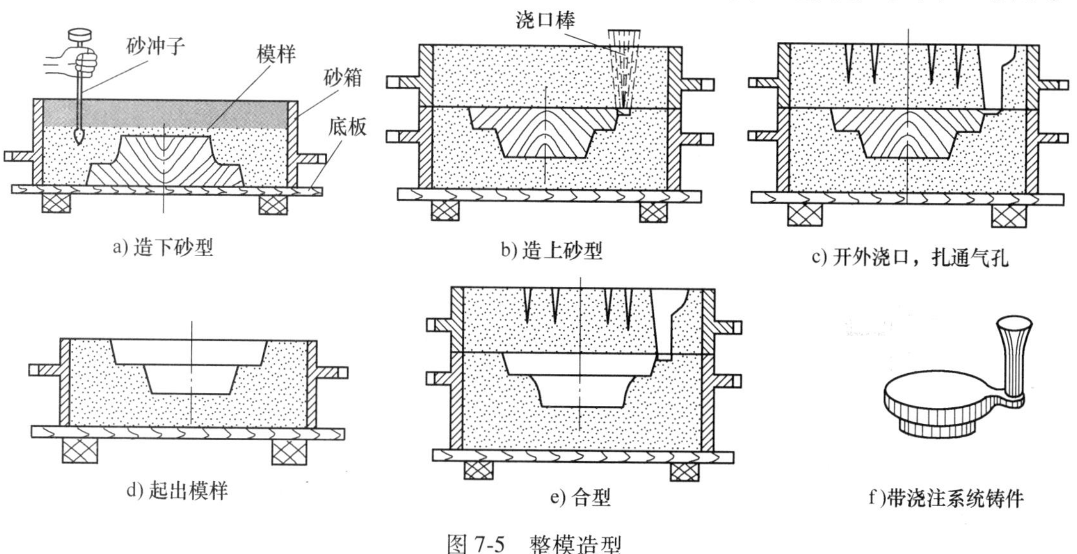

图 7-5　整模造型

2. 分模造型

当铸件没有平整的平面且最大截面又在模样中部时，可将模样在最大截面处分开，采用两箱分模造型，如图 7-6 所示。这种方法造型容易，应用最广。它适用于制造回转体及最大截面不在端部的铸件，如套筒、水管、阀体、曲轴、箱体等。

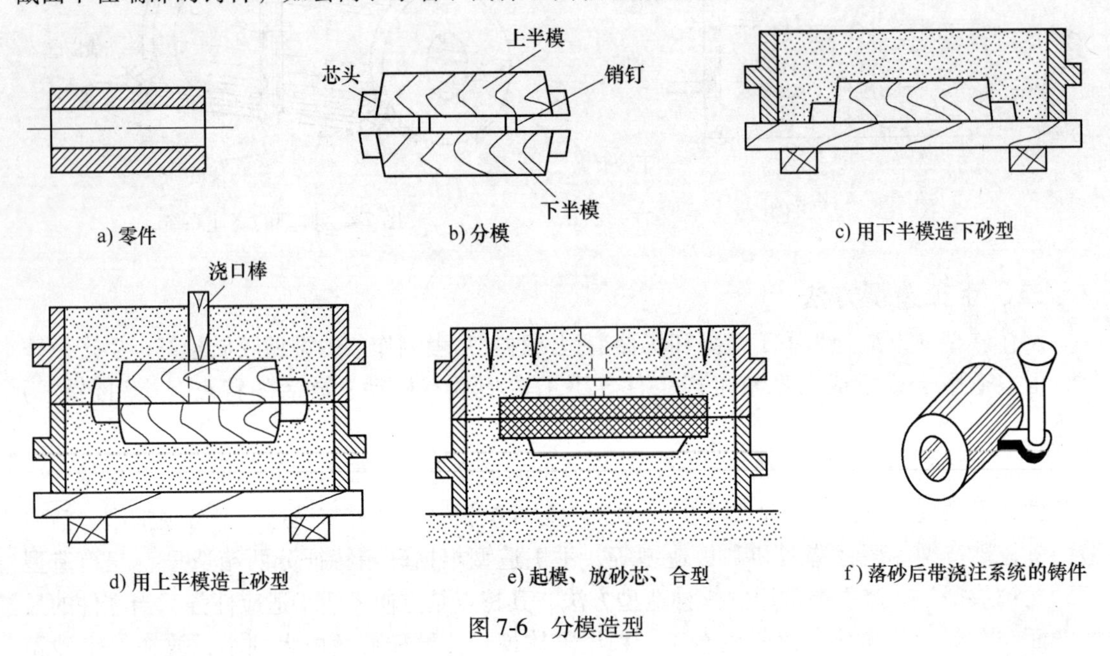

图 7-6　分模造型

3. 活块造型

模样上可拆卸或能活动的部分叫活块。当模样上有妨碍起模的侧面伸出部分（如小凸台）时，常将该部分做成活块。起模时，先将模样主体取出，再将留在铸型内的活块单独取出，这种方法称为活块造型如图 7-7 所示，用钉子连接活块造型时，应注意先将活块四周的型砂塞紧，然后拔出钉子。

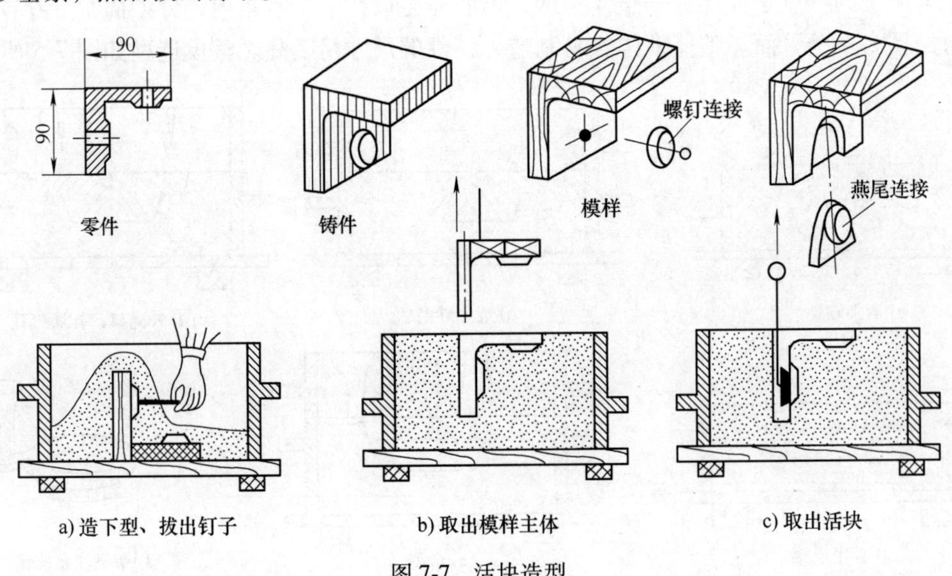

图 7-7　活块造型

4. 挖砂造型

当铸件的最大截面不在端部，模样又不允许分成两半时，可以将模样做成整体，采用挖砂造型。造型时，将阻碍起模的型砂挖掉，分型面在模样最大截面处且为不平面（曲面），如图 7-8 所示。

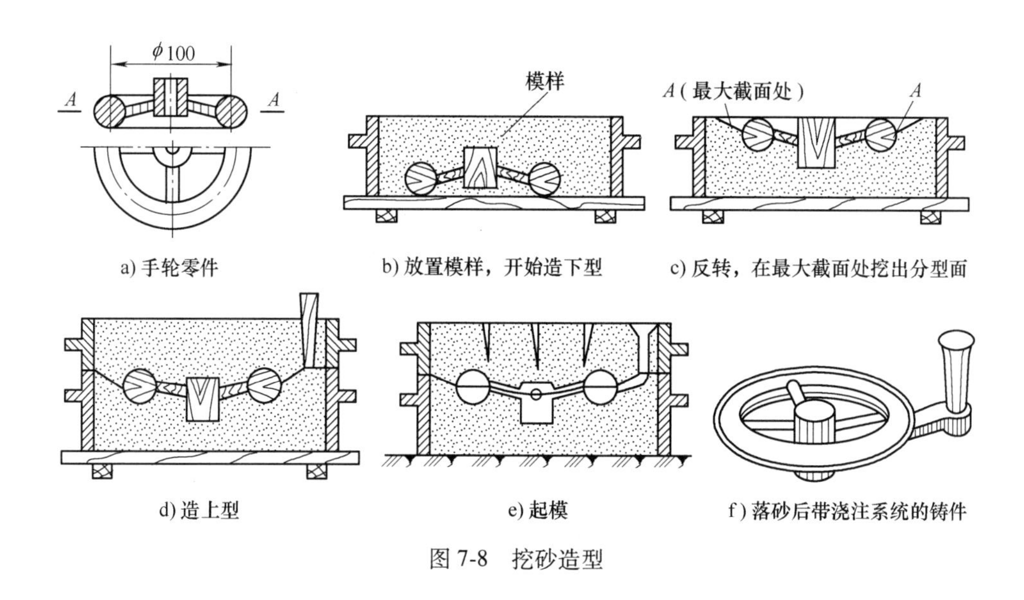

图 7-8　挖砂造型

5. 三箱造型

有些形状复杂的铸件，往往两端截面大、中间截面小，开设一个分型面取不出模样，需要用两个分型面（一般用三个砂箱）。模样必须是分开的，以便于从中型内起出模样，中型上、下两面都是分型面；中箱高度应与中型的模样高度相近，如图 7-9 所示。

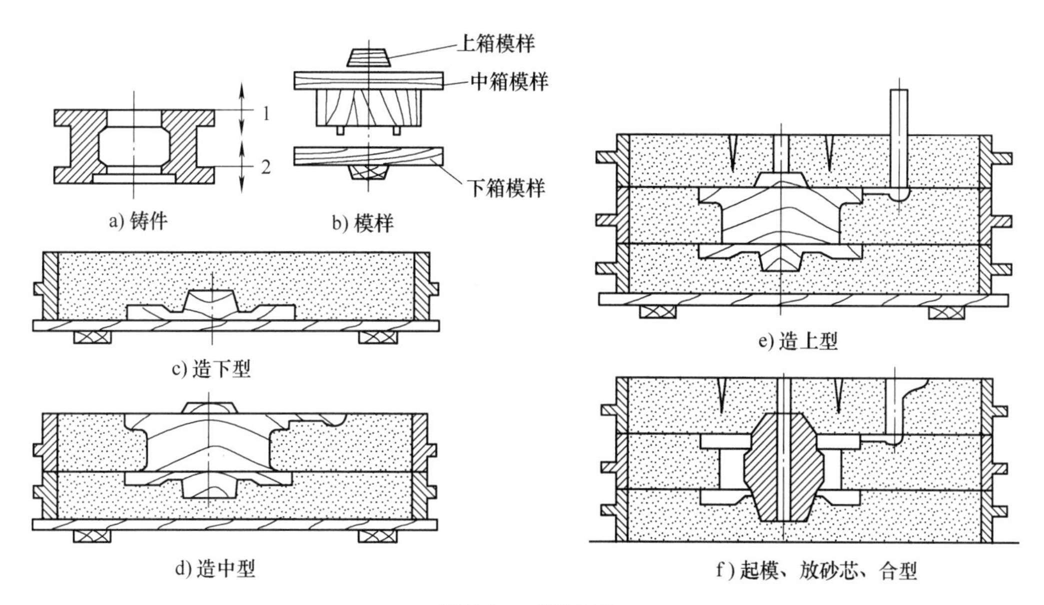

图 7-9　三箱造型

6. 型芯的制造

为获得铸件的内腔或局部外形，用芯砂或其他材料制成的、安放在型腔内部的铸型组元称型芯。绝大部分型芯是用芯砂制成的。砂芯的质量主要依靠配制合格的芯砂及采用正确的造芯工艺来保证。

浇注时砂芯受高温液体金属的冲击和包围，因此除要求砂芯具有铸件内腔相应的形状外，还应具有较好的透气性、耐火性、退让性、强度等性能，故要选用杂质少的石英砂和用植物油、水玻璃等黏结剂来配制芯砂，并在砂芯内放入金属芯骨和扎出通气孔以提高强度和透气性。

形状简单的大、中型型芯，可用黏土砂来制造。但对形状复杂和性能要求很高的型芯来说，必须采用特殊黏结剂来配制，如采用油砂、合脂砂和树脂砂等。

另外，芯砂还应具有一些特殊的性能，如吸湿性要低（以防止合型后型芯返潮），发气要少（金属浇注后，型芯材料受热而产生的气体应尽量少），出砂性要好（以便于清理时取出型芯）。

型芯一般是用芯盒制成的，对开式芯盒制芯是常用的手工制芯方法，适用于圆形截面的较复杂型芯。其制芯过程图 7-10 所示。

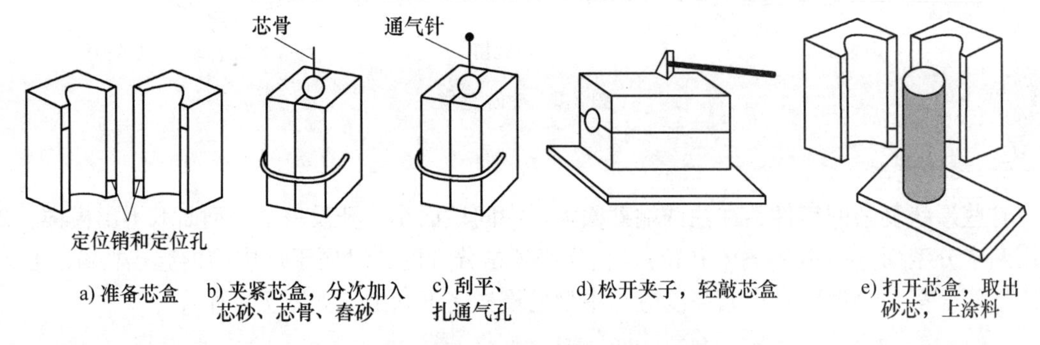

图 7-10　对开式芯盒制芯过程

◇◇◇ 任务 5　进行手轮的造型

根据图 7-8a 所示手轮图样进行造型，采用挖砂造型方法。其造型方法及过程如图 7-8b ~ f 所示。

一、造型准备工作

清理工作场地，备好型砂、模样、芯盒、所需工具及砂箱。

1. 造型工具准备

常用手工造型工具如图 7-11 所示。

（1）铁锹（小锹）　用来混和型砂、铲起型砂送入砂箱。

（2）砂冲　用来舂实型砂，砂冲有头尖和头平两种。舂砂时应先用尖头，最后用平头。

（3）刮板　由平直的木板或铁板制成。在型砂舂实后，用来刮去高出砂箱的型砂。

（4）通气针　用来在砂箱上扎出通气孔眼。通气针的直径为 2 ~ 10mm，其值随砂型大小而选定。

（5）起模针和起模钉　用来取出砂型中的模样。工作端为尖锥形的是起模针，用于取出较小的木制模样；工作端为螺纹的是起模钉，用于取出较大的模样。

（6）水笔　用来润湿型砂，以便于起模和修型，或用于对狭小孔腔涂刷涂料。

（7）修型工具　常用的修型工具有刮刀（镘刀）、提钩、压勺、竹片梗、圆头、圈圆、法兰梗等。

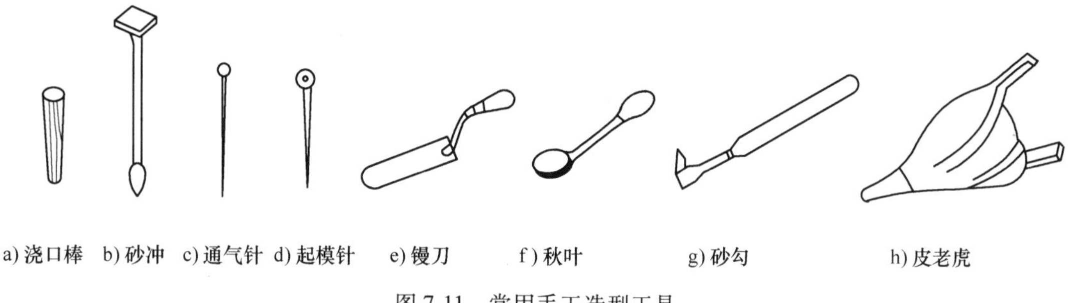

a) 浇口棒　b) 砂冲　c) 通气针　d) 起模针　e) 镘刀　f) 秋叶　g) 砂勾　h) 皮老虎

图7-11　常用手工造型工具

2. 砂箱及相关工具准备

砂箱一般采用铸铁制造，常做成长方形框架结构。但脱箱造型的砂箱一般用木材制造，也可用铝制成。砂箱的作用是便于砂型的翻转、搬运和防止金属液将砂型冲垮等。两箱造型中放在下面的叫下型，放在上面的叫上型，如图7-12所示。上、下型要配对，型口要平，定位装置要准确。砂箱的尺寸应使砂箱内侧与模样和浇口及顶部之间留有30~100mm的距离，称为吃砂量。吃砂量大小应视模样大小而定。如果砂箱选择过大，耗费型砂、增多舂砂工时、增大劳动强度；砂箱过小，模样周围舂不紧，在浇注时易于跑火。

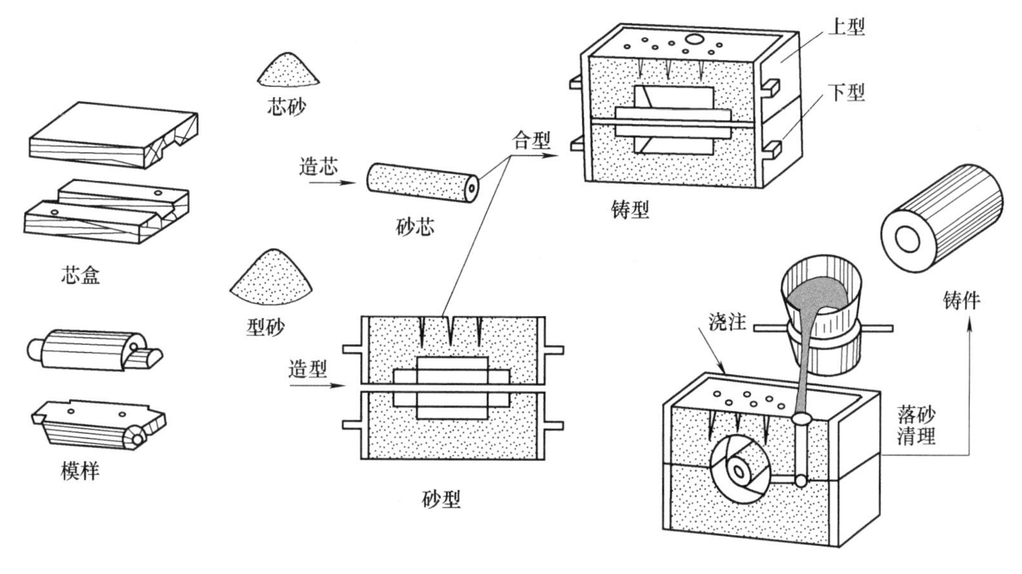

图7-12　砂箱

手工造型选用的工具、量具见表7-4。

表 7-4 手工造型选用的工具、量具

序号	名称	规格	数量	备注
1	铁锹		1	
2	砂冲		1	
3	刮板		1	
4	通气针	2~3mm	1	
5	起模针		1	
6	水笔		1	
7	刮刀		1	
8	提钩		1	
9	压片		1	
10	竹片梗		1	
11	圆头		1	
12	圈圆		1	
13	法兰梗		1	
14	皮老虎		1	
15	钢直尺	300mm	1	

二、造型过程

1. 安放造型用底板、模样和砂箱

放稳模底板，清除板上的散砂，按考虑好的方案将模样放在模底板上的适当位置。套上砂箱，并把模样放在箱内的适当位置处。如果模样容易黏住型砂，造成起模困难时，要撒上一层防黏材料。

2. 填砂和紧实

填砂时必须将型砂分次加入。先在模样表面撒上一层面砂，将模样盖住，然后加入一层背砂。对于小砂箱每次加砂厚度为 50~70mm，过多舂不紧，过少也舂不实，且浪费工时。第一次加砂时用手将模样按住，并用手将模样周围的砂塞紧，以免舂砂时模样在砂箱内移动位置，或造成模样周围砂层不紧，致使起模时损坏砂型。

舂砂是一项技术较强的操作，这在湿型浇注时尤为重要。它对铸件的质量和生产效率影响很大。舂砂的目的是使砂型具有一定硬度（紧实度），在搬运、起模、浇注时不致损坏。但砂型不可舂得过硬，否则透气性下降，气体排出困难时易产生气孔。整个砂型的硬度应分布合理。

1）箱壁和箱挡处的型砂要比模样处舂得硬些，这既不影响砂型的气体逸出，又可以防止砂型在搬运、翻转时塌箱。

2）下型要比上型舂得硬些，这是因为金属液对型腔表面的压强是随深度成正比的，越往下压强越大，如果砂型硬度不够，铸件会产生胀砂缺陷。

舂砂时应按一定路线进行，一般按顺时针方向，以保证砂型各处紧实度均匀。并注意不要撞到模样上，以免损坏模样。用尖头砂冲将分批填入的型砂逐层舂实。然后填入高于砂箱的型砂，再用平头砂冲舂实。

3. 修整翻型和修整分型面

用刮板刮去多余的型砂，使砂箱表面和砂箱边缘平齐。如果是上型，在砂型上用通气针扎出通气孔。将已造好的下型翻转 180°后，用刮刀将模样四周砂型表面（分型面）压平，撒上一层分型砂。撒砂时手应距离砂箱稍高，一边转圈一边摆动使分型砂从指缝中缓慢而均匀地撒下来。最后用皮老虎或水笔刷去模样上的分型砂。

4. 放置上型、浇口棒、冒口棒、模样并填砂紧实

将上型在下型上放好，必要时在模样上撒上防黏材料。放好浇口棒，加入面砂，铸件如需补缩时，还要放上冒口棒。填上背砂，用尖头砂冲舂实，再加上一层砂，用平头砂冲舂实。

5. 修整上型型面，开型，修整分型面

用刮板刮去多余的型砂，用刮刀修光浇冒口处型砂。用通气针扎出通气孔，取出浇口棒并在直浇道上部挖一个倒喇叭口作为外浇口。没有定位销的砂箱要用泥打上泥号，以防合型时偏型，泥号应位于砂箱壁上两直角边最远处，以保证 X、Y 方向均能准确定位。将上型翻转 180°放在模底板上。扫除分型砂，用水笔蘸些水，刷在模样周围的型砂上，以增加这部分型砂的强度，防止起模时损坏砂型。刷水时不要使水停留在某一处，以免浇注时因水多而产生大量水蒸气，使铸件产生气孔。

6. 起模

起模针位置尽量与模样的重心铅垂线重合。起模前用小锤轻轻敲打起模针的下部，使模样松动，以利于起模。然后将模样垂直拔出。

7. 修型

起模后，型腔如有损坏，可使用各种修型工具将型腔修好。修模时可用水润湿一下修补处，将型砂填好。

8. 挖砂开浇口

浇口是将浇注的金属液引入型腔的通道。浇口开得好坏，将影响铸件的质量。浇口通常是由外浇口、直浇道、横浇道、内浇道四部分组成。有些简单的小型铸件可省去横浇道和内浇道，由直浇道直接进入型腔。开浇口应注意以下几点：

1）应使金属液能平稳地流入型腔，以免冲坏砂型和型芯。

2）为了将金属液中的熔渣等杂质留在横浇道中，一般内浇道不要开在横浇道的尽头和上面。

3）内浇道的数目应根据铸件大小和壁厚而定。简单的小铸件可开一道，而大、薄壁件要多开几道。

4）浇口要做得表面光滑，形状正确，防止金属液将砂粒冲入型腔中。

5）在铸件厚大部分，为防止缩孔需要加冒口进行补缩。冒口的大小应视铸件的壁厚和材料而定。

9. 合型紧固

合型时应注意使砂箱保持水平下降，并且应对准合型线，防止错型。浇注时如果金属液浮力将上型顶起会造成跑火，因此要对上、下型进行紧固。

1）用压型铁紧固。

2）用卡子或螺栓紧固。

手轮的造型工艺过程见表7-5

表7-5　手轮的造型工艺过程

序号	内容	备注
1	工具、量具、砂箱、型砂准备	
2	安放造型用底板、模样和砂箱	
3	填砂和紧实	
4	修整翻型和修整分型面	
5	放置上型、浇口棒、冒口棒、模样并填砂紧实	
6	修整上型型面，开型，修整分型面	
7	起模	
8	修型	
9	挖砂开浇口	
10	合型紧固	
11	熔炼	
12	浇注	
13	冷却后落砂	
14	铸件清理	
15	质量检验、缺陷分析	
16	现场清理，清点工具、量具	

三、手轮的检测评分（见表7-6）

表7-6　手轮的检测评分表

项目	序号	技术要求	配分	评分标准	得分
工艺（15%）	1	正确完整	5	不规范每处扣1分	
	2	参数选择合理	5	不合理每处扣1分	
	3	工艺过程规范合理	5	不合理每处扣1分	
造型过程（20%）	4	工具选择、使用正确	5	不正确每处扣1分	
	5	砂箱使用正确	5	不正确每处扣1分	
	6	合型准确规范	5	不规范每处扣1分	
	7	浇冒口合理	5	出错全扣	
工件质量（35%）	8	尺寸精度符合要求	25	不合格每处扣1分	
	9	表面质量符合要求	10	不合格每处扣1分	
文明生产（15%）	10	安全操作	5	出错全扣	
	11	工作场所6S	5	不合格全扣	
	12	现场清理	5	不合格全扣	

（续）

项目	序号	技术要求	配分	评分标准	得分
相关知识及职业能力（15%）	13	铸造基础知识	5	教师抽查	
	14	自学能力	10	教师与学生交流，酌情扣分	
		沟通能力			
		团队精神			
		创新能力			

◇◇◇ 任务6　进行合金的熔炼及浇注

合金熔炼的目的是要获得符合要求的金属液。不同类型的金属需要采用不同的熔炼方法及设备。如钢的熔炼是用转炉、平炉、电弧炉、感应电炉等，铸铁的熔炼多采用冲天炉，而非铁金属（如铝、铜合金等）的熔炼则用坩埚炉。

一、铝合金的熔炼

铝合金是工业生产中应用最广泛的铸造非铁合金之一。由于铝合金的熔点低，熔炼时极易氧化、吸气，合金中的低沸点元素（如镁、锌等）极易蒸发烧损，故铝合金的熔炼应在与燃料和燃气隔离的状态下进行。

1. 铝合金的熔炼设备

铝合金的熔炼一般在坩埚炉内进行，根据所用热源的不同，有焦炭加热坩埚炉、电加热坩埚炉等不同形式，如图7-13所示。

通常用的坩埚有石墨坩埚和铁质坩埚两种。石墨坩埚是用耐火材料和石墨混合并成型烧制而成的。铁质坩埚是由铸铁或铸钢铸造而成的，可用于铝合金等低熔点合金的熔炼。

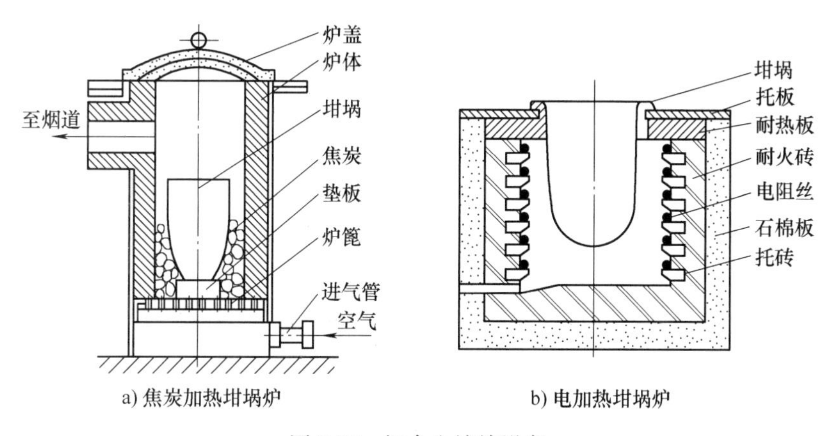

a) 焦炭加热坩埚炉　　b) 电加热坩埚炉

图7-13　铝合金熔炼设备

2. 铝合金的熔炼

铝合金的熔炼过程如图7-14所示。

1）根据牌号要求进行配料计算和备料。据笔者经验，以铝锭重量为计算依据（因铝锭不好锯切加工），再反求其他化学成分。如新料成分占大部分，可按化学成分的上限值配

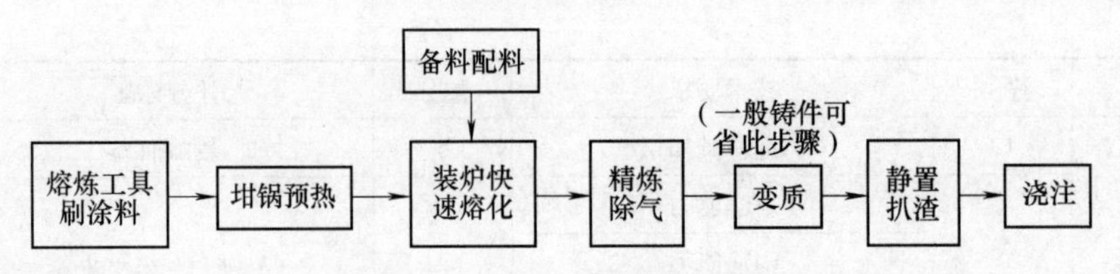

图 7-14　铝合金的熔炼过程

料，一般减去烧损后仍能达标。注意，所有炉料均要烘干后再投入坩埚内（尤其是在湿度大时），以免铝液含气量大，即使通过除气工序也很难除净。

2）空坩埚预热到暗红后投金属料并加入烘干后的覆盖剂（以熔融后刚刚能覆盖住铝液表面为宜），快速升温熔化。铝液开始熔成液体后，须停止鼓风，在非阳光直射时观察，若铝液表面呈微暗红色（温度为 680~720℃），可以除气。

3）精炼。常使用六氯乙烷（C_2Cl_6）精炼。用钟罩（形状如反转的漏勺）压入为炉料总量 0.2%~0.3%（质量分数）的六氯乙烷（C_2Cl_6）（最好压成块状），钟罩压入深度距坩埚底部 100~150mm，并做水平缓慢移动，此时，因 C_2Cl_6 和铝液发生下列反应

$$3C_2Cl_6+2Al \xrightarrow{\Delta} 2AlCl_3\uparrow +3C_2Cl_4\uparrow$$

形成大量气泡，将铝液中的 H_2 及 Al_2O_3 夹杂物带到液面，使合金得到净化。注意使用时应通风良好，因为 C_2Cl_6 预热分解的 Cl_2 和 C_2Cl_4 均为强刺激性气体。除气精炼后立刻除去熔渣，静置 5~10min。

接着检查铝液的含气量。常用检测方法：用小铁勺舀少量铝液，稍降温片刻后，用废钢锯片在液面拨动，如没有针尖凸起的气泡，则证明除气效果好，如仍有为数不少的气泡，应再进行一次除气操作。

4）浇注。对于一般要求的铸件在检查其含气量后就可浇注。浇注时视铸件厚薄和铝液温度高低，分别控制不同的浇注速度。浇注时浇包对准浇口杯先慢浇，待液流平稳后，快速浇入，见合金液上升到冒口颈后浇速变慢，以增强冒口补缩能力。如有型芯的铸件，在即将浇入铝液时用火焰在通气孔处引气，可减少或避免出现“呛火”现象和型芯气体进入铸件的机会。

5）变质。对要求提高力学性能的铸件还应在精炼后，在 730~750℃时，用钟罩压入为炉料总量 1%~2%（质量分数）的变质剂。常用变质剂配方为 NaCl35%+NaF65%（质量分数）。

6）获得优质铝液的主要措施：隔离（隔绝合金液与炉气接触）、除气、除渣、尽量少搅拌、严格控制工艺过程。

二、铸铁的熔炼

在铸造生产中，铸铁件占铸件总质量的 70%~75%，其中绝大多数采用灰铸铁。为获得高质量的铸铁件，首先要熔化出优质铁液。

铸铁的熔炼要求：铁液温度要高，铁液化学成分要稳定在所要求的范围内，提高生产率，降低成本。

1. 铸铁的熔炼设备

冲天炉是铸铁熔炼的设备，如图 7-15 所示。炉身是用钢板弯成的圆筒形，内砌耐火砖

作为炉衬。炉身上部有加料口、烟囱、火花罩，中部有热风胆，下部有热风带，风带通过风口与炉内相通。从鼓风机送来的空气通过热风胆加热后经风带进入炉内，供燃烧用。风口以下为炉缸，熔化的铁液及炉渣从炉缸底部流入前炉。冲天炉的大小是以每小时能熔炼出铁液的质量来表示的，常用的为 1.5～10t/h。

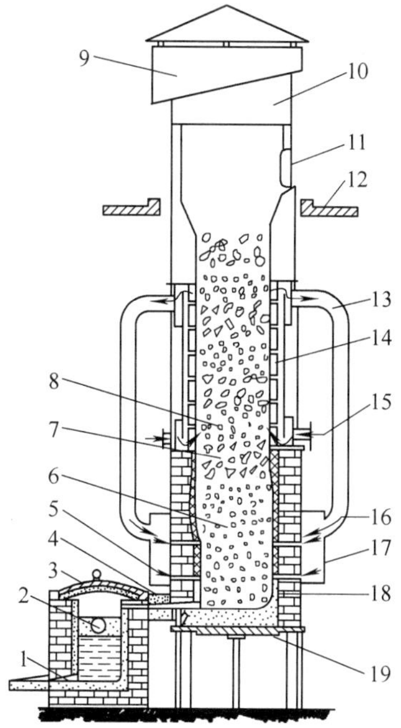

2. 冲天炉的炉料及其作用

（1）金属料　金属料包括生铁、回炉铁、废钢和铁合金等。生铁是对铁矿石经高炉冶炼后的铁碳合金块，是生产铸铁件的主要材料；回炉铁有浇口、冒口和废铸件等，利用回炉铁可节约生铁用量，降低铸件成本；废钢是机加工车间的钢料头及钢切屑等，加入废钢可降低铁液中碳的含量，提高铸件的力学性能；铁合金有硅铁、锰铁、铬铁以及稀土合金等，用于调整铁液的化学成分。

（2）燃料　冲天炉熔炼多用焦炭作为燃料。通常焦炭的加入量一般为金属料的 1/12～1/8，这一数值称为焦铁比。

（3）熔剂　熔剂主要起稀释熔渣的作用。在炉料中加入石灰石（$CaCO_3$）和萤石（CaF_2）等矿石，会使熔渣与铁液容易分离，便于把熔渣清除。熔剂的加入量为焦炭的 25%～30%（质量分数）。

图 7-15　冲天炉

1—出铁口　2—出渣口　3—前炉　4—过桥　5—风口　6—底焦　7—金属料　8—层焦　9—火花罩　10—烟囱　11—加料口　12—加料台　13—热风管　14—热风胆　15—进风口　16—热风　17—风带　18—炉缸　19—炉底门

3. 冲天炉的熔炼原理

在冲天炉熔炼过程中，炉料从加料口加入，自上而下运动，被上升的高温炉气预热，温度升高；鼓风机鼓入炉内的空气使底焦燃烧，产生大量的热。当炉料下落到底焦顶面时，开始熔化。铁液在下落过程中被高温炉气和灼热焦炭进一步加热（过热），过热的铁液温度可达 1600℃左右，然后经过过桥流入前炉。此后铁液温度稍有下降，最后出铁温度为 1380～1430℃。

冲天炉内铸铁熔炼的过程并不是金属炉料简单重熔的过程，而是包含一系列物理、化学变化的复杂过程。熔炼后的铁液成分与金属炉料相比较，含碳量有所增加；硅、锰等合金元素含量因烧损会降低；硫含量升高，这是焦炭中的硫进入铁液中所引起的。

三、铸件的落砂、清理、检验

浇注后经过一段时间的冷却，将铸件从砂箱中取出称为落砂。从铸件上清除表面黏砂和多余的金属（包括浇冒口、飞边、氧化皮等）的过程称为清理。

1. 浇冒口的去除

对于铸铁等脆性材料用敲击法；对于铝、铜铸件常采用锯割来切除浇冒口；对于铸钢件常采用氧气切割、电弧切割、等离子弧切割。

2. 型芯的清除

型芯可采用手工清除，用风铲、钢錾等工具进行铲削，也可采用气动落芯机、水力清砂等方法清除。铸件表面可采用风铲、滚筒、抛光机等进行清理。

3. 铸件的检验

对清理好的铸件要进行检验，其内容主要包括：

1）表面质量检验。

2）化学成分检验。

3）力学性能检验。

4）内部质量检验，可采用超声检验、磁粉探场检验、打压检验。

四、常见的铸件缺陷

在实际生产中，常需对铸件缺陷进行分析，其目的是找出产生缺陷的原因，以便采取措施加以防止。对于铸件设计人员来说，了解铸件缺陷及产生原因，有助于正确地设计铸件结构，并结合铸造生产时的实际条件，恰如其分地拟订技术要求。

铸件的缺陷很多，常见的铸件缺陷名称、特征及产生的主要原因见表 7-7。分析铸件缺陷及其产生原因是很复杂的，有时可见到在同一个铸件上出现多种不同原因引起的缺陷，或同一原因在生产条件不同时会引起多种缺陷。

具有缺陷的铸件是否定为废品，必须按铸件的用途和要求以及缺陷产生的部位和严重程度来决定。一般情况下，铸件有轻微缺陷，可以直接使用；铸件有中等缺陷，可允许修补后使用；铸件有严重缺陷，则只能报废。

表 7-7 常见的铸件缺陷名称、特征及产生的主要原因

缺陷名称	特　征	产生的主要原因
气孔	在铸件内部或表面有大小不等的光滑孔洞	型砂含水过多，透气性差；起模和修型时刷水过多，砂芯烘干不良或砂芯通气孔堵塞，浇注温度过低或浇注速度太快等
缩孔 补缩冒口	缩孔多分布在铸件厚断面处，形状不规则，孔内粗糙	铸件结构不合理，如壁厚相差过大，造成局部金属积聚；浇注系统和冒口的位置不对，或冒口过小；浇注温度太高，或金属化学成分不合格，收缩过大
砂眼	在铸件内部或表面有充塞砂粒的孔眼	型砂和芯砂的强度不够；砂型和砂芯的紧实度不够；合型时铸型局部损坏，浇注系统不合理，冲坏了铸型
黏砂	铸件表面粗糙，黏有砂粒	型砂和芯砂的耐火性不够，浇注温度太高，未刷涂料或涂料太薄

（续）

缺陷名称	特　征	产生的主要原因
错型	铸件在分型面有错移	模样的上半模和下半模未合好，合型时，上、下型未对准
裂缝	铸件开裂，开裂处金属表面氧化	铸件的结构不合理，壁厚相差太大，砂型和砂芯的退让性差，落砂过早
冷隔	铸件上有未完全融合的缝隙或洼坑，其交接处是圆滑的	浇注温度太低，浇注速度太慢或浇注过程曾有中断，浇注系统位置开设不当或浇道太小
浇不足	铸件不完整	浇注时金属量不够，浇注时液体金属从分型面流出，铸件太薄，浇注温度太低，浇注速度太慢

参 考 文 献

[1] 技术学校机械类通用教材编审委员会．车工工艺学［M］.5 版．北京：机械工业出版社，2014.
[2] 荀占超，武梅芳．公差配合与测量技术［M］. 北京：人民邮电出版社，2012.
[3] 林峰．热加工实习（机械加工技术专业）［M］. 北京：机械工业出版社，2002.
[4] 严洁，刘沛津．电工与电子技术实验教程［M］. 北京：机械工业出版社，2009.
[5] 焦建民．切削手册［M］. 北京：电子工业出版社，2007.
[6] 李敬梅．电力拖动控制线路与技能训练［M］. 北京：中国劳动社会保障出版社，2001.